TUDO SOB(RE) CONTROLE

Ana Maria Frattini Fileti

TUDO SOB(RE) CONTROLE

Fundamentos e Estudos de Casos

Tudo sob(re) controle: fundamentos e estudos de casos

Editora Edgard Blücher Ltda.

Publisher Edgard Blücher

Editores Eduardo Blücher e Jonatas Eliakim

Coordenação editorial Andressa Lira

Produção editorial Lidiane Pedroso Gonçalves

Diagramação Villa

Preparação Ana Maria Fiorini

Revisão Helena Miranda

Capa Laércio Flenic

Imagem da capa iStockphoto

Blucher

Rua Pedroso Alvarenga, 1245, 4º andar
04531-934 - São Paulo - SP - Brasil
Tel.: 55 11 3078-5366
contato@blucher.com.br
www.blucher.com.br

Segundo o Novo Acordo Ortográfico, conforme 6. ed. do *Vocabulário Ortográfico da Língua Portuguesa*, Academia Brasileira de Letras, julho de 2021.

Dados Internacionais de Catalogação na Publicação (CIP) Angélica Ilacqua CRB-8/7057

Fileti, Ana Mari Frattini
Tudo sob(re) controle : fundamentos e estudos de casos / Ana Maria Frattini Fileti. - São Paulo : Blucher, 2023.
212 p.

Bibliografia
ISBN 978-65-5506-662-3

1. Engenharia química 2. Indústria química – Controle de processo I. Título

22-2260 CDD 660

Índice para catálogo sistemático:
1. Engenharia química

DEDICATÓRIA

Dedico este livro ao meu querido pai e exemplar professor, Amaury Frattini (*in memoriam*), que me ensinou que o segredo do sucesso no aprendizado se deve, em grande parte, ao interesse que o professor consegue despertar em seus alunos.

AGRADECIMENTOS

Deixo meus sinceros agradecimentos aos monitores, alunos de graduação e de pós-graduação, que me acompanharam ministrando a disciplina de Controle de Processos da Faculdade de Engenharia Química da Unicamp, nos semestres em que resolvi escrever este livro: Camila Medeiros Fonseca, Alex Ikeda Francisco, Samuel Vitor Saraiva e, em especial, ao Breno Saldanha Souza, responsável pela seleção e solução dos exercícios deste livro. Agradeço ao Prof. Flávio Vasconcelos da Silva, parceiro na estruturação das plantas-piloto e na coordenação do Laboratório de Controle e Automação de Processos. Agradeço ao engenheiro Amaury Frattini Junior, meu irmão, que me auxiliou na revisão deste livro. Agradeço também ao meu marido, Maurilio Fileti, que sempre me incentivou em minha profissão de educadora. Ao meu orientador de doutorado, Prof. João Alexandre F. da Rocha Pereira, cujo exemplo de vida motivou minha caminhada profissional. À Unicamp, que transformou minha vida numa jornada tão especial...

PREFÁCIO

O título deste livro foi absolutamente inspirado pelos meus alunos de graduação da Faculdade de Engenharia Química da Universidade Estadual de Campinas (FEQ/Unicamp), que criaram uma figurinha com minha foto em que se lia estampada a frase: "Tudo sob controle".

Entretanto, num momento de reclusão como o da pandemia do coronavírus, como ensinar "Controle de Processos" numa sala virtual, que acaba por eliminar toda a naturalidade e o improviso de um professor em sala de aula tradicional? Sem nenhuma expressão facial que lhe permita avaliar se está agradando ou entediando os alunos, ou seja, sem feedback instantâneo? Nada estava "sob controle".

Esse seria o momento da disrupção. Organizar, planejar, criar apresentações e ter em mente todo o conteúdo para aquele momento da matéria, além de toda a sequência lógica até o final da disciplina... Sim, esse seria o momento. Começar por modelagem fenomenológica e aplicação da transformada de Laplace? Não. Seria melhor contar histórias, que chamei de estudos de casos, provocando primeiro o entendimento da necessidade do controle automático. Depois eu voltaria e contaria como fazer o projeto de controle, usando o domínio de Laplace posteriormente. Contaria então "tudo sobre controle".

E assim me propus a fazer as videoaulas com estudo de casos que, transcritas, geraram este livro. Até o estudo de caso da pandemia entrou como história para falar de filtros de média móvel, tempo morto e tempo de amostragem. Exemplo em que a ação feedback era tomada a cada duas semanas no estado de São Paulo: fecham comércio, abrem comércio; fecham escolas, abrem escolas; fecham parques e praias, abrem parques e praias; e monitoram-se, cruel e fatalmente, o número de óbitos e a percentagem de ocupação de leitos de UTIs. Abro parêntesis aqui para registrar meus mais sinceros sentimentos às famílias das vítimas, que não foram poucas. E que talvez fossem em um número ainda maior se não houvesse as ações retroalimentadas de "abre e fecha" para evitar as aglomerações de pessoas. Em contrapartida, talvez fossem em número menor se a compra das vacinas tivesse ocorrido num espaço de tempo mais apropriado para o controle da pandemia. Uma dura lição sobre a necessidade de observar a dinâmica dos processos para o controle ser efetivo.

Os capítulos subsequentes trazem estudos de operações mais específicas da indústria química. A complexidade do projeto de controladores vai aumentando ao decorrer do texto. Portanto, as ferramentas matemáticas são apresentadas apenas quando necessárias àquele projeto em questão. No último capítulo, uma síntese do projeto de controladores por realimentação é apresentada e aplicada computacionalmente a um conjunto de reatores em série, consolidando os conhecimentos oferecidos nos capítulos anteriores.

Com esta obra, espero que o leitor se habilite a aplicar o conhecimento aqui obtido, sendo capaz de projetar e ajustar sistemas de controle automático, por realimentação, de processos contínuos industriais. Que adquira a capacidade de reconhecer situações de necessário controle automático em processos, reagindo adequadamente a elas. E, principalmente, que o leitor desenvolva aptidão para enfrentar uma família de situações análogas encontradas em processos industriais reais.

Me perdoem os leitores se nada disso for alcançado, mas pelo menos eu tentei fazer algo diferente. Divirtam-se!

CONTEÚDO

CAPÍTULO 1
Introdução

Com o objetivo de contextualizar o conteúdo de "Controle de Processos" no cenário de desenvolvimento tecnológico industrial, abordaremos alguns temas relacionados às três revoluções industriais ocorridas no século XX e também à quarta, ocorrida no século XXI. Para deixar claro que sem instrumentação e sem automação local – motivos da terceira revolução industrial – o controle de processos seria inviável, mostraremos alguns exemplos de monitoramento e/ou controle em plantas-piloto do Laboratório de Controle e Automação de Processos da Faculdade de Engenharia Química (FEQ) da Unicamp.

1.1 A QUARTA REVOLUÇÃO INDUSTRIAL

Os principais tópicos a serem aqui abordados são: as quatro diferentes revoluções industriais; os princípios ligados ao conceito de Indústria 4.0; o panorama da era da indústria inteligente no Brasil; assim como mostrar aplicações desses conceitos na indústria; e resumir os benefícios, os desafios e as tendências da área.

A primeira revolução industrial ocorreu nos séculos XVIII e XIX, e foi baseada na introdução de equipamentos mecânicos impulsionados pela máquina a vapor. Ou seja, a energia necessária para a movimentação das engrenagens seria suprida por vapor.

De meados do século XIX até meados do século XX, surgiu a segunda revolução industrial. Nesse período, a novidade era o conceito da divisão de tarefas e também o uso da energia elétrica. Graças a essas mudanças em processos de manufatura, foi possível alcançar a produção em massa ou em larga escala.

A partir da metade do século XX, ocorreu a terceira revolução industrial, com o surgimento e a utilização da eletrônica e, posteriormente, da informática, visando à automação da produção. Apesar de os conceitos serem antigos, muitas empresas no Brasil ainda estão se adaptando a essa terceira fase da revolução industrial.

Ainda é usual, em pleno século XXI, nos depararmos com operações de equipamentos sendo realizadas por operadores humanos, de forma manual. Notamos também que existem ainda muitos registros de operação feitos em papel.

Na quarta revolução industrial, que surgiu na segunda década deste milênio, começaram a ser integrados os sistemas de informação, na área de TI (tecnologia da informação), e os sistemas de automação, na área de TA (tecnologia de automação). Os sistemas passam a ser chamados de ciber-físicos. Estes são sistemas compostos de elementos computacionais colaborativos, visando ao controle de equipamentos ou máquinas físicas. Apesar de os conceitos da "Indústria 4.0" terem surgido para os processos de manufatura, alguns deles podem ser aplicados à indústria de processos químicos. Os vários setores da indústria que se propuseram a adotar os novos conceitos passaram a ficar inteiramente conectados, e então surgiram as fábricas inteligentes.

Seis itens básicos compõem a chamada "Indústria 4.0": 1. a internet das coisas industriais (IIoT); 2. a abundância de dados (*big data*); 3. o compartilhamento em nuvem (*cloud*); 4. a realidade virtual (*digital twins*); 5. os robôs colaborativos; 6. a impressão tridimensional. A ideia central seria viabilizar a produção em larga escala de produtos individualizados, ou customizados, com elevada precisão e com rastreabilidade. Estamos falando da produção de peças individuais, ou de linhas de montagem. A elevada conectividade, a partir da internet das coisas; a análise sistematizada para a tomada de decisões; e a realidade virtual para simulações prévias permitem que isso ocorra.

A base tecnológica da indústria 4.0 se concentra na junção da tecnologia da informação com a tecnologia de automação. Os vários sensores e atuadores da planta, chamados de instrumentos, conversam com controladores lógicos programáveis locais (CLP). Usando redes, sem fio ou com fio, endereçamento IPv6 e protocolos universais de comunicação (OPC UA), os CLP enviam as informações para o sistema digital de controle, que as envia para a nuvem, alimentando o *big data*. Este contém dados externos e dados internos das indústrias em abundância. Os dados externos podem conter informações de clima, governo, clientes, mercado, cotações, ações, fornecedores etc. Os dados internos são compostos por informações da planta, dos registros da produção, dos indicadores de qualidade, de eficiência, de gastos de energia, de manutenção etc. Usando sistemas analíticos, com o uso de inteligência artificial ou não, são viabilizadas tomadas de decisões mais assertivas, assim como a virtualização dos processos (simulação computacional com realidade aumentada). A rastreabilidade pode ser feita de diversas formas, por exemplo, usando código QR ou etiqueta de rádio frequência (RFID) individual, acoplada a cada peça.

Percebemos a onipresença da TI: tudo está conectado, e os sistemas são colaborativos. Uma máquina pode mandar em outra (M2M) ou ligar/desligar um dispositivo, sem interferência de operador humano. A arquitetura dos sistemas é orientada a serviços com operação em nuvem, possibilitando a produção de peças sob demanda direta do cliente. A tomada de decisões se baseia em conhecimento prévio e a segurança pode ser rastreada.

Tudo é feito em tempo real: as simulações com *digital twin* e as tomadas de decisão. Todos os dados coletados incrementam o banco de dados já existente. Fica muito mais fácil prever falhas e otimizar a cadeia de produção. Usando análise do *big data*, o sistema sabe de antemão os impactos que uma escolha terá no processo produtivo, sem precisar de interpretação humana. Podemos economizar energia e tempo, pois somente os recursos necessários a determinada tarefa são ativados.

A inteligência para os sistemas da quarta revolução industrial foi impulsionada pelos recursos digitais disponíveis, de forma bastante acessível, nas décadas iniciais do século XXI. A matemática e a teoria da inteligência artificial (IA) surgiram ainda no século XX, mas os recursos computacionais analógicos da época não ofereciam a capacidade e a agilidade necessárias para atuação em tempo real. Os equipamentos digitais com alto poder de processamento e a grande flexibilidade desses equipamentos permitiram a explosão da utilização da IA. Surgiram a computação cognitiva e o aprendizado de máquinas, que são tecnologias capazes de processar informações e de aprender com elas, de forma muito semelhante ao cérebro humano, visando à tomada de decisões automática.

Uma frase muito significativa, que representa o movimento da Indústria 4.0, é: se existe algo mais importante que o conhecimento, é saber como usar esse conhecimento. A grande maioria das metodologias da inteligência artificial é baseada em conhecimento prévio. O movimento é o de levar essas tecnologias para o ambiente de produção industrial para que, com autonomia, ele se torne: mais seguro, mais produtivo, menos dispendioso, produzindo com maior qualidade e respeito ao meio ambiente, ou seja, mais sustentável.

Os principais desafios da quarta revolução industrial são os ligados à cibersegurança, à adequação de legislação, à padronização de linguagem de comunicação computacional e, principalmente, à formação de profissionais qualificados.

Em cursos de engenharia química, entretanto, o conteúdo da disciplina tradicional de controle de processos pertence à terceira fase das revoluções. Sem a aplicação adequada dos conceitos da terceira revolução, não é possível ocorrer a quarta. Os processos da indústria química devem estar instrumentados localmente, na linha produtiva, para viabilizar a aplicação dos conceitos da quarta revolução industrial.

1.2 INSTRUMENTAÇÃO EM PLANTAS QUÍMICAS

Nos processos industriais contínuos, típicos de plantas químicas de maior porte, os escoamentos constituem uma parte importante da operação industrial. Os dutos devem ser constantemente monitorados e ações devem ser tomadas para a garantia do escoamento desejado e da segurança operacional da fábrica.

Como exemplo típico no setor de fornecimento de utilidades aos processos, temos as linhas de escoamento gasoso, como as de ar comprimido ou de gás natural. Nessas linhas, de forma corriqueira, encontramos vazamentos nas conexões e em possíveis trincas de desgaste do material do duto, causando gastos de energia desnecessários para compressão, além de severos prejuízos materiais e humanos em casos de explosão ou rompimento total do duto.

Não é incomum observar operador humano circulando próximo aos dutos de ar comprimido para "escutar" o som emitido por vazamentos. Dentre várias possibilidades de monitoramento de gasodutos, encontramos, portanto, a observação de sinais sonoros emitidos pelo próprio escape do gás na tubulação. Na Figura 1.1, observamos uma simulação laboratorial de dutos de cobre para distribuição de gás a baixa pressão, instrumentada com cinco microfones internos (Figura 1.2), que atuam como sensores.

Na Figura 1.3, encontramos a variação da amplitude do sinal acústico de cada microfone com o tempo de gravação. Notamos claramente a diferença do padrão acústico até o tempo de 10 segundos, quando não havia vazamento, e o sinal após 10 segundos, já com vazamento induzido no duto. As amplitudes são diferentes, pois dependem da distância entre o microfone e o vazamento, porém todos os microfones apontam para situação de escape de gás, já que a amplitude do ruído aumenta. Usando técnicas de processamento de sinais, é possível inclusive apontar a localização e a dimensão desse vazamento.

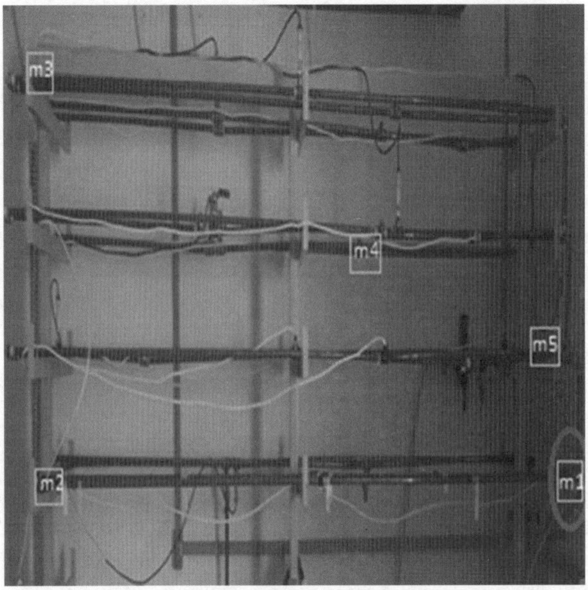

Figura 1.1 Fotografia de dutos de distribuição de gás a baixa pressão, instrumentada com cinco microfones mi.

Figura 1.2 Microfone sendo acoplado internamente ao duto.

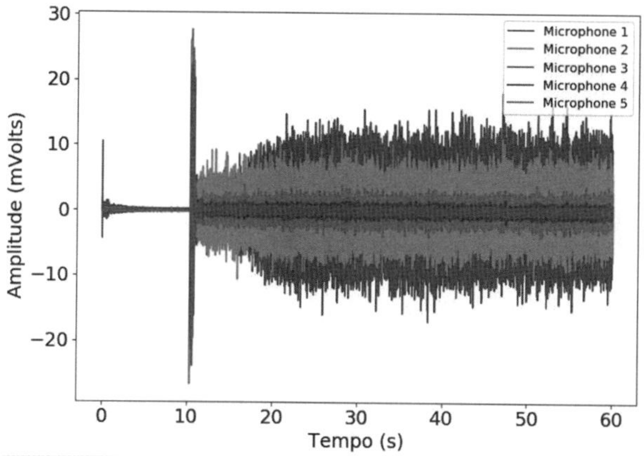

Figura 1.3 Sinais sonoros capturados pelos microfones, com vazamento de gás induzido após 10 segundos de gravação.

Para os propósitos do livro, é importante ressaltar que, apesar do monitoramento acústico constante que ocorre no exemplo da Figura 1.1, nenhuma ação é tomada automaticamente para estancar ou diminuir a vazão de gás. Portanto, dizemos que o processo é monitorado, mas não controlado. É provável que um alarme seja acionado e que um operador humano se encarregue da atuação necessária no processo.

Ainda no setor das utilidades, podemos nos deparar com linhas de escoamento de vapor saturado, que geralmente alimentam trocadores de calor na linha de produção, e cujo vapor pode ser parcialmente liquefeito, gerando um escoamento líquido-gás na mesma tubulação. É usual encontrarmos escoamento bifásico também em dutos de exploração e de refino de petróleo, em indústrias alimentícias e em usinas de produção de energia.

A Figura 1.4 mostra um circuito fechado de bombeamento de líquido, com injeção controlada de ar, para desenvolver escoamentos bifásicos com diferentes frações de vazios.

Esse termo se refere à fração de ar presente no escoamento. Duas bombas são utilizadas: uma *booster* e uma centrífuga submersível (BCS). O fluxograma de instrumentação do circuito da Figura 1.4 é representado na Figura 1.5. Há sensores de pressão, temperatura e vazão instalados nas linhas. Porém, atuando como sensores de fração de vazios e de conformação espacial das bolhas, temos estações de medição ultrassônica, denominadas US 102, US 103 e US 104 nos dutos horizontais, e US 201 na tubulação vertical.

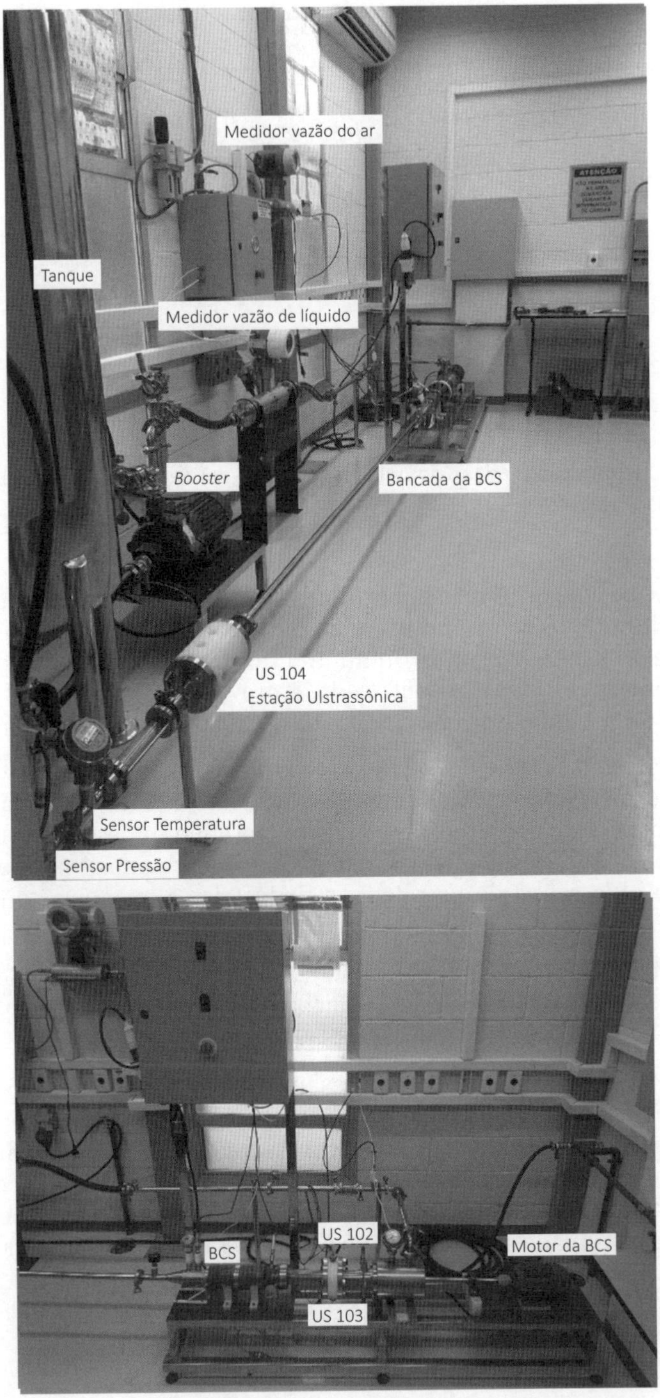

Figura 1.4 Imagens de circuito fechado de bombeamento de líquido, com injeção controlada de ar, formando escoamento bifásico com diferentes frações de vazio (ar) e diferentes configurações geométricas. Na última imagem, detalhe da bancada da bomba centrífuga submersível (BCS).

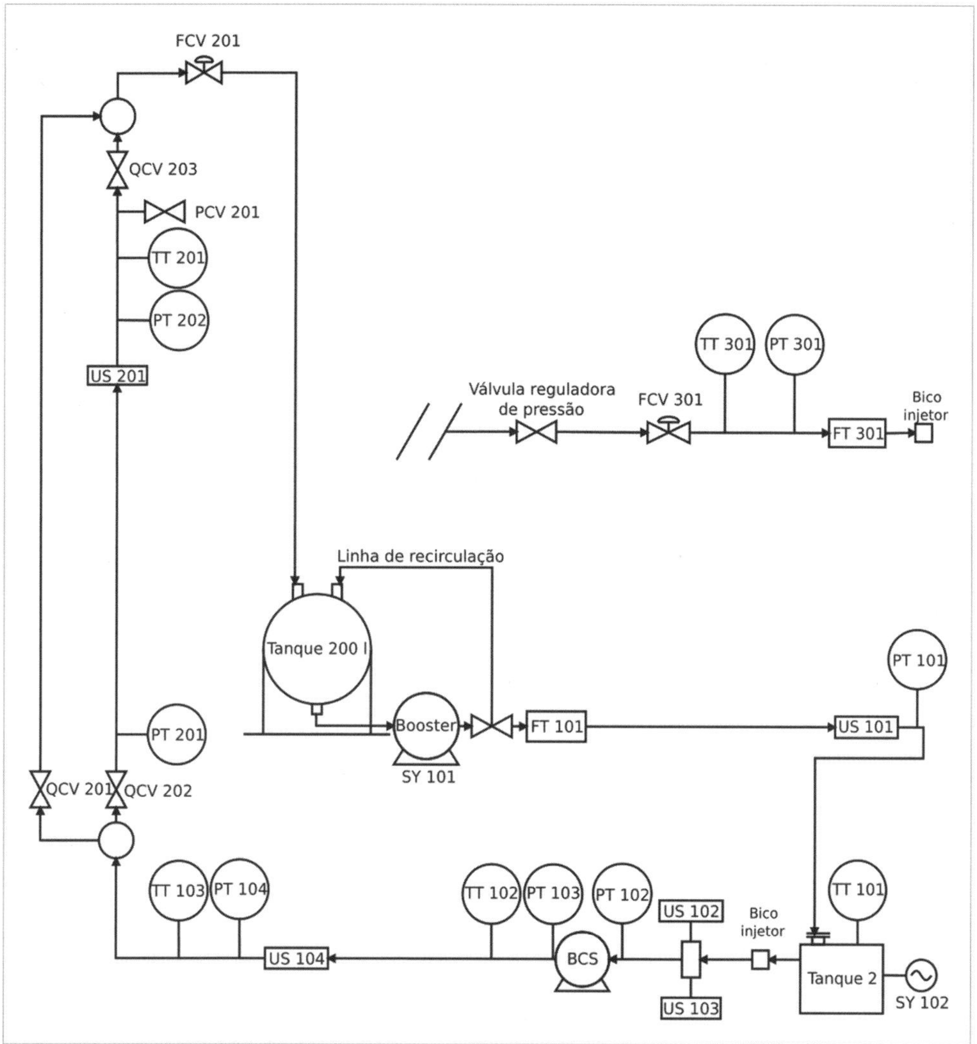

Figura 1.5 Diagrama P&ID do circuito de escoamento bifásico.

Sabemos de antemão que há uma degradação do desempenho da bomba centrífuga em função da presença de gás livre no escoamento e, portanto, é necessário medir a fração de vazios no escoamento bifásico. Ademais, sabemos que existem problemas de segurança operacional relacionados com a conformação das bolhas no escoamento. Por exemplo, a ocorrência de grandes bolhas alongadas de gás, em vez de pequenas bolhas dispersas, a montante da bomba, pode acarretar obstrução local e indesejáveis ondas de choque ao longo da tubulação. Para amenizar a situação desses picos de pressão na linha e possível refluxo de líquido, é necessário que o sistema de controle automático manipule a abertura da válvula *choke* (FCV201), que fica instalada na parte mais alta do circuito. Os problemas causados deverão diminuir com a acomodação dos fluidos e nova estabilização da pressão. Entretanto, se ainda assim persistir o problema, será necessário estancar o escoamento, de forma semelhante ao exemplo do escoamento monofásico de gás (Figura 1.1). Nesses casos, após soar o alarme, uma ação humana poderá ser exigida – desligar o equipamento via painel de operação ou teclado –, ou esta ação poderá ser programada no sistema de intertravamento da planta, que desligará o motor da bomba automaticamente.

Nesse circuito, temos o monitoramento de diversas variáveis, mas somente uma ação de controle é tomada automaticamente na válvula FCV201, apenas considerando a medição ultrassônica da estação US 102, presente na entrada da BCS. A estação US 103 seria usada somente em caso de falha da US 102, o que chamamos de redundância. Essa é uma das estratégias de controle automático de única-entrada-única-saída (em inglês, *single input, single output* – SISO) possíveis para esse sistema.

A Figura 1.6 mostra o sinal de ultrassom emitido (pulso), que atravessa o escoamento e é refletido pelo eixo da bomba ao transdutor (eco), para diferentes percentagens de ar na água (frações de vazios). Podemos notar a diminuição da amplitude do sinal de eco captado pelo transdutor à medida em que a fração de vazios aumenta de 0 a 6,7%.

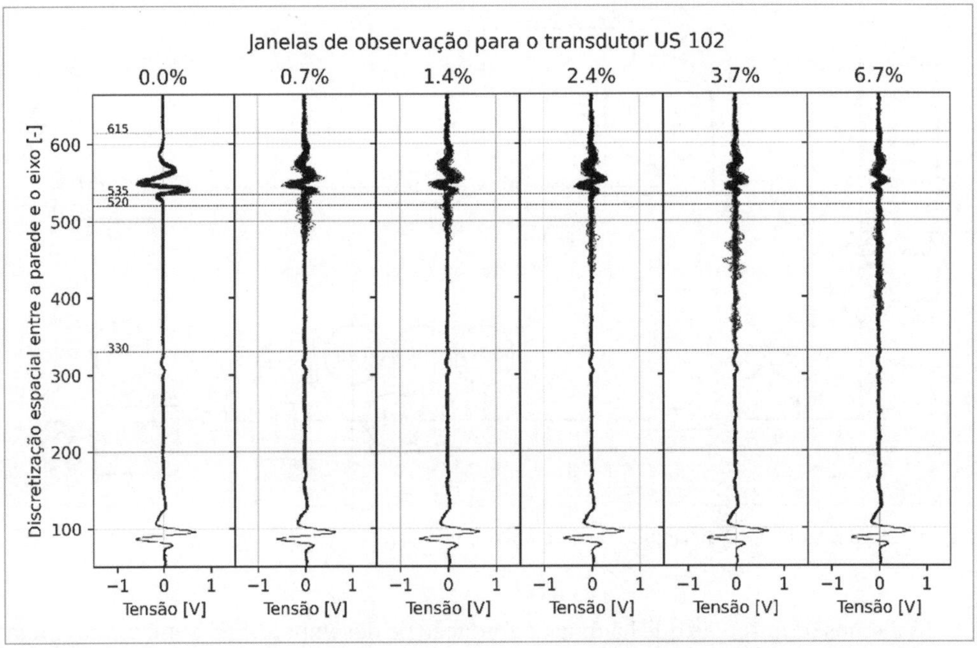

Figura 1.6 Janelas de observação ultrassônica para diferentes frações de vazios na estação US 102.

É importante ressaltar que, em qualquer produção industrial, o sistema de intertravamento está relacionado com o conceito de garantia de segurança operacional da planta e deve atuar de forma independente do sistema de controle automático. Este último está ligado principalmente às questões de qualidade e demanda do produto, economia de energia e respeito à legislação ambiental.

Nas situações em que o escoamento é opaco, o sensor ultrassônico se constitui em uma das melhores alternativas para esse monitoramento. Em contrapartida, sendo os fluidos translúcidos e havendo janelas de visualização na tubulação, como a montante da BCS na Figura 1.4, seria possível empregar câmeras de filmagem rápida junto com algoritmos de visão computacional, substituindo as estações ultrassônicas empregadas.

Além de monitorar e controlar as tubulações industriais que interligam os diferentes equipamentos de uma planta química, é igualmente importante o monitoramento e o controle das próprias operações unitárias de processamento.

Um dos equipamentos bem conhecidos para separação de líquidos miscíveis é a coluna de destilação. Independentemente do tipo de coluna utilizado, de recheio ou de pratos, contínua ou semicontínua, o objetivo principal é purificar um ou mais componentes da mistura líquida alimentada à coluna a partir da diferença de volatilidade entre os componentes presentes. Demais objetivos podem ser levados em consideração, como a economia de energia envolvida na purificação.

Na Figura 1.7 podemos observar uma coluna de pratos, semicontínua, com bomba para recirculação ou retirada de líquido condensado. Existem duas posições possíveis para a atuação da bomba: todo o líquido condensado sendo retirado como produto de topo, ou todo o líquido retornando para o corpo da coluna. Conforme o princípio de operação da destilação, o refluxo é usado para elevar a presença do respectivo componente nos pratos superiores, garantindo pureza maior no produto de topo. Neste caso, temos a razão de refluxo sendo fornecida pelo tempo no qual a bomba desvia para refluxo ou para produto, dentro do ciclo de atuação de, por exemplo, alguns minutos. Essa é a variável que manipulamos automaticamente para que a pureza desejada seja alcançada e mantida na operação.

Figura 1.7 Coluna de destilação semicontínua, com refervedor isolado termicamente no fundo. Em destaque o sistema de refluxo que altera as condições de operação.

A Figura 1.8 apresenta a fração molar de topo do componente mais volátil (n-Hexano) de uma mistura líquida de hidrocarbonetos ao longo da destilação realizada nesta coluna. Em vermelho encontramos o valor correspondente à pureza desejada do n-Hexano no topo. No início da destilação, percebemos que a pureza é maior do que a desejada. Em consequência disso, a razão de refluxo é mantida em zero. Conforme esse líquido condensado é retirado como produto, o n-Hexano vai se tornando mais escasso na mistura de hidrocarbonetos que é destilada, pois nesse caso a alimentação não é contínua. Assim, para conseguir manter a pureza de 80%, é necessário ir aumentando a razão de líquido condensado que retorna à coluna (pontos em azul-claro).

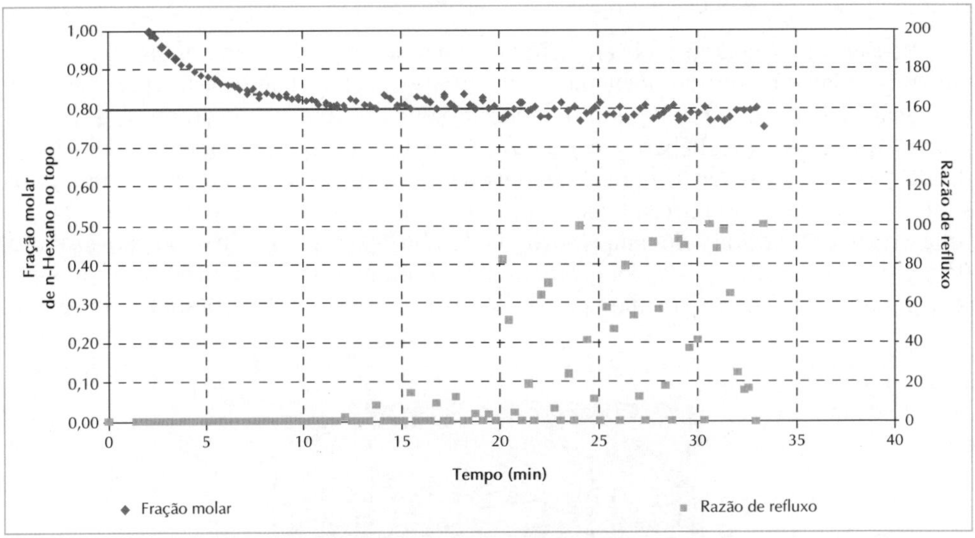

Figura 1.8 Registro da destilação de mistura líquida de hidrocarbonetos sob controle automático da fração molar do n-Hexano (valor desejado de 0,80), por meio da manipulação da razão de refluxo.

Na Figura 1.8, percebemos a tendência desse refluxo ajustado de se aproximar de 100%, que seria a única forma de garantir a pureza desejada ao passar do tempo. É nesse momento que se finaliza a operação, pois o n-Hexano presente já estaria escasso e não conseguiria mais atingir o valor desejado de fração molar de 0,80. Ressaltamos aqui que, se não houvesse o controle automático, a pureza de topo ficaria rapidamente menor que o mínimo desejado, caracterizando o produto como "fora de especificação". O produto, que poderia ser devidamente recuperado numa operação com controle automático, seria desperdiçado ou reprocessado quando sob operação apenas monitorada.

Assim como os escoamentos constituem uma parte importante da operação contínua, os tanques de estocagem, ou mesmo os reatores que operam com fase líquida, ocorrem com muita frequência em plantas químicas. Apenas o monitoramento por meio de sensores de nível do líquido não garante a operação adequada. Esses recipientes devem ter seu nível controlado para não ocorrer derramamento ou esgotamento total do líquido em seu interior. Para alcançar segurança operacional e qualidade do produto, é necessário manipular as vazões de entrada e/ou saída dos vasos, observando o nível do líquido no interior. A complexidade aumenta quando um tanque se conecta com outro, ou quando um tanque possui várias correntes de entrada ou de saída.

O controle de nível de tanques interativos a partir das vazões se apresenta como um sistema de múltiplas-entradas-múltiplas-saídas (em inglês, *multiple input, multiple output* – MIMO). Esse termo não tem relação com as linhas de tubulações de entradas ou saídas, mas sim com a quantidade de variáveis que podem ser controladas ou manipuladas.

A Figura 1.9 mostra a imagem de um sistema de tanques, com dois tanques superiores que se comunicam e interagem, por saídas laterais, e que possuem sensores de altura de líquido (Figura 1.10a). Cada tanque conta com uma linha superior de entrada de líquido e uma de saída ao fundo.

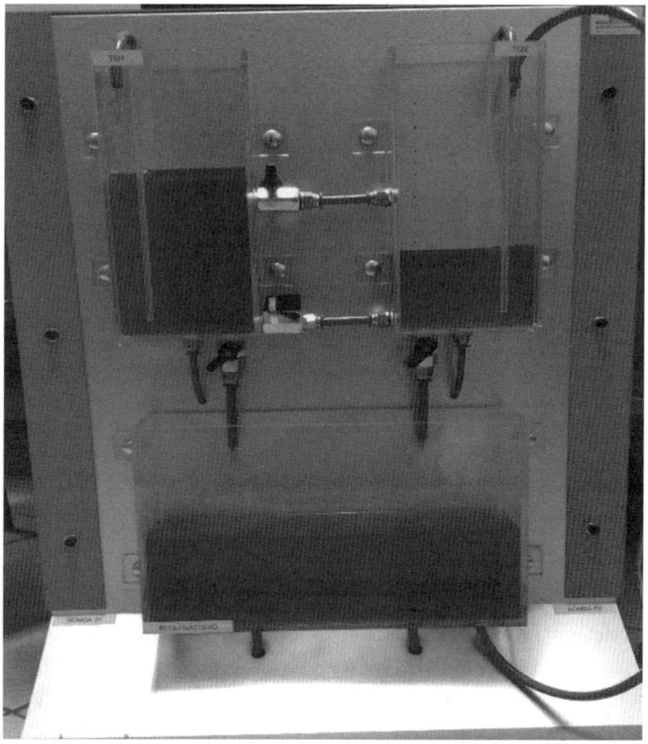

Figura 1.9 Tanques interativos com controle de nível nos dois tanques superiores.

Em regime estacionário, seria possível manter o nível do tanque à esquerda diferente do nível do tanque à direita, como na Figura 1.9? Sim, é possível, por meio do sistema de controle automático, implementado no controlador lógico programável (CLP) (Figura 1.10b). Esse sistema manipula, durante a operação, as vazões de entrada, usando uma bomba de rotação variável (Figura 1.10c) para cada tanque. As quatro válvulas de ajuste manual que aparecem na foto não possuem ajuste durante a operação: duas ajustam de forma fixa as vazões de saída de cada tanque e duas ajustam a vazão entre os tanques comunicantes.

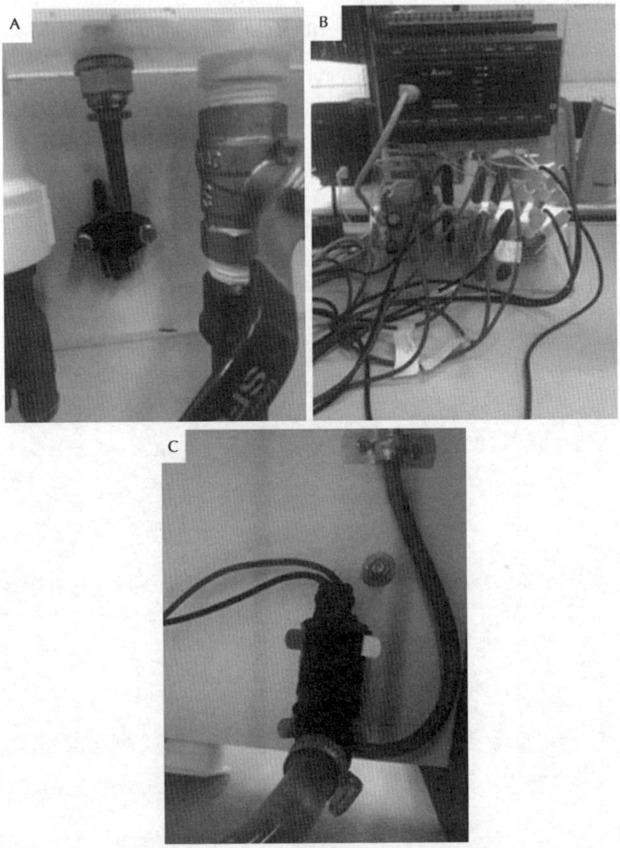

Figura 1.10 (a) Os níveis são medidos por sensores de pressão em cada um dos tanques superiores; (b) um CLP comanda as atividades de medição e de manipulação; (c) as entradas de líquido são manipuladas durante a operação, usando uma bomba de rotação variável para cada tanque.

O diagrama de instrumentação desse sistema de tanque é representado na Figura 1.11. Como explicado anteriormente, as válvulas de ajuste manual (HV 101, HV 102, HV 103) não são alteradas durante a operação contínua. Apenas as vazões de entrada dos vasos V 101 e V 102 são manipuladas durante a operação para correção dos níveis medidos. Se o operador humano é quem entra com as informações de valores, via teclado, para as rotações das duas bombas, alterando as respectivas vazões de entrada, dizemos que o controle está em malha aberta. Se é o próprio sistema de controle automático que calcula as alterações necessárias e as implementa, dizemos que o sistema está em malha fechada ou sob controle.

Para ilustrar mais uma operação típica da engenharia química, a Figura 1.12 mostra um reator tanque agitado contínuo (CSTR), de aço inox, juntamente com todos os equipamentos e instrumentos necessários para sua operação contínua. Nesse processo, uma solução tampão de $NaHCO_3$, cujo pH inicial é superior a 8, é alimentada continuamente no reator tanque agitado contínuo. O meio reacional deve ser neutralizado, ou seja, o reator deve operar com controle automático de pH. Os três barriletes da foto contêm separadamente soluções de ácido, base e tampão.

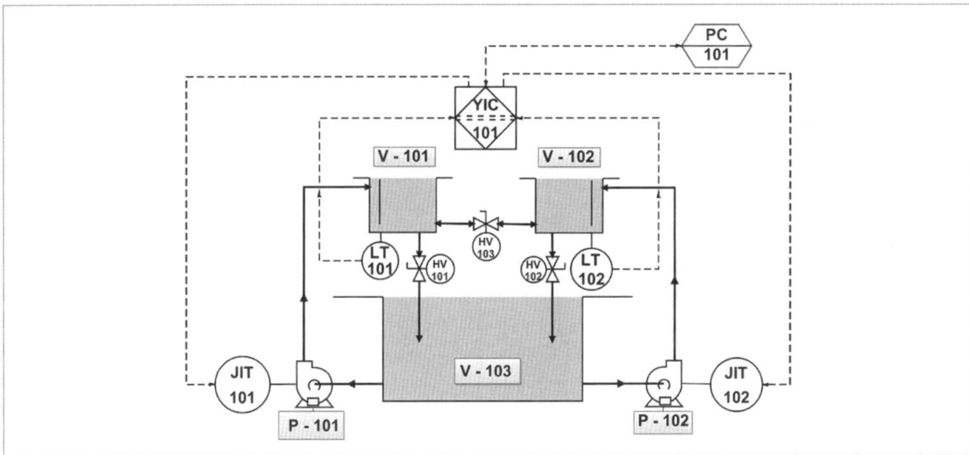

Figura 1.11 Diagrama P&ID do sistema de tanques interativos. Em destaque as duas bombas (P 101 e P 102), que captam líquido do tanque 3 e alimentam os tanques superiores 1 e 2, com seus respectivos inversores de frequência para alterar as rotações dos motores (JIT 101 e JIT 102).

Figura 1.12 Ao centro, reator tanque agitado contínuo (CSTR) de aço inox, com sensores de pH e nível acoplados. Os três barriletes contêm soluções de ácido, base ou tampão a ser neutralizado. Abaixo deles estão as bombas dosadoras de rotação variável. A bombona azul coleta o meio reacional de saída contínua.

Abaixo deles, podemos visualizar também as respectivas bombas de rotação variável. A bombona azul coleta o meio reacional que flui continuamente à saída do reator. Essa vazão de saída também é controlada por outra bomba de vazão variável que se ajusta em função da situação medida do nível de líquido no reator.

Vamos refletir? Nos dois sistemas ilustrados nas Figuras 1.9 a 1.13, como é que o sistema de controle automático calcula, durante a operação, a magnitude das alterações de vazões (ou rotações dos motores) para manter os níveis desejados dos tanques comunicantes, ou o pH desejado no reator?

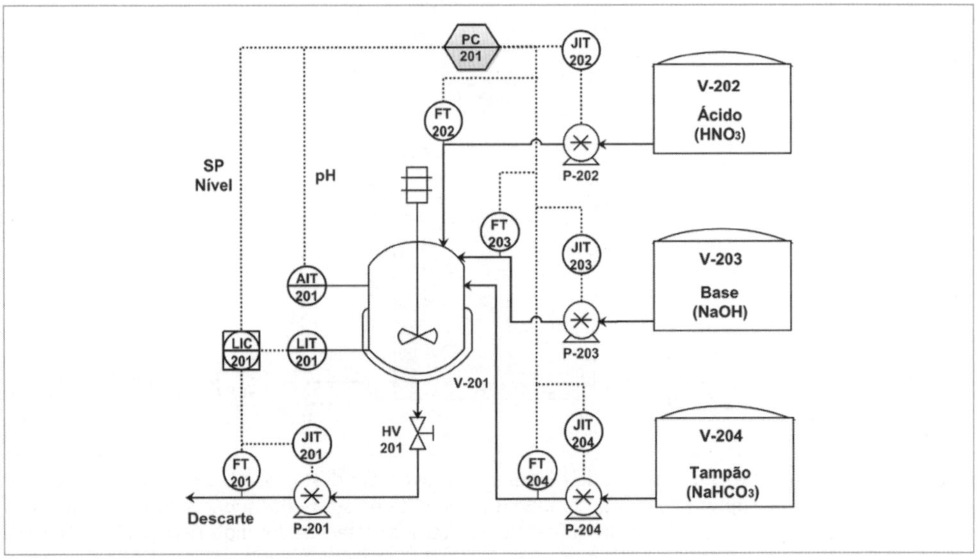

Figura 1.13 Diagrama P&ID do reator para ajuste de pH. Todas as bombas têm seus motores acoplados a inversores de frequência (JIT), que conseguem alterar as rotações de seus eixos e, consequentemente, as vazões das linhas.

Podemos observar nas Figuras 1.11 e 1.13 que os sinais coletados pelos instrumentos de medição são enviados a uma placa de aquisição de dados (YIC101), que faz as conversões necessárias e estabelece a comunicação com um computador/processador (PC-101). Este deve "realizar os cálculos" naquele instante, devolvendo sinais para a placa, que os convertem em atuação física no processo, diminuindo ou aumentando a rotação de cada bomba cujo motor esteja acoplado a um inversor de frequência. Quais são esses cálculos programados que resultam na manipulação dos equipamentos que possibilitam as alterações operacionais na planta? Pois é exatamente sobre essa teoria que iremos discorrer nos próximos capítulos por meio de estudos de casos. É importante ressaltar que a teoria abordada é válida tanto para sistemas de controle analógicos quanto para sistemas digitais com elevada frequência de amostragem.

Poderíamos descrever ainda inúmeras outras operações unitárias ou conjunto de equipamentos em processos industriais que operam com controle automático, por exemplo: reatores de fermentação, colunas de absorção, leitos fluidizados, filtros, sedimentadores, secadores, flotadores, caldeiras, sistemas de refrigeração, de moagem etc.

Nos capítulos subsequentes, esperamos contribuir para que o estudante adquira a capacidade de reconhecer situações de necessário controle automático em processos, e que aprenda a sistematizá-las para realizar o projeto do controlador. Esperamos também que desenvolva aptidão para enfrentar uma família de situações análogas que são encontradas em diversos processos industriais reais.

CAPÍTULO 2
Estudo de caso 1: aquecimento de água em chuveiro elétrico

O estudo de caso deste capítulo será o aquecimento contínuo de água em chuveiro elétrico, processo chamado de banho. Porém, com o objetivo inicial de apresentar alguns conceitos básicos de controle de processos, usaremos de forma preliminar um exemplo bastante simples em termos de controle de processos, mas bastante complicado em termos biológicos: a pandemia de COVID-19.

2.1 CONCEITOS BÁSICOS DE CONTROLE DE PROCESSOS

A partir do momento em que ocorreu o primeiro óbito no Brasil, começava o monitoramento dessa doença infecciosa. Atitudes de controle tiveram de ser tomadas para diminuir a taxa de contágio entre as pessoas, visando não deixar o sistema de saúde entrar em colapso, o que agravaria mais ainda o problema.

No estado de São Paulo, foi proposto um plano de contingência. Nosso objetivo aqui é mostrá-lo resumidamente de forma bastante simples, apenas para introduzir os conceitos de controle utilizados. Aqui ainda não estamos falando de controle automático, mas sim de *controle manual*. Manual porque as ações são tomadas por pessoas e não por uma máquina.

Foram estabelecidos critérios e definidas diferentes fases para a abertura de comércio, escolas, shopping centers. Cada região do estado faria a observação das variáveis mais importantes, como: taxa de ocupação de UTI, ou número de novas internações, ou número de óbitos. Essa observação seria feita diariamente. Observem que não faz sentido acompanhar esses números por hora, por minuto, ou por segundo. Portanto, já temos aqui uma informação importante: o *intervalo de amostragem* é de um dia, e é escolhido em função da rapidez com que as coisas ocorrem.

Apesar de as observações ocorrerem diariamente, o *intervalo de atuação* no processo é semanal. Foi escolhido um dia da semana para a análise dos dados diários anteriores, para que a nova ação de controle fosse tomada. Novamente surge a questão do tempo envolvido. Por que não implementar novas ações diariamente? Ora, se o vírus apresenta tempo de incubação de até 14 dias para se manifestar, é necessário aguardar uma semana ou duas para saber a consequência da ação de controle sobre a circulação de pessoas (variável manipulada ou de controle).

Esse tempo de incubação é o que chamamos de *tempo morto*; em engenharia química, também *atraso de transporte*. Isso porque, ao modificar a composição de um fluido que entra numa tubulação quilométrica, essa modificação só seria observada ao final da tubulação, após percorrer essa distância, caracterizando um atraso de transporte.

Escolhendo agora como *variável controlada* o número de internações hospitalares, a sua dinâmica pode ser observada ao longo do tempo. Veja, na Figura 2.1, como os dados diários no formato de barras sofrem variações bruscas. Não se sabe muito bem se o dado que cai abruptamente reflete a realidade, ou se foi apenas um atraso na informação fornecida, ficando acumulada para o dia seguinte. Tomar atitude de controle a partir de informações oscilatórias provoca ainda mais oscilações (abre comércio, fecha comércio...).

Usando técnicas de filtragem matemática para processamento de sinais, podemos diminuir as oscilações detectadas. Isso é o que foi feito. Por meio do *filtro de média móvel* – curva contínua na Figura 2.1 – tomamos as amostragens diárias dos últimos sete dias e calculamos a média aritmética, usando esse dado como média móvel diária para tomar atitude de controle (*variável manipulada ou de controle*).

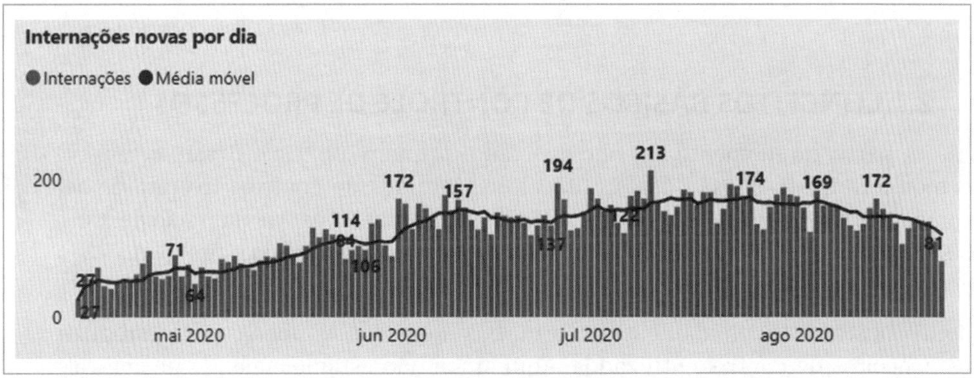

Figura 2.1 Dados de internações em uma cidade do interior, suavizados por filtro de média móvel (curva contínua).

Já falamos nos tempos envolvidos e consequentes intervalos de amostragem e de atuação. Já falamos sobre as variáveis manipuladas e controladas, e também sobre os filtros. Vamos agora observar a forma de agir ou a sequência básica das ações tomadas.

O princípio de funcionamento é bastante intuitivo. Fazemos a medição da variável controlada, calculamos a média móvel dos últimos sete dias. Verificamos se já passou uma semana da última atuação de controle, ou da última modificação feita na restrição de pessoas naquela região. Após o decorrer desse período de tempo, comparamos a média móvel de hoje com o nível preestabelecido para cada fase do plano.

Se o número de internações obtido pela média móvel do dia de hoje for maior do que o nível preestabelecido, uma ação de controle tem de ser tomada para restringir mais a circulação de pessoas. Se ocorrer o oposto, ou seja, se o número de internações for menor que o nível preestabelecido, podemos tomar a atitude de ampliar a circulação de pessoas naquela região. O ciclo se repete com monitoramento diário e controle semanal.

Esse é exatamente o princípio de funcionamento do *controle por realimentação.* Uma observação importante: é óbvio que se deseja nível de internações igual a zero em todas as fases, mas isso não seria realizável. Percebam: nenhum sistema de controle faz milagres! Apenas mais um conceito necessário: o de *sintonia do controlador.* A sintonia é um ajuste de parâmetros do controlador que fazemos para que a ação de controle seja mais suave e não vá para os extremos. Note que os limites deste controle de COVID são: o fechamento total de circulação (chamado de *lockdown*) ou a liberação total de comércios, escolas, shoppings etc. Atitudes mais prudentes são intermediárias, demorando mais para atingir os extremos.

2.2 APRESENTAÇÃO DO ESTUDO DE CASO 1: AQUECIMENTO DE ÁGUA EM CHUVEIRO ELÉTRICO

Nesse processo, a água passa continuamente por um pequeno recipiente, que contém uma resistência elétrica com uma determinada potência, por um determinado tempo de residência, que promove o seu aquecimento. Nosso objetivo é organizar as informações desse processo de forma a conseguir posteriormente projetar um sistema de controle automático.

No banho tradicional, você entra no box e a primeira coisa que faz é abrir uma válvula de vazão de água. Aguarda alguns segundos e verifica, colocando a mão na água que cai do chuveiro, se a temperatura está agradável.

Se a água estiver fria, intuitivamente, você fecharia um pouco a válvula de vazão de água. Se a água estiver quente, da mesma forma intuitiva, você abriria a válvula de vazão de água e o processo se repetiria: você aguardaria alguns segundos e colocaria a mão na água que cai do chuveiro, analisando se a temperatura está agradável ou não. Encontrando uma temperatura que lhe agrade, você entra para o banho.

Dependendo das instalações prediais, alguns fatos poderiam ocorrer, de forma que aquela temperatura agradável da água seria modificada por fatores externos. Mesmo com a vazão de água fixa, se alguém der uma descarga no banheiro onde você está tomando banho, pode haver uma modificação na vazão que entra de água no chuveiro, e a água que sai do chuveiro pode subitamente ter sua temperatura elevada, de forma que você toma uma "queimada".

Outra situação em instalações mais rústicas, comuns em sítios ou chácaras, é a possibilidade de a água que entra no chuveiro sofrer uma variação de temperatura. Isso é o que comumente ocorre quando a água chega diretamente de tubulações externas, e não de uma caixa d'água. Essas tubulações externas sofrem mais a influência do clima.

Portanto, se a noite foi fria e você toma um banho logo pela manhã, quando havia uma certa quantidade de água presa na tubulação interna, e depois chega a água que estava na tubulação externa com temperatura menor, você vai ter uma diminuição indesejada da temperatura da água que sai no chuveiro. Em resumo, você toma aquele choque de água fria e mexe na vazão, diminuindo-a, com o objetivo de aumentar a temperatura. Tudo isso é para dizer que existem fatores externos que não são controláveis (distúrbios) e que afetam a temperatura do seu banho.

2.3 A ORGANIZAÇÃO DAS INFORMAÇÕES EM DIAGRAMAS

Existe, no mercado, um modelo de ducha elétrica na qual se insere a temperatura desejada, ou *setpoint*, e ela consegue mantê-la automaticamente, sem que você tenha de manipular a vazão de entrada de água. Por uma questão de marketing, ela é chamada de ducha inteligente. Mas que inteligência é essa? É mesmo inteligência? Não seria apenas um sistema de controle automático baseado em equações matemáticas?

Os sistemas de *controle automático* podem ser basicamente divididos em dois tipos: os de realimentação (*feedback*) e os antecipativos (*feedforward*).

Conforme comentado anteriormente, várias são as possibilidades de esse processo do chuveiro elétrico sair do ponto operacional desejado (*setpoint*). Os distúrbios podem ocorrer na pressão da linha de água e também na própria temperatura da água de entrada no chuveiro. Quando isso ocorre e você mantém a abertura da válvula fixa, a temperatura da água de saída do chuveiro irá se modificar de forma indesejada.

A maioria das pessoas prefere temperatura próxima da temperatura corporal para o seu banho, ou seja, de 36 a 38 °C. Isso seria o *setpoint,* ou ponto operacional desejado. Iremos assumir um *setpoint* de 38 °C.

Se a temperatura da água de entrada do chuveiro diminuir e você mantiver a abertura da válvula constante, a temperatura da água de saída diminuirá de forma proporcional. Portanto, ao sentir que a temperatura diminuiu, você intuitivamente fechará um pouco a válvula de vazão de água. Novamente, observará se a temperatura atingiu os 38 °C desejados, repetindo até atingir a temperatura de *setpoint*. Esse é o controle realizado de forma manual por você.

Sabendo que a temperatura de saída do chuveiro é a variável controlada, a temperatura de entrada do chuveiro é a *variável de perturbação ou distúrbio* e a vazão de água é a variável manipulada, podemos fechar a malha. Esse controle automático é chamado de *controle por realimentação*, ou seja, você permite que o erro ocorra na variável controlada para, posteriormente, tomar uma atitude na variável manipulada.

Se, por prevenção, você conseguisse ao longo do banho avaliar ou medir a temperatura de entrada da água no chuveiro e percebesse uma diminuição, você poderia imediatamente diminuir a vazão de água na tentativa de manter o *setpoint,* da temperatura de saída. Isso é o que se chama de *controle antecipativo*. Nesse caso, seria necessário conseguir modelar de forma rigorosa o aquecimento ocorrido no chuveiro, obtendo uma equação matemática fiel, relacionando a vazão da água com a temperatura desejada de saída e os distúrbios ocorridos. Não existe uma equação geral para aplicar a qualquer processo. O único benefício do antecipativo é atuar na manipulada antes de o erro acontecer na controlada. Em controle ambiental, isso pode ser muito importante!

No controle por realimentação (Figura 2.2), a medição é feita na própria variável controlada (ou de processo): termopar à saída do chuveiro. No controle antecipativo (Figura 2.3), mede-se apenas a variável distúrbio: termopar à entrada de água no chuveiro.

Observe como é feita a representação desses dois tipos de controladores na forma de *diagramas de blocos*. Entender e saber elaborar o diagrama é fundamental para a etapa de projeto do controlador.

O *projeto do controlador* compreende, principalmente, a etapa matemática, com definição da equação que irá calcular o tamanho da variação a ser aplicada na variável manipulada, assim como a definição dos parâmetros dessa equação (*sintonia*) para que o processo, agora sob controle, permaneça *estável* e próximo do *setpoint*.

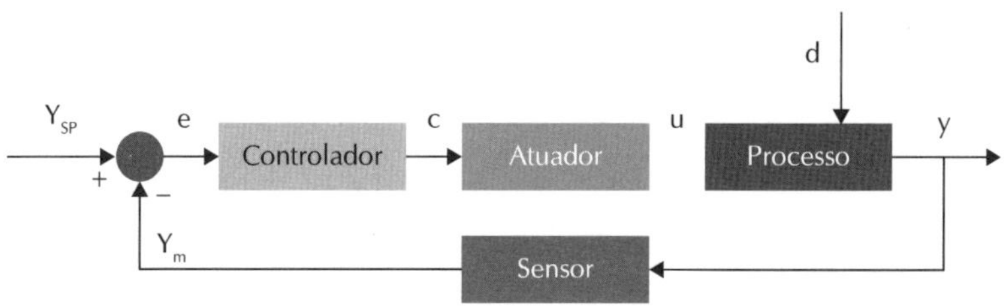

Figura 2.2 Diagrama de blocos do controlador por realimentação (*feedback*).

Figura 2.3 Diagrama de blocos do controle antecipativo (*feedforward*).

EXERCÍCIOS RESOLVIDOS

Para o estudo de caso 1, referente ao chuveiro elétrico, responda:

1. Qual a variável de processo ou variável controlada?
   a. potência do chuveiro
   b. temperatura da água que sai do chuveiro
   c. vazão de água
   d. pressão da linha de água
   e. temperatura da água de entrada do chuveiro

Resolução:

Letra B. A variável controlada é aquela que queremos controlar. No exemplo do chuveiro, queremos controlar a temperatura da água que sai do chuveiro. No controle *feedback* é a variável que medimos para tomar a decisão de qual ação de controle devemos implementar no processo, a fim de atingir o valor desejado (*setpoint*).

2. Qual a variável manipulada ou variável de controle?
   a. vazão de água
   b. temperatura da água que sai do chuveiro
   c. pressão da linha de água
   d. temperatura da água de entrada do chuveiro
   e. potência do chuveiro

Resolução:

Letra A. A variável manipulada é aquela que devemos ajustar por meio de um atuador (como uma válvula), a fim de manter a variável controlada próximo ao valor desejado. No exemplo do chuveiro elétrico, a vazão de água é usada com essa finalidade.

3. "Variável de controle" é diferente de "variável controlada"? V ou F?

Resolução:

Verdadeiro. Apesar de terem nomes parecidos, as duas variáveis têm conceitos diferentes. Variável de controle é o mesmo que variável manipulada. Conforme explicado nas questões anteriores, variável controlada é aquela que devemos controlar para manter o seu valor próximo ao valor desejado. Já variável de controle (ou manipulada) é aquela que devemos ajustar para levar a variável controlada ao valor desejado.

4. Quais as variáveis distúrbio? (Mais de uma resposta permitida)
   a. vazão de água
   b. temperatura da água que sai do chuveiro
   c. pressão da linha de água
   d. temperatura da água de entrada do chuveiro
   e. potência do chuveiro

Resolução:

Letras C e D. Distúrbios são variáveis que afetam as variáveis controladas, mas não podem ser manipuladas. Em um chuveiro elétrico, não temos como ajustar a temperatura da água de entrada nem a pressão da linha, apesar de ambas afetarem o valor de temperatura de saída do chuveiro, logo, elas são as variáveis distúrbio. Por exemplo, se a pressão da linha de água aumenta, a vazão de água vai aumentar e a temperatura de saída vai diminuir, sem que tenhamos ajustado o registro. Da mesma forma, se a temperatura da água na entrada aumentar, a temperatura da água na saída vai aumentar. Por outro lado, a potência do chuveiro também afetaria a temperatura da água na saída, mas ela é um parâmetro operacional ajustável, e não um distúrbio.

5. A qual variável você deve atribuir um *setpoint*?
   a. vazão de água
   b. pressão da linha de água
   c. temperatura da água de entrada do chuveiro
   d. potência do chuveiro
   e. temperatura da água que sai do chuveiro

Resolução:

Letra E. O *setpoint* é o valor desejado da variável controlada. Logo, devemos atribuir um *setpoint* a uma variável controlada, que, no caso do exemplo do chuveiro elétrico, é a temperatura de saída do chuveiro.

6. Para o controle por realimentação, qual variável seria obrigatoriamente medida ou inferida (calculada por medição indireta)?
   a. vazão de água
   b. temperatura da água que sai do chuveiro
   c. pressão da linha de água
   d. temperatura da água de entrada do chuveiro
   e. potência do chuveiro

Resolução:

Letra B. Em um controle por realimentação (*feedback*), precisamos medir, ou inferir, obrigatoriamente a variável controlada, uma vez que a ação de controle é calculada com base no erro em relação ao *setpoint* (erro = *setpoint* – valor medido da variável controlada). Como, no exemplo do chuveiro elétrico, a variável controlada é a temperatura da água que sai do chuveiro, a resposta é a letra B.

7. Para o controle antecipativo, quais variáveis seriam obrigatoriamente medidas ou inferidas? (Mais de uma resposta permitida)

   a. vazão de água

   b. temperatura da água que sai do chuveiro

   c. pressão da linha de água

   d. temperatura da água de entrada do chuveiro

   e. potência do chuveiro

Resolução:

Letras C e D. Em um controle antecipativo (*feedforward*), a ação de controle é calculada com base nos distúrbios modelados do processo, de forma a antecipar a ação deles sobre a variável controlada. Para o estudo de caso do chuveiro, os distúrbios são a temperatura de entrada e a respectiva pressão na linha. Cabe destacar que dificilmente um controlador é projetado para que tenha apenas ação *feedforward*, ou seja, sem a ação *feedback*, pois esta última é a única capaz de lidar com incertezas no modelo matemático, ruídos e distúrbios não modelados. Uma aplicação da ação *feedforward* em conjunto com a ação *feedback* tem a capacidade de antecipar distúrbios e, por isso, pode fornecer uma resposta mais rápida em relação ao controle *feedback* puro.

8. Independentemente da estratégia de controle, qual é o atuador usado?

   a. termopar na vazão de saída

   b. regulagem da potência da resistência

   c. válvula de vazão de água

   d. regulador de pressão da linha

   e. termopar na corrente de entrada

Resolução:

Letra C. O atuador é o elemento final de controle, que recebe o sinal de controle que sai do controlador e o transforma na variável manipulada, ou seja, é o equipamento que é utilizado para fazer o ajuste no processo. No exemplo do chuveiro elétrico, esse equipamento é a válvula de vazão de água.

9. Em qual tipo de controle se usa o erro para o cálculo de ajuste na vazão?

   a. manual

   b. estatístico

   c. antecipativo

   d. por realimentação

   e. remoto

Resolução:

Letra D. Conforme relatado em questões anteriores, o controle por realimentação (*feedback*) usa o erro para o cálculo do ajuste da vazão.

10. Como se calcula o erro para controle *feedback* neste estudo de caso?

    a. erro = *setpoint* - vazão de água medida

    b. erro = *setpoint* - temperatura de saída medida

    c. erro = temperatura de saída medida - *setpoint*

    d. erro = temperatura de entrada medida - *setpoint*

    e. erro = *setpoint* -pressão da linha medida

Resolução:

Letra B. O erro é o desvio do valor desejado, ou seja, o valor do *setpoint* subtraído pela temperatura medida de saída da água.

CAPÍTULO 3

Estudo de caso 1: os ganhos e a equação de controle proporcional

Seguiremos com o exemplo simples do aquecimento por chuveiro elétrico para explorar o diagrama de blocos e a sintonia do controlador por realimentação. Lembre-se de que estamos à procura de uma equação geral para esse controlador. Essa equação deverá se encaixar no bloco do controlador do diagrama de blocos do processo em malha fechada (Figura 2.2).

Cada bloco tem ao menos uma variável de entrada e uma variável de saída. No bloco de processo do chuveiro elétrico (Figura 3.1), a variável de entrada é a vazão da água e a variável de saída é a temperatura da água que sai do chuveiro. No bloco do atuador (Figura 3.2), que neste estudo de caso é a válvula, a variável de entrada é a abertura da válvula e a variável de saída é a vazão de água que ela impõe no processo. Todas as variáveis são tratadas como variações (deltas).

Figura 3.1 Bloco referente ao processo a ser controlado.

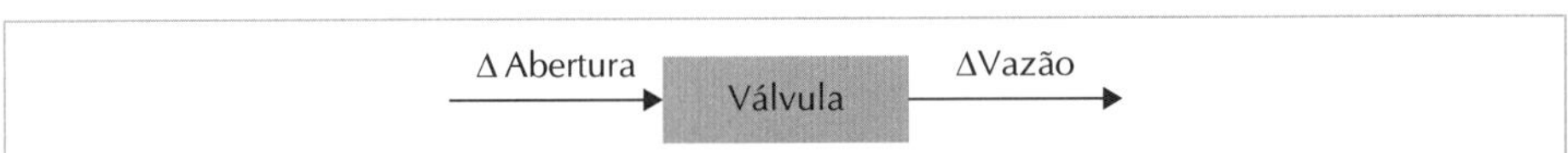

Figura 3.2 Bloco referente ao instrumento que fará a atuação no processo.

Como em engenharia trabalhamos mais com números do que com texto, devemos substituir as palavras dentro de cada bloco por números ou equações. Imaginando que o processo fosse estacionário, poderíamos substituir a palavra por um número apenas. Quando houver variação no tempo, teremos de substituir a palavra por uma equação. Aprenderemos primeiro a analisar situações de estado estacionário, pois são muito mais intuitivas.

Com pressão constante na linha e temperatura de entrada de água também constante, realizamos um experimento que visava a encontrar um número adequado para cada bloco (da válvula e do chuveiro).

A partir da válvula fechada, abrimos duas voltas a válvula até a vazão estabilizar. Com um termômetro, medimos a temperatura de saída da água, depois de percebê-la constante. A esses valores atribuímos os nomes de vazão 1 e temperatura de saída 1. Usando um recipiente graduado, coletamos a água de saída do chuveiro por um minuto e obtivemos a vazão 1 como 4 L/min. A temperatura 1 foi de 30 °C (Figura 3.3).

Para provocar uma perturbação na variável manipulada, abrimos mais duas voltas e repetimos as medições, após os valores se encontrarem constantes. A temperatura de saída 2 foi de 24 °C e a vazão 2 de 8 L/min.

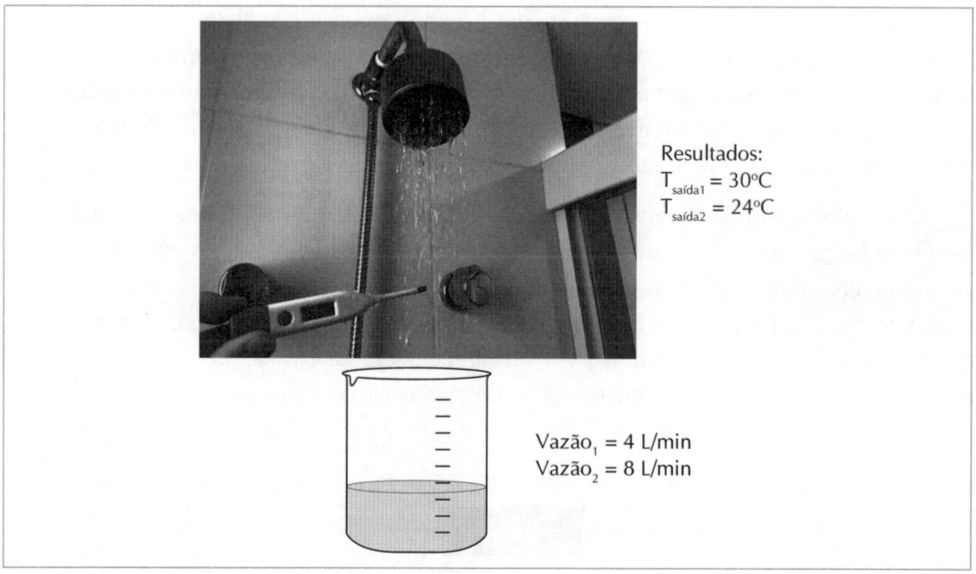

Figura 3.3 Experimento para determinação dos ganhos estacionários (foto meramente ilustrativa, pois a forma de medição não é adequada).

No diagrama de blocos, qual seria o número correspondente ao bloco "válvula"? Se duas voltas positivas levam a uma variação de vazão de (8-4) L/min, o valor correspondente ao bloco válvula é de 4 L/min dividido por 2 voltas no sentido anti-horário, ou seja, 2 (L/min)/volta sentido anti-horário. Isso corresponde ao ganho do atuador, *Kv*.

Esse é o número que chamamos de "ganho". Para qualquer bloco do diagrama, uma variação na entrada, multiplicada pelo ganho, resulta na variação da saída.

Para o bloco do processo do chuveiro, pelos resultados do experimento, temos uma variação de 6 °C negativos na temperatura de saída para uma variação positiva de 4 L/min na vazão de entrada (Figura 3.4). O ganho do processo resulta em: Kp = -1, 5 °C/(L/min).

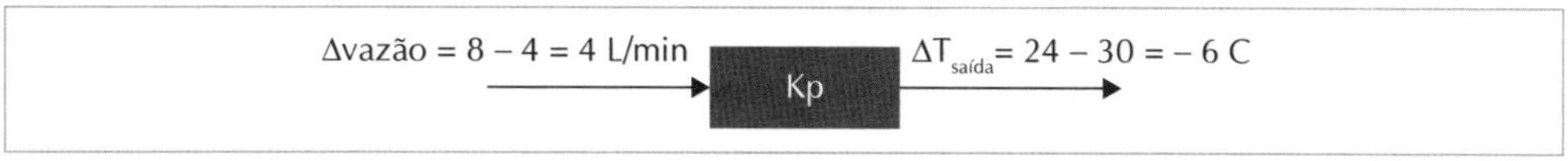

Figura 3.4 Determinação do ganho do processo, Kp.

Como o atuador e o processo aparecem em série no diagrama de blocos (Figura 2.2), podemos multiplicá-los para resultar um ganho geral, envolvendo atuador e processo juntos. Chamaremos este ganho de K. Neste experimento, duas voltas no sentido anti-horário da válvula multiplicadas pelo ganho geral K resultam em 6 °C negativos a saída. Portanto, o ganho K maiúsculo seria igual a -3 °C por volta no sentido anti-horário da válvula.

Vamos pensar no objetivo de calcular esses ganhos. Para que eles servem?

No dia seguinte, fizemos outro experimento a partir da válvula fechada. Abrimos a válvula duas voltas novamente. Dessa vez, a temperatura de saída do chuveiro não se estabilizou em 30 °C, como no experimento anterior, mas sim em 33 °C. Como explicar?

Lembra-se das variáveis de distúrbio? É provável que a temperatura da água de entrada do chuveiro estivesse 3 °C acima da temperatura do dia do primeiro experimento.

Mas eu queria 30 °C... como devo corrigir?

É simples, se a cada volta no sentido anti-horário se perdem 3 °C, a variação a ser aplicada, em voltas, corresponde ao desvio em graus Celsius em uma regra de três. Resumindo: calculamos o desvio e dividimos pelo ganho geral K, resultando na variação a ser feita na abertura da válvula. Neste caso, o desvio é 30 menos 33 °C, e o ganho havia sido calculado no outro experimento, sendo -3 °C por volta no sentido anti-horário. Em conclusão, preciso dar mais uma volta no sentido anti-horário para corrigir.

Generalizando o raciocínio da regra de três realizado, temos:

$$\textit{variação no atuador} = (1/K) \times \textit{desvio} \tag{3.1}$$

Mas veja a equação básica geral de controle por realimentação – o controle de ação proporcional:

$$\textit{variação no atuador} = Kc \times \textit{desvio} \tag{3.2}$$

Comparando as duas equações, qual o valor mais adequado de sintonia para o ganho do controlador, Kc? Por comparação:

$$Kc \sim 1/K \tag{3.3}$$

Portanto, no estudo de caso, no qual K = -3 °C por volta no sentido anti-horário, teríamos Kc aproximadamente igual a -0, 33 volta sentido anti-horário/ °C. Esse é o número que colocaríamos no bloco do controlador da Figura 2.2.

E se o projetista não tivesse os dados do primeiro experimento e estimasse aleatoriamente um outro valor de Kc? O controle automático funcionaria? A resposta é sim, mas com outro desempenho. Vamos imaginar que ele tenha colocado Kc = -1, sem nem pensar nas unidades. Para a correção do desvio anterior de -3 °C, o controlador aplicaria 3 voltas no sentido anti-horário. Rapidamente chegaria à abertura máxima da válvula, *u(t)*, saturando o controle e provocando ações de fechamento total e abertura total, como se fosse um relé liga/desliga (Figura 3.5). A variável controlada, *y(t)*, ficaria certamente oscilando ao redor do *setpoint*.

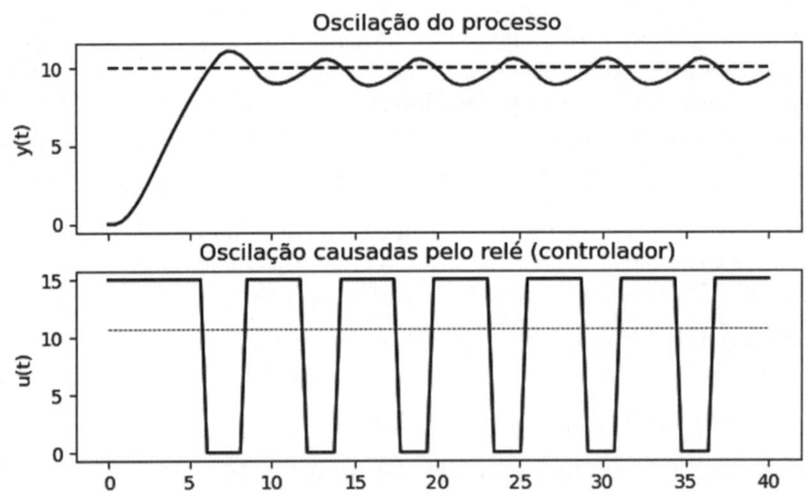

Figura 3.5 Consequências do uso de elevado ganho do controlador (*Kc*).

Outro projetista mais conservador poderia sugerir Kc = - 0,1. Para a mesma correção de -3 °C, seria aplicada 0,3 volta no sentido anti-horário. Ação muito pequena, não faria quase efeito nenhum. A variável controlada, *y(t),* atingiria o *setpoint*, mas demoraria demais (Figura 3.6).

Essas são algumas das consequências de uma sintonia mal elaborada. Há outras, piores, ligadas à estabilidade do processo. Falaremos mais adiante.

Neste item, encontramos valores de ganho para cada elemento do diagrama blocos do controle por realimentação. Aprendemos a fazer cálculos a partir desse diagrama. Até deduzimos uma equação básica geral para o controle por realimentação. Também discutimos a necessidade de sintonizá-la adequadamente.

Tudo estaria perfeito se os processos reais fossem estacionários... Tudo estaria perfeito se os processos reais fossem lineares... Não sendo, os ganhos variam! E se os ganhos variam, existe a tendência de o controlador ter seu desempenho deteriorado. É preciso tratar os blocos do diagrama como sistemas transientes, antes de mais nada!

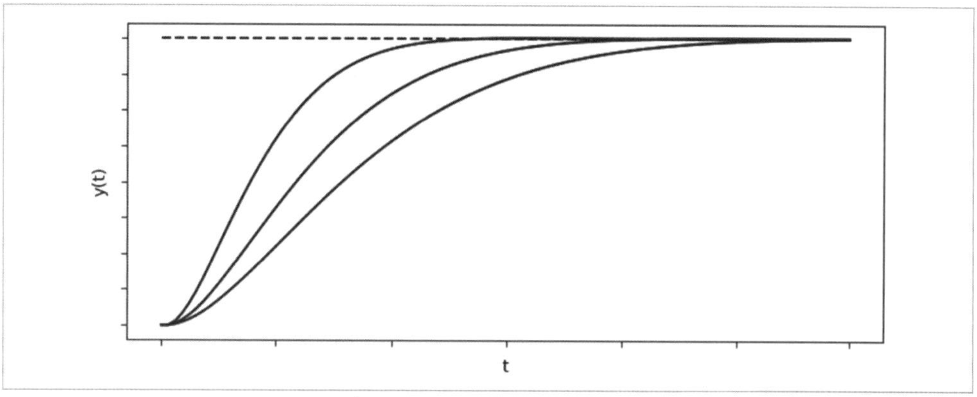

Figura 3.6 Da esquerda para a direita, efeito da diminuição do ganho do controlador *Kc* sobre a variável controlada.

3.1 AS NÃO LINEARIDADES

Já apontamos a necessidade de verificar se os processos ou sistemas são lineares ou não para garantir o desempenho do controlador. Agora temos, por objetivo apontar as implicações da ocorrência de não linearidades, assim como verificar o impacto delas no projeto do controle por realimentação.

Entendemos por processo a operação unitária ou o conjunto de operações unitárias a ser controlado. Entendemos por sistema o conjunto do processo e dos instrumentos utilizados, como atuadores e sensores.

O projetista de controle deve ter em mente que, mesmo que o processo a ser controlado seja linear, as não linearidades podem estar presentes nos instrumentos, com consequências para o sistema todo.

Algumas funções matemáticas não lineares bem conhecidas são as exponenciais, a potenciação e as raízes. Mas como verificar a existência de não linearidades em processos reais, sem modelagem prévia?

Para responder a essa pergunta, teremos de voltar a nos preocupar com o ganho geral K. Para um determinado sistema, ele nunca varia? Como visto anteriormente, esse ganho é a multiplicação dos ganhos individuais de cada bloco sequencial dentro do *loop* do diagrama de blocos (Figura 2.2), excluindo o do controlador, ou seja:

$$K = K_v . K_p . K_m \tag{3.4}$$

Independentemente da linearidade ou não linearidade do processo, K depende também da válvula de controle empregada (Figura 3.7). Os tipos de obturadores da válvula e também os tipos de atuadores usados influenciam fortemente Kv e, portanto, influenciam K.

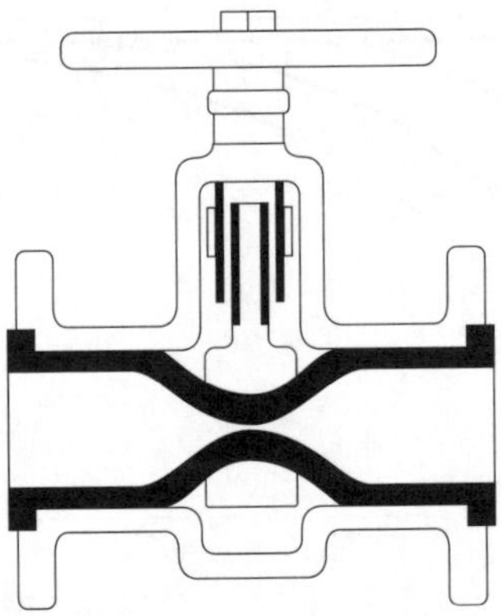

Figura 3.7 Válvula com atuador manual.

Quando a abertura provocada pelos atuadores e obturadores apresentar uma relação linear com a vazão resultante da válvula, o ganho *Kv* será constante, pois ele é a relação da variação de abertura com a variação da vazão (Figura 3.8). Quando essa relação for representada por uma curva, e não uma reta, a válvula será considerada não linear, e o ganho *Kv* apresentará valores diferentes, dependendo da região de operação estacionária escolhida para a válvula.

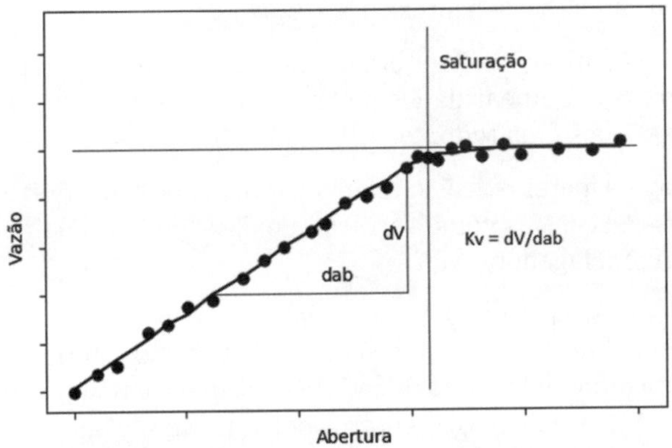

Figura 3.8 Válvula com ganho *Kv* constante.

Para efeitos de modelagem no caso da válvula com ganho fixo, uma representação matemática possível seria a vazão sendo proporcional à altura do líquido a montante, ou seja:

$$V = h / R \tag{3.5}$$

sendo R um valor representativo da resistência ao fluxo.

Para o caso da válvula sem ganho fixo, uma representação matemática possível seria a vazão dependendo da raiz quadrada da altura de líquido a montante, ou seja:

$$V = \sqrt{h} / R \tag{3.6}$$

Daí se conclui que a não linearidade matemática proveniente da raiz implica ganho variante na válvula.

Como poderemos descobrir na prática se o ganho geral varia? As informações técnicas que acompanham o manual dos instrumentos (válvula, atuador, sensor etc.) são subsídios para se descobrir se o ganho K é ou não é linear. Se não tivermos em mãos esse documento técnico para todos os instrumentos do sistema, ou se existirem dúvidas a respeito da linearidade do próprio processo, podemos realizar mais experimentos no sistema real.

Provocaremos variações na variável de entrada, no formato degrau, e observaremos o valor da variável de saída depois de estabilizar (ponto final). Dessa forma, colocaremos o sistema estudado no ponto estacionário inicial, como fizemos anteriormente: abrindo duas voltas a válvula de água (que resulta em 4 L/min), e aguardando atingir o estado estacionário 1 (aproximadamente 30 °C na temperatura da água de saída).

Uma observação sobre a parte instrumental: sempre que nos referirmos à abertura manual da válvula, vamos mover sua cabeça no sentido anti-horário. Para o fechamento, o sentido é o horário, o que pode ser representado pelo sinal negativo do sentido anti-horário. Quando o atuador for pneumático, é a intensidade da pressão da linha pneumática que provocaria o deslocamento do obturador, causando variação positiva ou negativa na vazão.

Usaremos dois sistemas hipotéticos: chuveiro com válvula A sendo linear e o mesmo chuveiro com válvula B não linear. No mínimo três perturbações em degrau devem ser realizadas, sempre a partir do estado estacionário 1: uma perturbação positiva; uma perturbação de mesmo valor absoluto, mas negativa; e uma perturbação proporcional à primeira positiva, por exemplo o dobro. Os supostos experimentos estão sintetizados na Tabela 3.1.

Para o sistema com a válvula A, verificamos que: uma abertura de duas voltas provoca 6 °C de variação negativa na temperatura; uma variação positiva de quatro voltas provoca variação negativa de 12 °C; e uma variação de duas voltas de fechamento na válvula provoca variação positiva de 6 °C na temperatura de água. Em todos os experimentos, dividindo-se a variação da temperatura pela variação da abertura da válvula, obtém-se ganho geral K igual a -3 °C por volta no sentido anti-horário.

Para o sistema do chuveiro com a válvula B, verificamos que: uma abertura de duas voltas provoca 6 °C de variação negativa na temperatura; uma variação positiva de 4 voltas de abertura provoca variação negativa de 8 graus; e uma variação de fechamento da válvula de 2 voltas provoca variação positiva de 5 graus. Os ganhos K obtidos foram, respectivamente, de -3, -2 e -2,5 °C por volta no sentido anti-horário.

Tabela 3.1 Experimentos para determinação do ganho geral *K* do chuveiro, com válvula de atuação manual linear ou não linear

	Válvula A (linear)			**Válvula B (não linear)**		
Perturbação degrau imposta*	**Ponto inicial (°C)**	**Ponto final alcançado (°C)**	**Ganho *K***	**Ponto inicial (°C)**	**Ponto final alcançado (°C)**	**Ganho *K***
Abertura 2 voltas	30	24	(24-30)°C/2 voltas sentido anti-horário = **-3 °C por volta**	30	24	(24-30)°C/2 voltas sentido anti-horário = **-3 °C por volta**
Abertura 4 voltas	30	18	(18-30)°C/4 voltas sentido anti-horário = **-3 °C por volta**	30	22	(22-30)°C/4 voltas sentido anti-horário = **-2 °C por volta**
Fechamento 2 voltas	30	36	(36-30)°C/-2 voltas sentido anti-horário = **-3 °C por volta**	30	35	(35-30)°C/-2 voltas sentido anti-horário = **-2,5 °C por volta**

Observação: os valores usados são hipotéticos.

* As perturbações são impostas sempre a partir do estado estacionário inicial de 4 L/min na vazão, o que equivale a 30 °C na temperatura de saída.

Dessa forma, com testes rápidos no sistema, é possível identificar se o ganho varia e, portanto, se esse sistema possui não linearidades. É importante ter em mente que quanto maior a perturbação aplicada, maior a chance de o ganho variar, pois o sistema se afasta da região do estado estacionário inicial.

3.2 INTRODUÇÃO À SINTONIA DO CONTROLADOR

Mas, voltando, qual era mesmo o problema? Lembram da regrinha de sintonia, segundo a qual o ganho do controlador proporcional *Kc* seria o inverso do ganho geral *K* do sistema? Pois se o ganho geral varia, o ganho do controlador também deveria variar para que a performance fosse mantida. Isso é o que chamamos de controle adaptativo por realimentação. Mas não podemos ficar aplicando perturbações o tempo todo no sistema... Então, como saber qual é o ganho geral atual para poder ajustar o ganho do controlador?

As coisas não são tão simples, e, portanto, é melhor primeiro tentar controlar com ganho do controlador fixo, que é o controle por realimentação linear tradicional.

3.3 CONCLUSÕES

Em conclusão, o controlador tradicional por realimentação é projetado para sistemas lineares e opera com ganho *Kc* fixo. Se o sistema for não linear, o ganho geral do sistema varia. Portanto, o controle com *Kc* fixo funcionará bem somente para a região ao redor do ponto estacionário inicial escolhido.

Já entendemos o que são não linearidades e o que elas causam no ganho do sistema. Vimos que o ganho geral *K* pode variar, mas vamos insistir em usar o ganho do controlador *Kc* fixo.

Até o momento, nós nos preocupamos apenas com os estados estacionários após a estabilização. Precisamos agora nos preocupar com o comportamento dinâmico do processo na fase transiente, ou seja, antes de atingir o estado estacionário.

Outras reflexões importantes:

- para qualquer sistema, um estado estacionário novo sempre é atingido diante de perturbação degrau? Resposta: precisamos efetuar análises de estabilidade para responder;
- para o projeto completo do controlador, quando a modelagem matemática precisar ser usada e houver cálculos não lineares, ela deverá estar linearizada. A ferramenta adequada para isso é a série de Taylor.

EXERCÍCIOS RESOLVIDOS

1. Se, para determinada pressão na linha, uma volta inteira de abertura da válvula (sentido anti-horário, resultando variação positiva) corresponde a um aumento de 2 L/min na vazão de água, qual é o ganho do atuador, *Kv*?

   a. 3 (L/min)/volta sentido anti-horário

   b. 1 (L/min)/volta sentido horário

   c. 2 (L/min)/volta sentido anti-horário

   d. 1 (L/min)/volta sentido anti-horário

   e. 2 (L/min)/volta sentido horário

Resolução:

Letra C. O ganho de qualquer bloco do diagrama é calculado a partir da razão entre a variação da variável de saída e a variação da variável de entrada do bloco no estado estacionário. Portanto, como temos uma variação na saída de 2 L/min a cada 1 volta no sentido anti-horário, a letra C é a correta.

$$K = \frac{\Delta saída}{\Delta entrada}\left(estado\ estacionário\right)$$

2. Se, para uma determinada pressão na linha, um aumento de 2 L/min na vazão da água corresponde à diminuição de 3 °C de temperatura à saída do chuveiro, qual o ganho do processo, *Kp*?

   a. -6 °C /(L/min)

   b. -3 °C /(L/min)

c. 1, 5 °C /(L/min)

d. -1, 5 °C /(L/min)

e. 6 °C /(L/min)

Resolução:

Letra D. Identificando a variável de saída e a variável de entrada no bloco do processo, como sendo respectivamente a temperatura de saída do chuveiro (variável controlada) e a vazão de água (variável manipulada), o ganho do processo é facilmente calculado pela razão das variações dessas variáveis, ou seja: -3 °C/ (2 L/min) = -1,5 °C/ (L/min).

3. Considerando o atuador em série com o processo, como nos diagramas de blocos de controle, qual o ganho dos dois atuando juntos, K?

   a. -3 °C/volta sentido anti-horário

   b. -1, 5 °C/(L/min)

   c. 2 (L/min)/volta sentido anti-horário

   d. -6 °C/volta sentido anti-horário

   e. -6 °C/(L/min)

Resolução:

Letra A. Para calcular o ganho conjunto, basta multiplicar o ganho do processo pelo ganho do atuador, calculados nas questões anteriores. Dessa forma,

$$K = K_v K_p = -1{,}5 x 2 = -3° \frac{C}{volta\, sent.\, anti\text{-}horário}$$

Essa multiplicação de ganhos se deve ao fato de os blocos do processo e do atuador estarem em série, por isso:

$$K = K_v \cdot K_p = \frac{\Delta y_1}{\Delta u_1} \cdot \frac{\Delta y_2}{\Delta y_1} = \frac{\Delta y_2}{\Delta u_1}$$

4. Supondo que o ganho obtido na questão anterior seja igual a -3 °C/(volta sentido anti-horário), e se o desvio (erro) da temperatura de saída, em relação ao *setpoint* de 38 °C , fosse de 3 °C , qual o valor medido pelo sensor, Tm, e quantas voltas você daria na válvula para atingir o *setpoint*? Lembre-se de que sentido horário resulta em variação negativa, e anti-horário, positiva.

   a. 41 °C e 1 volta sentido anti- horário

   b. 41 °C e 1 volta sentido horário

   c. 35 °C e 1 volta sentido anti-horário

   d. 35 °C e 1 volta sentido horário

   e. 53 °C e 1 volta sentido anti-horário

Resolução:

Letra D. Como o erro é definido pela diferença entre *setpoint* e variável controlada, um erro de 3 °C significa que a variável controlada medida é 3 °C menor do que o *setpoint*, isto é, 35 °C. Além disso, o ganho fornecido indica que uma volta no sentido anti-horário diminui 3 °C na variável controlada, por isso é necessária 1 volta no sentido oposto (horário) para aumentar a temperatura para 38 °C, a fim de atingir o *setpoint*.

5. Se você respondeu corretamente à questão anterior, pense numa equação matemática que expresse seu raciocínio. Qual seria?

   a. variação da abertura (volta) = K . erro

   b. variação da abertura (volta) = $(1/K)$. erro

   c. variação da vazão = Kp . erro

   d. variação da vazão = $(1/Kp)$. erro

   e. variação da pressão = K . erro

Resolução:

Letra B. Conforme explicado no capítulo, o ganho do controlador deve ser escolhido como $1/K$. Como a entrada do bloco do controlador é o erro e a saída é a variação abertura da válvula, temos que:

$$K_c = \frac{variação\ da\ abertura}{erro} = \frac{1}{K} \rightarrow variação\ da\ abertura = \frac{1}{K} \cdot erro$$

6. Com foco nas variáveis distúrbio, sendo aplicada uma variação de -0,2 bar na pressão da linha de água, observa-se um aumento de 4 °C na temperatura da saída do chuveiro. Qual é o ganho com relação a essa variável distúrbio, Kd?

   a. -20 °C/bar

   b. 40 °C/bar

   c. -40 °C/bar

   d. -10 °C/bar

   e. 20 °C/bar

Resolução:

Letra A. O ganho da variável distúrbio é dado pela razão entre a variação da variável controlada e a variação da pressão da linha de água. Isto é:

$$K_d = \frac{4\,°C}{-0,2\,bar} = -20\frac{°C}{bar}$$

7. Mantendo-se a pressão original na linha de entrada de água, ao aplicar uma volta completa no sentido anti-horário na válvula cujo Kv=2 (L/min)/(volta sentido anti-horário), notou-se que a vazão de água teria diminuído apenas 1 L/min, resultando num ganho Kv de 1 (L/min)/(volta sentido anti-horário). Assinale uma opção com a(s) explicação(ões) mais provável(is) para isso.

   a. o teste foi feito errado, repetir

   b. medidor de vazão com problema, mandar consertar

   c. histerese na válvula, típico de sistemas com molas

   d. válvula com comportamento não linear do obturador em relação à vazão, verificar *data sheet*

   e. letras C e D juntas

Resolução:

Letra E. Essa variação do ganho pode se dever à histerese da válvula ou ao comportamento não linear. É importante ter em mente que processos químicos, em geral, apresentam um comportamento não linear e variante no tempo. Apesar disso, a maioria dos controladores são projetados considerando um ganho fixo, o que só é possível devido à capacidade do controle por realimentação de lidar com incertezas no modelo, ruídos e distúrbios diversos, motivo pelo qual ele é tão utilizado nos mais diversos processos químicos. No entanto, é importante ressaltar que, quando essas não linearidades ou variações temporais são muito relevantes, um controle *feedback* de ganho fixo pode não ter uma performance satisfatória, sendo necessário um controlador do tipo adaptativo, no qual o ganho do controlador varia.

8. O projeto do controlador ficará mais complexo quando houver não linearidades entre as variáveis:

   a. manipulada e distúrbios

   b. controlada e distúrbios

   c. controlada e manipulada

   d. manipulada e erro

   e. medida e distúrbios

Resolução:

Letra C. O projeto do controlador será mais complexo quando houver não linearidades no processo, ou seja, entre a variável controlada e manipulada.

9. Se houver não linearidades entre a variável controlada e a manipulada, o controle *feedback* convencional não funciona para uma faixa grande de operação porque o ganho do processo varia. V ou F?

Resolução:

Verdadeiro. A variação do ganho do processo devido à não linearidades pode limitar a faixa de operação do controlador.

CAPÍTULO 4

Estudo de caso 2: nível de líquido em vasos

O segundo estudo de caso será a análise da altura de líquido em tanques de estocagem (Figura 4.1) ou em vasos de processo, por exemplo, em reatores contínuos do tipo CSTR.

A altura do líquido pode apresentar diferentes comportamentos dinâmicos, ou seja, comportamento no tempo, a depender do tipo de atuador utilizado na vazão de entrada e do tipo de restrição ao fluxo de saída do tanque.

Ao apresentar este estudo, pretendemos: mostrar o conceito de variáveis-desvio, cuja referência é sempre o valor zero; analisar o comportamento da variável controlada entre os estados estacionários (dinâmica de processos); apresentar a função de transferência e o procedimento de identificação de processos; e esclarecer a dúvida se sempre um estado estacionário é atingido após uma perturbação limitada, do tipo degrau (estabilidade).

Figura 4.1 Tanques de estocagem.

4.1 APRESENTAÇÃO

O controle de altura de líquido é um processo bastante usual, que é encontrado em residências, em prédios comerciais, em hospitais, em automóveis, em aeroportos e também na indústria de processos. Uma das formas mais simples de se fazer o controle de nível é usando uma boia (Figura 4.2). Trata-se de um sensor que se move com o nível do líquido e cuja haste interrompe a entrada do fluido quando o sensor se posiciona no nível desejado (*setpoint*).

Em processos industriais, para situações de alta pressão ou de manuseio de produtos químicos, ou ainda visando a atingir diferentes *setpoints* ao longo da operação, o controle analógico ou o digital, por realimentação, é recomendado. Normalmente se faz a medição de pressão no tanque e se infere a altura de líquido. Comparando com o *setpoint*, o controlador *feedback* manda uma variação de atuação para a válvula (ou para a bomba), que regula a vazão de entrada.

Figura 4.2 Boia para caixa acoplada.

Lembre-se de que, neste livro, vamos sempre nos referir aos processos contínuos. Em plantas contínuas, sempre teremos as capacidades máxima e mínima nominais, e um ponto de operação recomendado. É para esse ponto que desejamos projetar os controladores.

Trata-se de uma situação semelhante à de aviões comerciais, em altura de cruzeiro. O comandante somente ativa o piloto automático quando essa altura é atingida. Pousos e decolagens são situações transientes, assim como o *startup* e o desligamento de plantas. Essas situações transientes normalmente exigem controle pelo operador humano ou, quando possível, por controladores automáticos avançados, envolvendo até o uso de inteligência artificial.

O fato de existir um ponto de operação recomendado não significa ter de operar nesse ponto o tempo todo. O *setpoint* do controlador pode ser alterado, desde que se mantenha entre o máximo e o mínimo nominais da respectiva variável controlada. Ao passo que o *setpoint* só faz sentido em malha fechada – processo sob controle automático –, o ponto de operação recomendado existe também para a malha aberta. Só não se sabe como ele seria mantido sem o controlador...

4.2 VARIÁVEIS-DESVIO E DINÂMICA DE PROCESSOS

Pensando na altura de cruzeiro, ou no estado estacionário de projeto, iremos apresentar as variáveis-desvio. Quando uma variável medida não coincide com o valor previsto de projeto, existe um desvio. Não seria mais fácil transladar o valor medido (h_m) para um valor desvio (h') para projetar controladores? A análise seria facilitada porque as variáveis-desvio sempre sairiam do zero.

Vamos ilustrar com um exemplo: suponha um tanque com altura nominal de líquido de 10 metros e ponto recomendado de operação de 6 metros. Sendo a medição inicial de 4 metros (Figura 4.3), a variável-desvio seria 4 menos 6 metros, ou seja, -2 metros (Figura 4.4). Quando a medição coincidir com o recomendado de 6 metros, o ponto irá para o zero em variável-desvio. Se o sensor passar a acusar 8 metros, isso significa 2 metros positivos de variável-desvio. Fica padronizada a análise a partir do zero. Isso ajudará na obtenção da função de transferência na identificação do processo e em sua posterior utilização.

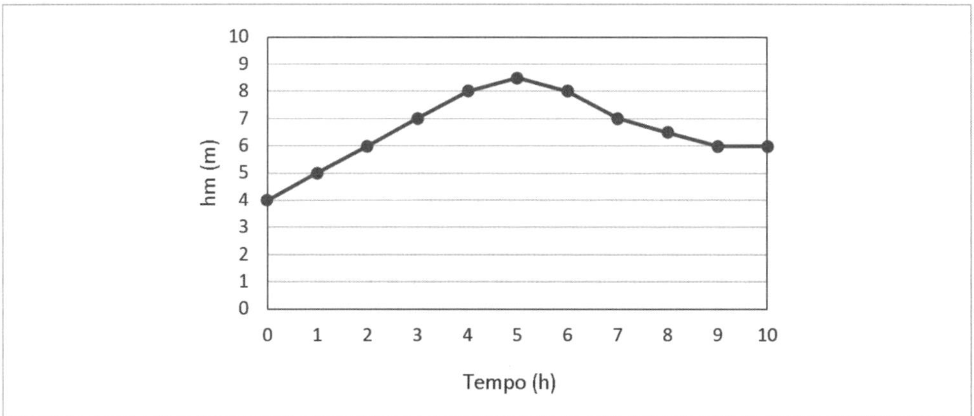

Figura 4.3 Dinâmica da altura do tanque medida.

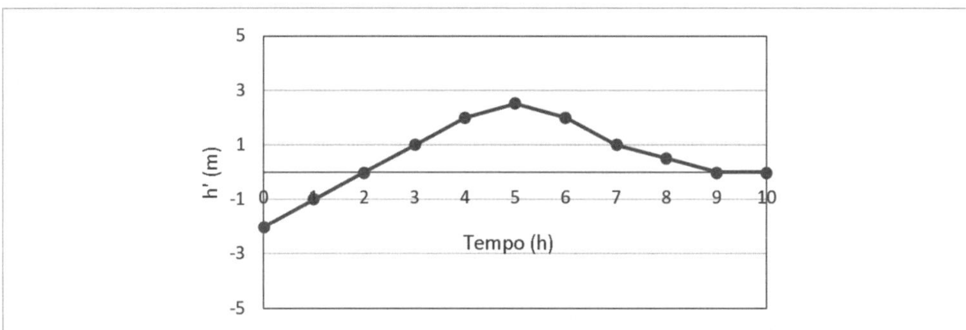

Figura 4.4 Correspondente dinâmica da altura do tanque em variável-desvio, com ponto de operação de 6 m.

4.3 FUNÇÃO DE TRANSFERÊNCIA E IDENTIFICAÇÃO DE PROCESSOS

Para ilustrar o procedimento experimental, a identificação do processo de nível, continuaremos com o exemplo do tanque anteriormente citado, agora estipulando a área de secção transversal, *At*, em 7 metros quadrados. Esse tanque estaria instrumentado primeiramente com válvula linear e depois com uma bomba de rotação fixa na corrente de saída. Na identificação, nosso objetivo é encontrar uma função que descreva o comportamento dinâmico, assim como determinar graficamente os seus parâmetros (identificação).

Com o tanque vazio, fixar o posicionamento da válvula ou a rotação da bomba à saída e ir aumentando e/ou diminuindo a vazão de entrada, em malha aberta. Repetir até que o nível se estabilize no ponto de projeto. Anotar esse ponto, que será marcado com o subscrito *ss* (*steady state*, em inglês): vazão de entrada, F_{inss}, e altura de líquido correspondente, h_{ss}.

Aplicar variação degrau na vazão de entrada, $F_{in}'(t)$, com intensidade A (Figura 4.5). Medir e plotar a resposta da altura de líquido no tanque com o tempo, em variável-desvio (Figura 4.6). Voltar ao ponto de projeto (u_{ss}, y_{ss}) e aplicar degrau de intensidade A negativo (Figura 4.5). Plotar essa nova resposta da variável a ser controlada (Figura 4.6). Visualmente, determinar se o processo é de primeira ou segunda ordem, se há tempo morto, se o processo atinge novo estacionário e se ele é linear ou não.

Esse procedimento, esquematizado na Figura 4.7 como degrau unitário, foi o mesmo que fizemos para encontrar os ganhos do estudo de caso 1 (Tabela 3.1). O que desejamos é encontrar uma função, que é chamada "de transferência", agora no domínio de Laplace, como:

$$G_{sist}(s) = \frac{y'(s)}{u'(s)} \tag{4.1}$$

Chama-se "de transferência" porque ela "transfere" a alteração aplicada na variável independente, $u(s)$, para a variável dependente, $y(s)$. Essa função, que tem o ganho como um de seus parâmetros, vai substituí-lo dentro dos blocos do diagrama de controle da Figura 2.2.

Faremos essa mudança do domínio do tempo para o domínio de Laplace com o objetivo de facilitar os cálculos do projeto de controle desse processo. A partir de conhecimentos já adquiridos nos primeiros anos do curso de Engenharia, sabemos que a transformada de Laplace transforma equações diferenciais no tempo em equações algébricas no domínio de Laplace! Isso irá ajudar nos cálculos da malha fechada, inclusive para obtenção de sintonia adequada.

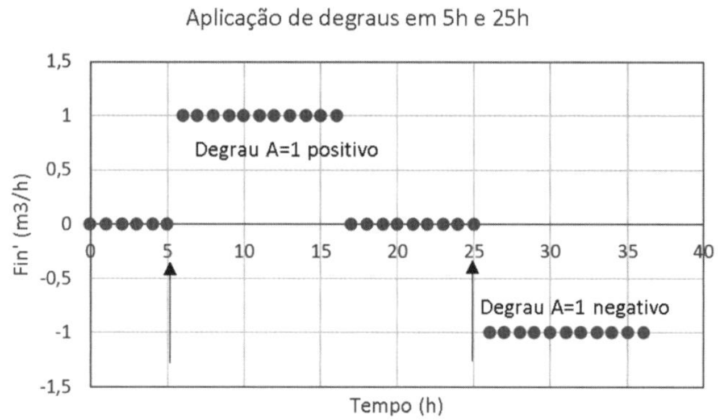

Figura 4.5 Aplicação de degraus na vazão de entrada. Gráfico em variável-desvio.

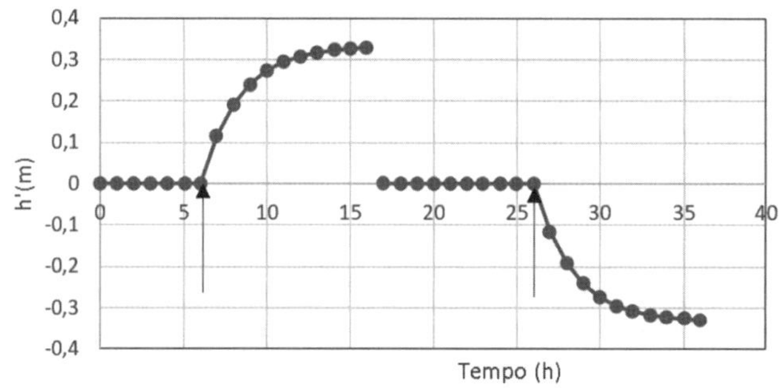

Figura 4.6 Resposta do sistema (nível), em variável-desvio.

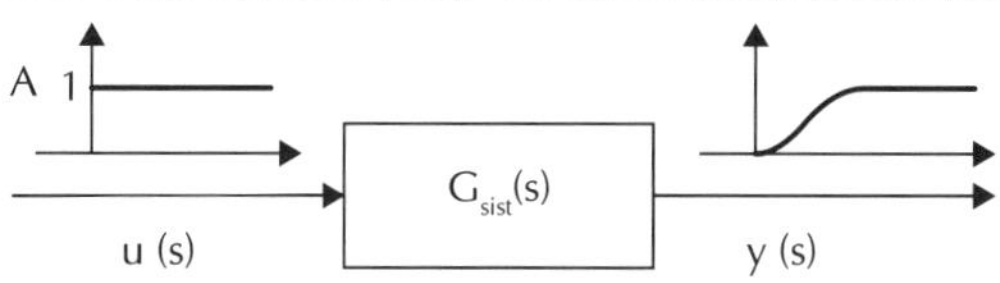

Figura 4.7 Procedimento para identificação de processos por aplicação de degrau na variável manipulada.

Quando o tanque estiver equipado com uma válvula linear na corrente de saída, será possível observar o comportamento da altura de líquido (Figura 4.6) no formato de equação de primeira ordem com ganho fixo, quando aplicada variação degrau unitário na vazão de entrada:

$$\frac{h \cdot (s)}{F_{in} \cdot (s)} = G_{sist}(s) = \frac{K}{\tau_p s + 1} \tag{4.2}$$

As características da resposta que nos levam a essa conclusão são:

1. novo estado estacionário é atingido, saindo do ponto de projeto F_{inss} ou F_{in}' = 0;
2. não há inflexão na curva de resposta *h'(t)*, ou seja, a derivada segunda não muda de sinal;
3. não há oscilações;
4. resposta a degrau negativo de mesma intensidade a partir do estado de projeto (F_{inss}, h_{ss}): se a resposta for o espelho da primeira, o processo é linear. Outra opção seria duplicar a intensidade da perturbação positiva e verificar se a resposta final (novo h_{ss}) também teria sido duplicado (linear).

Quanto aos parâmetros da função de primeira ordem, existem dois a serem determinados: o ganho (K) e a constante de tempo (τ_p). O valor do ganho é obtido da forma como já aprendemos no estudo de caso 1, ou seja, anotando o valor final da variável nível desvio e dividindo pelo valor desvio do degrau aplicado. Como a preocupação agora é sobre o comportamento no tempo, devemos também obter graficamente o valor da constante de tempo do processo.

Por definição, para função de primeira ordem, a constante de tempo é o tempo correspondente ao valor de 63,2% do valor final da resposta, subtraído do tempo no qual foi aplicada a perturbação, se não houver tempo morto. Havendo, seria necessário subtraí-lo também. Em conclusão, quanto maior a constante de tempo de um processo, mais tempo ele leva pra atingir um novo estado estacionário.

E se o sensor de pressão demorasse para inferir a altura de líquido? Imaginemos a resposta para o mesmo tanque com a válvula linear à saída, observando o instante em que o nível sai de seu ponto original (veja as setas indicativas nas Figuras 4.5 e 4.6): se o tempo for idêntico ao momento em que a perturbação foi aplicada, não há tempo morto envolvido; mas, havendo a demora do sensor, o nível sairia do zero após decorrido o tempo morto *td* do sensor, como ocorre na Figura 4.6. Assim, a função de transferência seria a de primeira ordem com tempo morto (*first order plus dead time* – FOPDT), ou seja:

$$\frac{h'(s)}{F_{in'}(s)} = G_{sist}(s) = \frac{K.e^{-td.s}}{\tau_p s + 1} \tag{4.3}$$

4.4 ESTABILIDADE

Vamos agora alterar o projeto do tanque, retirando a válvula linear da corrente de saída e colocando uma bomba com rotação fixa nessa corrente. Diferentemente da configuração com a válvula, a vazão de saída passa a ser fixa. Ela não varia com a altura do tanque, como ocorria com a válvula linear. Desta forma, se aplicarmos uma perturbação degrau na vazão de entrada de forma que as vazões de entrada e saída sejam diferentes, intuitivamente perceberemos que o tanque vai transbordar caso a vazão de saída seja menor que a de entrada. E que o tanque vai secar quando a vazão de saída for maior que a de entrada.

Isso é o que chamamos de processo *instável*. Frente a uma perturbação limitada, a resposta não atinge novo estado estacionário, tendendo ao infinito se houvesse capacidade de estocagem infinita. Esses são os processos "integradores puros", descritos pela seguinte função de transferência:

$$\frac{h'(s)}{F_{in}'(s)} = G_{sist}(s) = \frac{1}{s} \tag{4.4}$$

Portanto, as funções de transferência no domínio de Laplace nos remetem a que tipo de resposta no tempo o processo fornece. Isso é muito interessante, pois podemos obtê-las também da modelagem fenomenológica de processos, por meio de balanços de massa, energia e momentum.

4.5 CONCLUSÕES

Por enquanto, obtivemos as funções de transferência a partir de respostas experimentais (identificação). Mas também podemos fazer o contrário: obter o comportamento do sistema a partir da modelagem, principalmente quando quisermos testar novos instrumentos ou novas configurações de equipamentos sob controle.

Interessante! Se para cada bloquinho do diagrama de controle *feedback* existe uma função de transferência no domínio de Laplace, poderemos descobrir o comportamento dinâmico dos processos em malha fechada somente fazendo manipulações algébricas dessas equações! E também conseguiremos checar a estabilidade para diferentes sintonias do controlador! Esses são os princípios norteadores do projeto de controladores por realimentação.

Essa ferramenta criada por Laplace é demais! Mas, hoje em dia, com a elevada capacidade de processamento computacional, também conseguiríamos descobrir tudo isso apenas usando simuladores dinâmicos de processos...

Perguntas para reflexão:

1. Será que um processo instável em malha aberta, como o tanque com bomba à saída, pode se tornar estável em malha fechada?
2. Será que um processo estável em malha aberta, como o tanque com válvula linear à saída, pode se tornar, de forma indesejável, instável em malha fechada?

EXERCÍCIOS RESOLVIDOS

1. Suponha um tanque no qual a vazão de entrada (Fin_{ss}) é de 5 L/min e o nível do estado estacionário correspondente é de 0,5 m. A partir de um certo instante, a vazão é alterada para 7 L/min e altura começa a aumentar até estabilizar em um novo estacionário de 0,6 m. Supondo um processo linear entre 3 e 7 L/min, qual seria o nível depois de um longo período de tempo, caso a vazão fosse reduzida para 4 L/min?

a. 0,45 m
b. 0,4 m
c. 0,3 m
d. 0,35 m
e. 0,5 m

Resolução:

Letra A. Como o processo foi dito linear na faixa de vazão de 3 a 7 L/min, então o ganho é constante. Portanto, podemos calcular o ganho e depois o nível para a vazão de 4 L/min.

$$K_p = \frac{\Delta h}{\Delta F_{in}} = \frac{0,6-0,5}{7-5} = \frac{0,1}{2} = 0,05\frac{m}{L/min}$$

Aqui, consideramos K_P como o ganho do processo no estado estacionário. Calculando agora o nível h para uma redução de vazão de 1 L/min, a partir do estado estacionário no qual h_{ss}= 0,5 m:

$$h' = h - h_{ss} = K_p \cdot \Delta F_{in} = 0,05 \cdot -1 = -0,05\,m \rightarrow h = 0,5 - 0,05 = 0,45\,m$$

2. Considere que a dinâmica de um tanque de nível foi identificada em malha aberta a partir de uma função de transferência de primeira ordem com tempo morto. As Figura 4.8 (a) e (b) mostram o comportamento das variáveis controlada e manipulada. Qual é a constante de tempo deste processo, τ_p?

a. 4 min
b. 5 min
c. 6 min
d. 7 min
e. 8 min

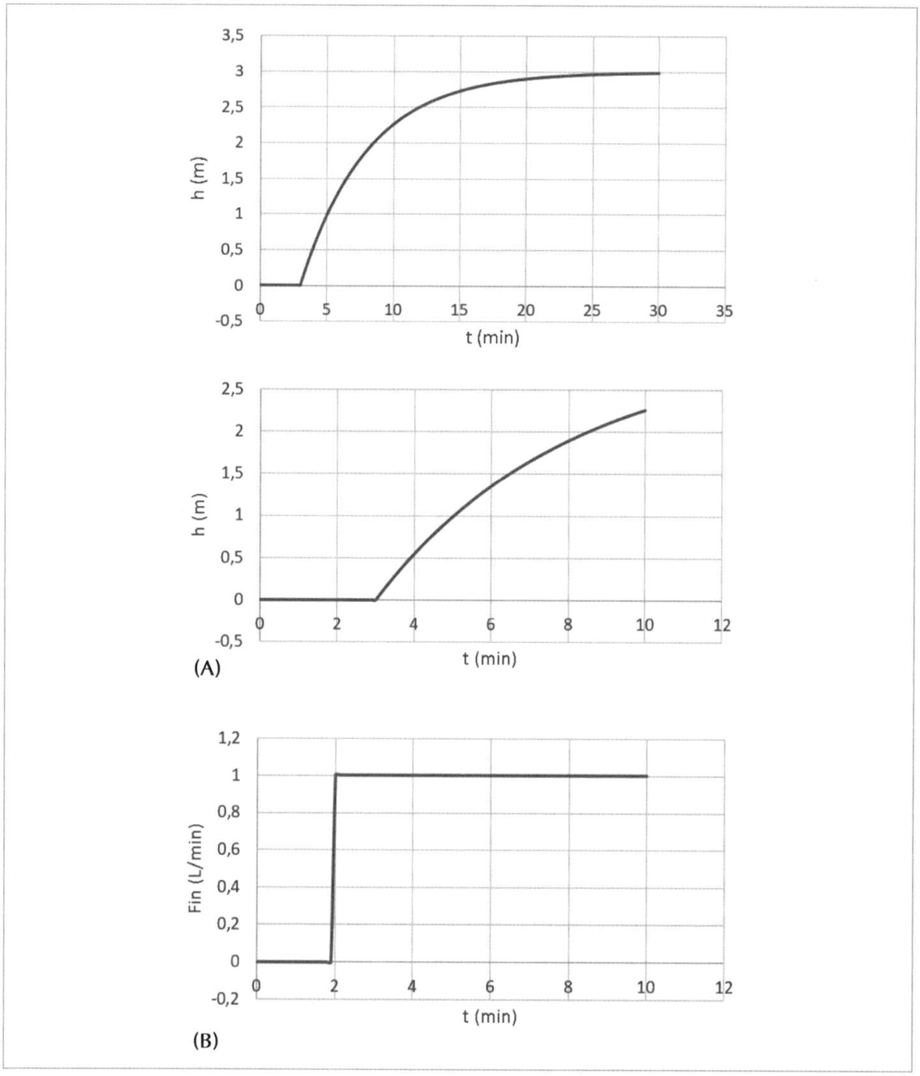

Figura 4.8 Comportamento dinâmico das variáveis-desvio de um tanque de estocagem: (a) controlada, h, com diferentes cortes de tempo; e (b) manipulada, F_{in}. Gráficos a serem usados nos exercícios 2, 3 e 4.

Resolução:

Letra B. A constante de tempo de um processo de primeira ordem é o tempo que ele leva para atingir 63,2% do valor final do novo estado estacionário em variável-desvio (aproximadamente 1,9 m na Figura 4.8). Como o degrau é executado aos 2 min e a Figura 4.8a mostra que o nível começa a variar apenas 1 min depois, a constante de tempo é igual a:

$$\tau = 8 - 3 = 5\,min$$

3. Qual é o ganho do processo, *Kp*, do tanque das Figura 4.8a e 4.8b?

a. 3 m/(L/min)
b. 4 m/(L/min)
c. 5 m/(L/min)
d. 6 m/(L/min)
e. 7 m/(L/min)

Resolução:

Letra A. Aplicando o conceito de ganho do estado estacionário, temos que:

$$K_p = \frac{3-0}{1-0} = 3\frac{m}{L/min}$$

4. Qual o tempo morto, *td*, do nível do tanque das Figura 4.8a e 4.8b?

a. 1 min
b. 2 min
c. 3 min
d. 4 min
e. 5 min

Resolução:

Letra A. O tempo morto é dado pela diferença entre o momento em que a variável controlada – nível – começa a variar (3 min) e o momento no qual que foi aplicado o degrau (2 min). Dessa forma, o tempo morto é igual a 1 min.

5. Suponha que em um experimento de tanque de nível em laboratório, o aluno tenha verificado os seguintes estados estacionários de vazão de entrada (variável manipulada) e nível (variável controlada) da Tabela 4.1.

Depois disso, o aluno fez a identificação de processos, a fim de sintonizar um controlador *feedback*, e obteve a seguinte função de transferência de primeira ordem com tempo morto, relacionando nível e vazão de entrada:

$$G_{sist}(s) = \frac{2,343.\,e^{-0,5.s}}{2\,s+1}$$

Tabela 4.1 Experimento laboratorial em malha aberta (sem controle)

Fin (L/min)	*h* (m)
3,464	3
4,000	4
4,472	5
4,899	6
5,292	7

Tal função de transferência foi obtida a partir de um nível operacional de 5 m, aplicando um degrau positivo de 0,427 L/min na vazão. Caso o aluno decida trabalhar em um outro ponto operacional (h = 7 m, por exemplo), o que ele deveria fazer?

a. Mudar apenas o ganho da função de transferência, já que o processo é linear e o modelo de função de transferência é linear

b. Identificar o processo novamente a partir do novo ponto operacional, utilizando uma outra função de transferência, já que o processo é não linear e o modelo com função de transferência é linear

c. Mudar apenas o ganho da função de transferência, já que o processo é não linear e o modelo de função de transferência é não linear

d. Utilizar a mesma função de transferência, já que o nível de 7 m faz parte do experimento inicial de determinação dos estados estacionários

e. Identificar o processo novamente a partir do novo ponto operacional, utilizando uma outra função de transferência, já que o processo é linear e o modelo com função de transferência é não linear

Resolução:

Letra B. O processo é claramente não linear, uma vez que o ganho varia com a mudança do ponto operacional. Por exemplo, se tomamos o nível de 3 a 4 m temos um ganho do processo igual a: $Kp = \dfrac{4-3}{4,000-3,464} = 1,866$ m/(L/min), enquanto se tomarmos uma variação de nível de 6 a 7 m o ganho é: $Kp = \dfrac{7-6}{5,292-4,899} = 2,545$ m/(L/min). Logo, devemos identificar o processo no novo ponto operacional.

6. Como é definida a variável-desvio? Quais variáveis podem ser colocadas na forma de variável-desvio?

a. Variável controlada - variável manipulada (y-u). Variáveis controladas, variáveis manipuladas e distúrbios

b. Variável medida – variável no estado estacionário (y-yss). Variáveis controladas, variáveis manipuladas e distúrbios

c. Variável controlada – *setpoint* (y-ysp). Apenas as variáveis controladas

d. Variável medida – variável no estado estacionário (y-yss). Apenas variáveis controladas

e. Variável controlada – *setpoint* (y-ysp). Variáveis controladas, variáveis manipuladas e distúrbios

Resolução:

Letra B. Todas as variáveis podem ser colocadas na forma de desvio e a equação correta é a variável medida subtraída da mesma variável no estado estacionário.

7. Quais são os requisitos para a aplicação do modelo de função de transferência?
   a. Processo invariante no tempo
   b. Variáveis na forma de variáveis-desvio
   c. Domínio de Laplace
   d. Modelo linear ou linearizado
   e. Todas as alternativas anteriores

Resolução:

Letra E. Um modelo de função de transferência é um modelo do tipo LTI – *linear--time-invariant* –, ou seja, é linear e invariante no tempo. Além disso, ele é aplicado no domínio de Laplace e na forma de variáveis-desvio.

8. A respeito dos dois sistemas de tanque de estocagem da Figura 4.9, pode-se afirmar que:
   a. O sistema 1 é puramente integrador, sendo, portanto, instável
   b. No sistema 2, o nível do estado estacionário é diretamente proporcional à vazão de entrada
   c. No sistema 1, o nível do estado estacionário é diretamente proporcional à vazão de entrada
   d. No sistema 1, um aumento na vazão de entrada tende a aumentar o nível e, consequentemente, a vazão de saída até que se torne igual à vazão de entrada, chegando assim no estado estacionário
   e. Nenhuma das anteriores

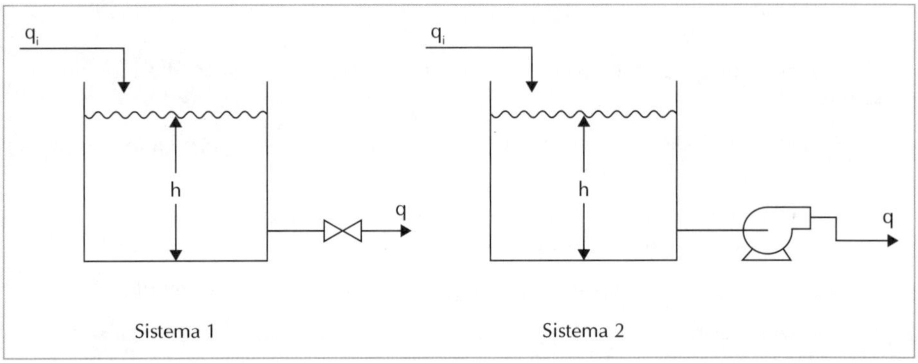

Figura 4.9 Tanques de estocagem com diferentes configurações à corrente de saída: (a) com válvula, e (b) com bomba.

Resolução:

Letra D. O sistema 2 é do tipo integrador puro, pois um aumento da vazão de saída tende a secar o tanque e uma redução da vazão de saída tende a fazer o tanque transbordar, uma vez que não há estabilização em um novo estado estacionário. Já no sistema 1, um aumento da vazão de entrada tende a aumentar o nível, aumentando a pressão no fundo do tanque e consequentemente a vazão de saída, até que as vazões se igualam e o processo chega em um novo estado estacionário em um nível maior.

9. Suponha que, em um experimento de tanque de nível em laboratório, o aluno verificou os seguintes estados estacionários de vazão de entrada (variável manipulada) e nível (variável controlada) da Tabela 4.2.

Tabela 4.2 Experimento em um tanque de estocagem em malha aberta

Fin (L/min)	*h* (m)
6	3
8	4
10	5
12	6
14	7

Depois disso, o aluno fez a identificação de processos, a fim de sintonizar um controlador *feedback*, e obteve a função de transferência de primeira ordem com tempo morto, relacionando nível e vazão de entrada:

$$G_{sist}\left(s\right)=\frac{0{,}5.\,e^{-0{,}5.s}}{2\,s+1}$$

Tal função de transferência foi obtida a partir de um nível operacional de 5 m, aplicando um degrau positivo de 2 L/min na vazão. Caso o aluno decida trabalhar em um outro ponto operacional (h = 6 m, por exemplo), o que ele deveria fazer, e por quê?

a. Utilizar a mesma função de transferência, já que o processo é linear, assim como o modelo de função de transferência

b. Identificar o processo novamente, pois o processo é não linear e o modelo de função de transferência é linear

c. Mudar apenas o ganho da função de transferência, a fim de se adequar ao novo ponto operacional

d. Utilizar a mesma função de transferência, já que o ponto h = 6 m faz parte do experimento inicial de determinação dos estados estacionários

e. Identificar o processo novamente, pois o processo é linear

Resolução:

Letra A. Nesse caso, o ganho do processo é o mesmo para toda a faixa operacional, indicando que o processo é linear e, por isso, podemos usar a mesma função de transferência, que também é linear, para qualquer ponto operacional. Para esses casos, o controlador *feedback* convencional funciona adequadamente em qualquer ponto operacional.

10. De que maneira(s) é possível obter o modelo de função de transferência do processo?
    a. Apenas a partir da modelagem fenomenológica
    b. Apenas a partir de identificação de processos
    c. Identificação de processos (experimental) e a partir da modelagem fenomenológica (balanço de massa e energia)
    d. Observando o comportamento do operador humano
    e. Por comparação entre estados estacionários

Resolução:

Letra C. A função de transferência do processo pode ser obtida experimentalmente, aplicando um degrau no processo e observando sua resposta, ou a partir de um modelo fenomenológico obtido por meio de balanços de massa e energia. Nesse último caso, deve-se linearizar o modelo (caso ele seja não linear) e depois aplicar a transformada de Laplace.

CAPÍTULO 5

Estudo de caso 2: a ordem das equações e seus parâmetros

Vimos anteriormente que uma função de transferência pode ser obtida da resposta experimental do processo frente à perturbação degrau aplicada na variável independente. Esse degrau pode ser unitário ou não. Na prática, não se utiliza degrau que exceda muito 5% do valor de projeto da variável a ser perturbada. Pelo comportamento dessa curva de resposta, conseguimos determinar sua ordem e seus parâmetros.

É importante lembrar que a função de transferência reflete que tipo de resposta dinâmica o sistema possui: se ele é oscilatório ou não, se ele é estável ou instável, se possui características capacitivas ou integradoras (STEPHANOPOULOS, 1984). E tudo isso impacta a escolha e o projeto do controlador.

Agora partiremos para obter as funções de transferência a partir de modelagem fenomenológica de processos, por meio de balanços de massa e de energia, equações de cinética e dos fenômenos de transporte. A essas equações diferenciais no tempo, sem zerar a derivada para poder avaliar a dinâmica no tempo, aplicaremos a transformada de Laplace para fazer a transformação em equações algébricas.

Como de conhecimento prévio, a transformada de Laplace surgiu para auxiliar a encontrar solução para equações diferenciais ordinárias (EDO). A partir de uma equação diferencial aplicamos a transformada, encontrando a equação no domínio de Laplace, e depois voltamos ao domínio do tempo, aplicando a transformada inversa. Vários manuais de fórmulas e tabelas matemáticas (SPINEGEL, 1973) resumem a aplicação da transformada a várias diferentes funções, como: derivadas, integrais, função degrau e pulso unitário, função rampa, seno, cosseno etc., reportando os resultados em tabelas (veja Anexo 1: Tabela de transformada de Laplace). Da mesma forma, esses livros trazem tabelas de aplicação da transformada inversa de Laplace. Assim, apenas com base em tabelas é possível encontrar o comportamento dinâmico de um sistema, desde que ele seja a junção destas principais funções citadas. Essa análise é restrita a sistemas dinâmicos lineares. É importante ressaltar que as não linearidades no tempo não constituem um problema, mas sim as não linearidades dentre as variáveis do sistema.

Quando fizemos o estudo da resposta do nível-desvio frente a um degrau unitário (A=1) na vazão de entrada (Figuras 4.5 e 4.6), chegamos à conclusão de que sua função de transferência seria de primeira ordem, representada pela Equação (4.2). Um degrau de intensidade A=1 é sempre representado no domínio de Laplace por:

$$F_{in}'(s) = \frac{A}{s} = \frac{1}{s} \tag{5.1}$$

Aplicando a transformada inversa à Equação (4.2) com substituição da 5.1, com a ajuda do Anexo 1: Tabela de transformada de Laplace (função 6), podemos determinar a função no tempo que representa a curva obtida na Figura 4.6:

$$h'(t) = K\left(1 - e^{\frac{-t}{\tau p}}\right) \tag{5.2}$$

É possível verificar que a rapidez para atingir um novo estado estacionário depende da intensidade da constante de tempo, τ_p.

Mas de onde veio a equação da função de transferência que representa os processos de primeira ordem (Equação [4.2])? Ela é simplesmente o resultado da aplicação da transformada de Laplace a cada termo da equação diferencial linear de primeira ordem no tempo, com condição inicial igual a zero, antiga conhecida de estudantes de Engenharia:

$$\tau_p \frac{dh'(t)}{dt} + h'(t) = K.F_{in}'(t) \tag{5.3}$$

Ao fazer a aplicação da transformada de Laplace a esta equação diferencial, encontramos a função de transferência que relaciona as variáveis de interesse (Equação [4.2]). Usamos a função de número 26 da tabela do Anexo 1: Tabela de transformada de Laplace, em que a transformada de Laplace da derivada é igual a "$s.F(s)$", quando $f(t)$ está em variável-desvio ($f(t=0)=0$).

Se houver não linearidades na equação diferencial, é necessário linearizar ao redor do estado estacionário desejado, aplicando primeiramente as séries de Taylor.

$$\tau_p \frac{dh'(t)}{dt} = K.F_{in}'(t) \tag{5.4}$$

Quando a equação diferencial é de primeira ordem e não se observa a variável de estado sozinha na Equação (5.3), temos o caso de processo com característica integradora pura:

A função de transferência equivalente é dada pela Equação (4.4). Esses processos são processos instáveis. Tendem a infinito frente à perturbação limitada. É o caso do tanque com bombas à entrada e à saída, que pode secar ou transbordar.

$$\tau^2 \frac{d^2y(t)}{dt^2} + 2\varepsilon\tau \frac{dy(t)}{dt} + y(t) = Kp.u(t) \tag{5.5}$$

Da mesma forma que para um processo de primeira ordem, a função de transferência de segunda ordem pode ser obtida usando as funções 26 e 27 do Anexo 1: Tabela de transformada de Laplace. Graficamente, ao observarmos se a resposta a degrau apresenta ponto de inflexão da curva (formato sigmoidal) ou apresenta oscilações, reconhecemos o processo ser de segunda ordem. A partir de balanços e equações fenomenológicas que resultem em equações diferenciais ordinárias com derivada de segunda ordem, também reconhecemos o sistema de segunda ordem:

Ao aplicar a transformada de Laplace e manipular a Equação (5.5), obtemos a equação algébrica da função de transferência que relaciona a variável dependente com variável independente:

$$G(s) = \frac{y(s)}{u(s)} = \frac{Kp}{\tau^2 s^2 + 2\varepsilon\tau s + 1} \tag{5.6}$$

Neste caso, observamos um polinômio de segunda ordem no denominador.

Na Figura 5.1, está representado o comportamento dinâmico de processos de segunda ordem, relativo às Equações (5.5) e (5.6). O fator de amortecimento ξ, quando menor que 1, indica a presença de oscilações. Essa forma de resposta é chamada de subamortecida. Se o fator de amortecimento for igual a 1, a resposta é muito parecida com a de primeira ordem, sendo chamada de amortecimento crítico. Se o fator for maior que 1, a resposta tem um formato sigmoidal, com ponto de inflexão, porém sendo cada vez mais lenta. Essa é a resposta sobreamortecida.

Tanto no processo de primeira ordem quanto no de segunda, a presença de tempo morto apenas desloca a resposta para um tempo maior que zero. O tempo zero sempre será o instante em que foi aplicada a perturbação degrau na variável independente.

Independentemente de o processo ser de segunda ordem ou superior, para o projeto do controlador, devemos procurar aproximar a resposta a degrau por primeira ordem com tempo morto (FOPDT) conforme Equação (4.3). Na identificação de processos, graficamente determinamos os parâmetros Kp, τ_p e td traçando reta tangente ao ponto de inflexão da curva de reação ao degrau, e procurando os valores de tempo em que essa reta cruza o valor final de estado estacionário ($\tau_p + td$) e em que cruza o zero (td), conforme Figura 5.2.

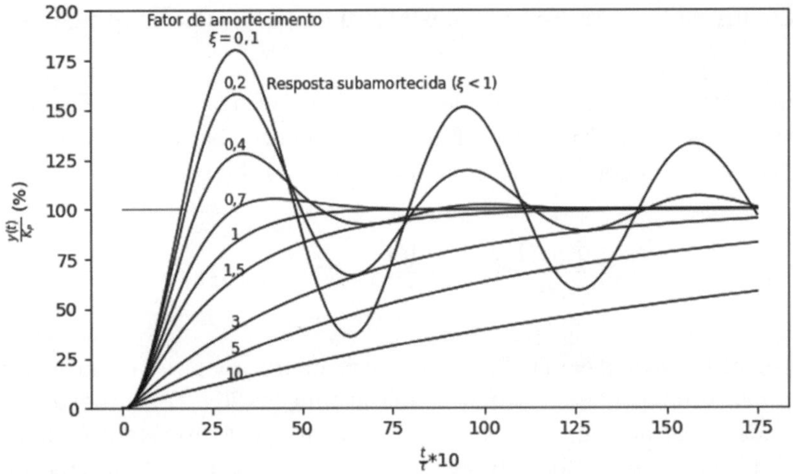

Figura 5.1 Comportamento dinâmico de processos de segunda ordem.

Quando houver ruído na variável medida, devemos primeiramente suavizar a curva de resposta. Para tanto, podemos usar o filtro de média móvel ou simplesmente aproximar, por otimização de parâmetros, a curva experimental de uma curva típica sigmoidal:

$$y(t) = A.K_p\left(1-\left(1+\frac{t}{B}\right)e^{-\left(\frac{t}{B}\right)}\right) \tag{5.7}$$

sendo $A.Kp$ o valor final atingido pela variável controlada e B proporcional à inclinação da curva.

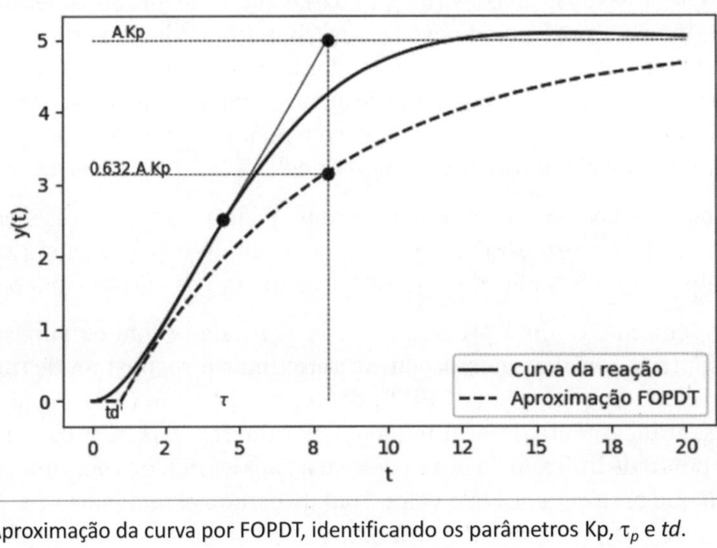

Figura 5.2 Aproximação da curva por FOPDT, identificando os parâmetros Kp, τ_p e *td*.

5.1 SINTONIA E CONTROLADORES P, PI E PID

As sugestões de sintonia de controladores por realimentação feitas por Ziegler-Nichols (Tabela 5.1) ou Cohen-Coon (Tabela 5.2) são baseadas nos parâmetros identificados da FDT. Entretanto, essas correlações são recomendadas somente para modelos compreendidos na faixa $0{,}1 < td/\tau < 1{,}0$.

O número de parâmetros sintonizáveis desses controladores depende do tipo de ação envolvida: proporcional (P), integral (I) e/ou derivativa (D). Quando as três ações compõem o controlador, temos o ganho do controlador, *Kc*, a constante de tempo integral, τ_I, e a constante de tempo derivativo, τ_D, como parâmetros sintonizáveis. Neste último caso, diz-se que o controlador se chama proporcional-integral-derivativo ou, simplesmente, PID.

Tabela 5.1 Correlações de sintonia propostas por Ziegler-Nichols

Controlador	*Kc*	τ_I	τ_D
P	$\frac{\tau}{t_d K}$	∞	---
	$\frac{0{,}9\tau}{t_d K}$	$3{,}33t_d$	---
PID	$\frac{1{,}2\tau}{t_d K}$	$2t_d$	$\frac{t_d}{2}$

Tabela 5.2 Correlações de sintonia propostas por Cohen-Coon

Controlador	*Kc*	τ_I	τ_D
P	$\frac{1}{K}\frac{\tau}{t_d}\left(1+\frac{t_d}{3\tau}\right)$	∞	-
	$\frac{1}{K}\frac{\tau}{t_d}\left(0{,}9+\frac{t_d}{12\tau}\right)$	$\frac{t_d(30+3t_d/\tau)}{9+20t_d/\tau}$	-
PID	$\frac{1}{K}\frac{\tau}{t_d}\left(\frac{16\tau+3t_d}{12\tau}\right)$	$\frac{t_d(32+6t_d/\tau)}{13+8t_d/\tau}$	$\frac{4t_d}{11+2t_d/\tau}$

O controlador que havíamos introduzido no Capítulo 3 era o proporcional puro (P). Ele é muito simples e se baseia somente no erro, $e(t)$, que ocorre no instante atual, para o cálculo da variação na manipulada (Tabela 5.3). Deixa, porém, desvio final, ou seja, a variável controlada não alcança o *setpoint*.

Para eliminar o desvio final, foi proposta a ação integral somada à proporcional (PI na Tela 5.3). Essa ação realiza a soma dos erros passados, corrigindo o processo com base no presente e no passado. Entretanto, a integral provoca oscilações no processo em malha fechada. Visando suavizar as oscilações, pode-se acrescentar a ação derivativa, que observa a derivada do erro no instante atual, tentando predizer o futuro (PID na Tabela 5.3). Como consequência, a resposta fica mais lenta.

O ganho do controlador, Kc, multiplica todas as ações. Os parâmetros τ_I e τ_D auxiliam na ponderação entre as diferentes ações presentes (P, I ou D).

Tabela 5.3 Equações dos controladores por realimentação (*feedback*)

P	$u'(t) = Kc\,e(t)$	(5.8)
PI	$u'(t) = Kc\left[e(t) + \frac{1}{\tau_I}\int_0^T e(t)dt\right]$	(5.9)
PID	$u'(t) = Kc\left[e(t) + \frac{1}{\tau_I}\int_0^T e(t)dt + \tau_D \frac{de(t)}{dt}\right]$	(5.10)

5.2 A DINÂMICA DO PROCESSO EM MALHA FECHADA

Voltando ao estudo de caso 2 (controle de nível em vasos), faremos a análise da dinâmica já em malha fechada (sob controle). Nesse exemplo, tomaremos como variável manipulada a vazão à saída do vaso para controle do nível do tanque. A variável vazão de entrada será apenas o distúrbio. O balanço de massa no tanque, em variável-desvio, envolve a variação do nível, dada pela derivada, multiplicada pela área da secção transversal do tque, A_t, que se iguala à diferença entre as vazões de entrada e de saída, quando a massa específica é constante:

$$A_t \frac{dh'(t)}{dt} = F_{in}'(t) - F_{out}'(t) \tag{5.11}$$

Percebemos pela Equação (5.11) que o processo em malha aberta é de primeira ordem. Para chegar ao equacionamento da malha fechada, vamos inserir a equação de um controle proporcional-integral – Equação (5.9) – na vazão de saída, $F_{out}'(t)$. O erro é dado pela diferença entre o *setpoint*, $h_{sp}(t)$, e o nível medido, $h_m(t)$:

$$h'(t) = e(t) = h_{SP}(t) - h_m(t) \tag{5.12}$$

Com a substituição da equação do controlador PI no balanço de massa (Equação [5.11]), temos:

$$At\frac{dh'(t)}{dt}+Kc.\left[h'(t)+\frac{1}{\tau_I}\int_0^T h'(t)dt\right]=F'_{in}(t) \tag{5.13}$$

Podemos partir para a aplicação da transformada de Laplace à Equação (5.13) – veja Anexo 1: Tabela de transformada de Laplace –, obtendo:

$$At.s.H'(s)+Kc.\left[H'(s)\frac{1}{\tau_I.s}H'(s)\right]F'_{in}(s) \tag{5.14}$$

Após manipulação algébrica da Equação 5.14, conseguimos obter a relação entre a variação do nível e da vazão de entrada, no domínio de Laplace:

$$\left[\frac{At.\tau_I}{Kc}.s^2+\tau_I s+1\right].H'(s)=\frac{\tau_I}{Kc}.s.F'_{in}(s) \tag{5.15}$$

No formato de função de transferência, e em malha fechada (índice *mf*), obtemos

$$\frac{H'(s)}{F_{in}'(s)}=\frac{\frac{s.\tau_I}{Kc}}{\frac{At.\tau_I}{Kc}s^2+\tau_I s+1}=G_{mf}(s) \tag{5.16}$$

como de segunda ordem, pois aparece um polinômio de segunda ordem no denominador da Equação (5.16).

Que interessante! O processo que era originalmente de primeira ordem se tornou um processo de segunda ordem, quando em uma malha fechada.

Passa a ser necessário observar o valor do fator de amortecimento para saber se o processo apresentará oscilações ou não. Vamos comparar a Equação (5.16) com uma função padrão de segunda ordem:

$$G(s)=\frac{y(s)}{u(s)}=\frac{Kp}{\tau^2s^2+2\varepsilon\tau.s+1} \tag{5.17}$$

É possível demonstrar que o fator de amortecimento depende dos parâmetros sintonizáveis do controlador do PI, que são o Kc e o τ_I :

$$\tau=\sqrt{\frac{A_t.\tau_I}{Kc}} \tag{5.18}$$

$$\varepsilon = \frac{1}{2}\sqrt{\frac{Kc.\tau_I}{At}} \qquad (5.19)$$

A depender da escolha desses parâmetros, o processo muda seu comportamento dinâmico no tempo, conforme Figura 5.1, podendo ser desde bastante lento até bastante oscilatório. Daí a importância da sintonia adequada do controlador.

5.3 CONCLUSÕES

Em conclusão, temos que é possível obter as funções de transferência por modelagem matemática ou por dados experimentais de resposta a degrau. Outra conclusão importante é que o tipo de controlador escolhido P, PI ou PID, e também a sintonia de seus parâmetros Kc, τ_I e τ_D, interferem na dinâmica do processo original, de forma que:

- um processo estável pode se desestabilizar;
- um processo não oscilatório pode passar a oscilar;
- o tempo de estabilização é afetado pelas constantes de tempo integral e derivativa do controlador.

Fizemos aqui uma análise dinâmica de um processo sob controle. Mas será que não haveria uma forma mais genérica de avaliar o desempenho de sistemas em malha fechada? Será que pelo diagrama de blocos, com todas as funções de transferência disponíveis, não seria mais prático avaliar as diferentes sintonias do controlador?

Já que estamos alternando entre o domínio do tempo e o de Laplace, devemos explorar mais o domínio de Laplace e o diagrama de blocos da malha fechada antes de propormos os exercícios a serem resolvidos.

CAPÍTULO 6

Estudo de caso 2: a sistematização do projeto do controlador

Anteriormente, no estudo de caso de controle de nível em tanques, fizemos uma análise de sua dinâmica usando as equações diferenciais no tempo. Usamos também a equação do controlador no domínio do tempo. Juntamos as equações e depois aplicamos a transformada de Laplace para encontrar a função de transferência da malha fechada. Por meio dessa análise, chegamos à conclusão de que o tipo de controlador escolhido e a sintonia de seus parâmetros interferem na dinâmica do processo original.

Mas essa não é a forma como os projetistas de sistemas de controle trabalham. Eles normalmente determinam como o processo se comporta em malha fechada no domínio do tempo ao realizar o seguinte procedimento: representar o problema em um diagrama de blocos com todas as funções de transferência no domínio de Laplace; executar manipulações matemáticas da representação em blocos; e verificar onde se localizam, no plano complexo, as raízes do denominador da função de transferência da malha fechada.

6.1 USO DO DIAGRAMA DE BLOCOS E DAS FUNÇÕES DE TRANSFERÊNCIA NO PROJETO

No estudo de caso 2, mantendo a vazão da saída do tanque como variável manipulada (item 5.2), vamos elaborar o diagrama de blocos completo do controle por realimentação. Para permitir a análise, todos os blocos têm de apresentar a sua respectiva função de transferência.

A equação diferencial que representa o nível do líquido no tanque continua sendo dada pela diferença entre a vazão que sai e a vazão que entra, considerando a massa específica constante – Equação (5.13). Em malha fechada, a vazão de saída é dada pelo posicionamento do atuador da abertura da válvula, que é comandado pelo sistema de controle. Para encontrar a função de transferência do processo em malha aberta, aplicamos a transformada de Laplace à Equação (5.13), resultando em:

$$At.s.H'(s) = F_{in}'(s) - F_{out}'(s) \tag{6.1}$$

É possível perceber a dependência do nível com duas variáveis independentes: a vazão de entrada e a vazão de saída. A vazão de saída é a manipulada e, portanto, a relação entre o nível e a vazão de saída é a função de transferência do processo, *Gp(s)*:

$$\frac{H'(s)}{F_{out}'(s)} = G_p(s) = \frac{1}{At.s} \tag{6.2}$$

A vazão de entrada é apenas o distúrbio, e a relação entre o nível e essa vazão é a função de transferência da carga ou distúrbio, *Gd(s):*

$$\frac{H'(s)}{F_{in}'(s)} = G_d(s) = \frac{1}{At.s} \tag{6.3}$$

As duas funções de transferência, *Gp(s)* e *Gd(s),* são representativas de processo integrador puro – Equação (4.4). Dessa forma, podemos concluir que o processo é instável em malha aberta.

Quanto ao controlador utilizado, conforme descrito no item 5.2, ele é do tipo proporcional integral, dado pela Equação (5.9). Observando a função de número 25 do Anexo 1: Tabela de transformada de Laplace, temos a transformada da integral sendo "*y(s)/s*", quando *y(t)* está em variável-desvio (*y(t=0)=0*), o que permite transformar a equação do controlador PI (Equação [5.9]) para o domínio de Laplace:

$$F_{out}'(s) = Kc.\left[e(s) + \frac{1}{s.\tau_I}e(s)\right] \tag{6.4}$$

A partir da Equação (6.4) é possível obter a função de transferência do controlador, $G_c(s)$, que representa a relação entre o erro e a variável manipulada:

$$\frac{F_{out}'(s)}{E(s)} = G_c(s) = Kc\left[1 + \frac{1}{s.\tau_I}\right] \tag{6.5}$$

Todas as funções de transferência encontradas – Equações (6.2), (6.3) e (6.5) – são levadas ao diagrama de blocos do controle por realimentação (Figura 6.1). Devemos lembrar que, neste problema, *Gv(s)=Gm(s)=1*, pois, quando nada se fala sobre o atuador e o sensor, assumimos que eles não interferem na dinâmica do sistema, sendo suas funções de transferência iguais à unidade.

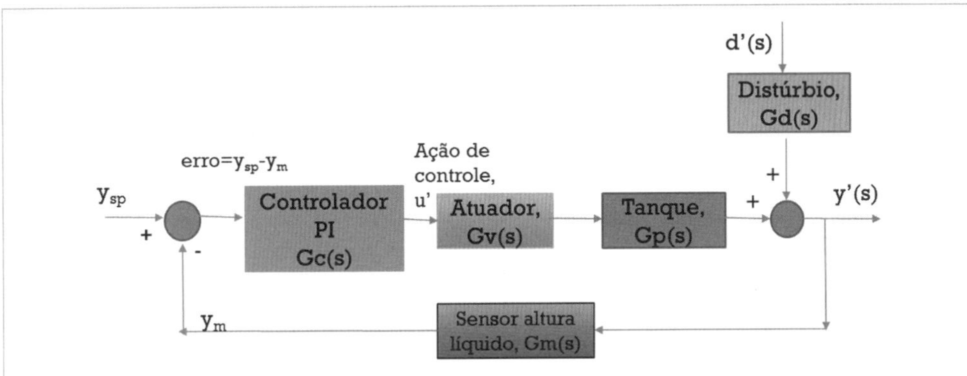

Figura 6.1 Diagrama de blocos do processo em malha fechada.

Para efetuar uma avaliação do sistema de controle por realimentação usando o diagrama de blocos, pegaremos do Anexo 2 a equação da resposta do sistema, no domínio de Laplace, em função de variações no *setpoint* e no distúrbio (carga):

$$y(s) = \frac{G_c(s)\, G_v(s)\, G_p(s)}{1 + G_c(s)\, G_v(s)\, G_p(s)\, G_m(s)} y_{sp}(s) + \\ + \frac{G_d(s)}{1 + G_c(s)\, G_v(s)\, G_p(s)\, G_m(s)} d(s) \tag{6.6}$$

A demonstração da obtenção da Equação (6.6) encontra-se no Anexo 2, e é bastante interessante para aprender a estratégia dos cálculos usando o diagrama de blocos (STEPHANOPOULOS, 1984). A saída de cada bloco do diagrama é dada pela multiplicação de sua entrada pela função de transferência interna ao bloco. Assim, quando temos três blocos em sequência, a variável de saída do último será igual à variável de entrada do primeiro multiplicada pelas três funções de transferência, uma de cada bloco. Quanto à representação em forma circular no diagrama (Figura 6.1), esta se refere à operação de soma ou subtração.

O primeiro termo da Equação (6.6) é chamado de termo de controle supervisório, porque mostra o efeito de uma modificação no *setpoint*, $y_{sp}(s)$, sobre a variável controlada. Quem faz as modificações de *setpoint* normalmente é o supervisor de processo.

O segundo termo da Equação (6.6) é chamado de termo de controle regulatório, pois mostra o efeito de uma modificação no distúrbio, ou carga, *d(s)*, sobre a variável controlada. Este é o termo regulador do sistema, que, independentemente do distúrbio que venha a ocorrer, terá que conduzir a variável controlada ao seu *setpoint*.

Voltando ao problema do controle de nível e substituindo na equação de resposta da malha fechada (Equação [6.6]) todas as funções de transferência encontradas (Equações [6.2], [6.3] e [6.5]), obtemos a função de transferência em malha fechada para variações do *setpoint*:

$$\frac{H'(s)}{H_{sp}'(s)}=\frac{G_c(s)G_p(s)}{1+G_c(s)G_p(s)}=\frac{Kc\left[1+\frac{1}{s.\tau_I}\right]\frac{1}{At.s}}{1+Kc\left[1+\frac{1}{s.\tau_I}\right]\frac{1}{At.s}}= \tag{6.7}$$

$$=\frac{Kc\frac{1}{At.s}+Kc\frac{1}{At.\tau_I s^2}}{1+Kc\frac{1}{At.s}+Kc\frac{1}{At.\tau_I s^2}}=\frac{s.\tau_I+1}{\frac{At.\tau_I}{Kc}s^2+\tau_I.s+1}$$

Assim como para variações no distúrbio:

$$\frac{H'(s)}{F_{in}'(s)}=\frac{G_d(s)}{1+G_C(s)G_p(s)}=\frac{\frac{1}{At.s}}{1+Kc\left[1+\frac{1}{s.\tau_I}\right]\frac{1}{At.s}}= \tag{6.8}$$

$$=\frac{\frac{1}{At.s}}{1+Kc\frac{1}{At.s}+Kc\frac{1}{At.\tau_I s^2}}=\frac{\frac{s.\tau_I}{Kc}}{\frac{At.\tau_I}{AKc}s2+\tau_I.s+1}$$

Comparando com o equacionamento realizado anteriormente no domínio do tempo (Equação [5-16]), verificamos que a função de transferência da Equação (6.8) é exatamente a mesma. Apenas os caminhos para obtê-las foram diferentes. O caminho pelo diagrama de blocos é mais genérico e, portanto, mais utilizado pelos projetistas.

6.2 A ANÁLISE DE ESTABILIDADE

Continuando com o estudo de caso 2, vamos proceder à análise de estabilidade do sistema em malha fechada.

Inicialmente, imagine uma situação em que um técnico de automação está na planta instalando o sistema de controle de nível para o tanque estudado. Para testar se tudo funciona em termos de *hardware*, ele liga o sistema com o tanque em regime permanente com uma vazão de entrada idêntica à vazão de saída, estabilizando o nível. Sem avaliar o problema adequadamente, ele liga o controlador automático e insere valores para os parâmetros do controlador PI pelo sistema supervisório. Como o nível diminui quando a vazão de saída aumenta, ele estimou o ganho do controlador como sendo negativo e igual -1. Para a constante de tempo, inseriu valor unitário. Vamos pensar no que pode ter acontecido?

Tínhamos concluído, ao final do Capítulo 5, que haveria o equacionamento no domínio do tempo, que a resposta em malha fechada mudaria para diferentes valores do fator de amortecimento, que dependeria dos parâmetros ganho e constante de tempo integral ajustados para o controlador. Características de oscilação ou de estabilidade dependeriam, portanto, dos valores de Kc e τ_I.

Numa análise mais geral pelo diagrama de blocos, observando a equação da resposta do sistema no domínio de Laplace (Equação [6.6]), percebemos que o denominador é o mesmo para os dois termos: supervisório e regulatório. Dessa forma, temos uma equação característica a analisar:

$$1 + G_c(s)G_v(s)G_p(s)G_m(s) = 0 \tag{6.9}$$

A equação característica é o polinômio do denominador dos termos, igualado a zero, e a análise de estabilidade diz respeito à localização das suas raízes no plano complexo (Figura 6.2). Essas raízes são chamadas de polos. Frente a uma perturbação limitada, do tipo degrau, a teoria da análise do lugar das raízes afirma que:

1. Se uma das raízes desse polinômio tiver parte real positiva, o sistema será instável. Se, por outro lado, todas as raízes tiverem parte real negativa, o sistema será estável, alcançando novo estado estacionário.
2. Se uma das raízes tiver parte imaginária, o sistema vai oscilar. Porém, se todas as raízes forem reais, sem parte imaginária, o sistema não apresentará oscilações.

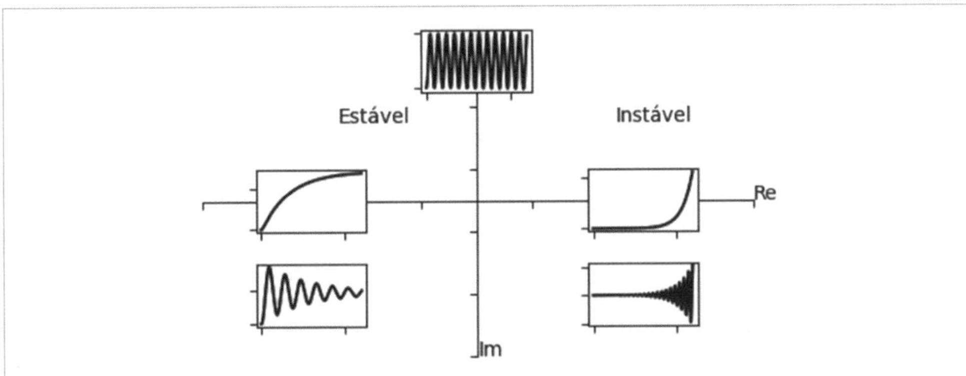

Figura 6.2 Análise do lugar das raízes no plano complexo e as possíveis respostas dinâmicas frente à perturbação degrau.

Por meio da localização das raízes da equação característica (Equação [6.9]), chamadas polos, no plano complexo (real *versus* imaginário), conseguimos determinar qual tipo de dinâmica no tempo o processo terá. Ao observar a Figura 6.2, notamos que as raízes à esquerda do eixo imaginário levam o sistema a comportamento estável frente a um degrau, alcançando novo estado estacionário. A ocorrência de oscilação é verificada pela existência de parte imaginária diferente de zero. Por outro lado, se uma das raízes estiver localizada ao lado direito do eixo imaginário (parte real >= 0), o sistema não alcançará novo estado estacionário.

Essa localização das raízes é altamente dependente do tipo de controlador utilizado e da sintonia escolhida. A uma das análises de estabilidade se dá o nome de *root locus*, ou análise do lugar das raízes. Outro método possível para encontrar a fronteira da estabilidade é chamado de substituição direta (ver exercício 7 do Capítulo 9).

Voltando ao estudo de caso do tanque, vamos aplicar essa análise de estabilidade assumindo At=7m^2. Tomamos a equação dada pelo denominador da Equação (6.8) e a igualamos a zero:

$$\frac{At.\tau_I}{Kc}s^2 + \tau_I.s + 1 = 0 \tag{6.10}$$

Ao substituirmos os parâmetros sugeridos pelo técnico de automação (Kc= *-1* e τ_I = *1*) na Equação (6.10), teremos duas raízes, uma vez que o polinômio característico obtido é de segunda ordem:

$$-7.s^2 + 1.s + 1 = 0 \tag{6.11}$$

Ao calcular analiticamente as raízes do polinômio, pela conhecida fórmula de Bhaskara, obtemos:

$$s = \frac{-1 \pm \sqrt{1+28}}{-14} = \frac{-1 \pm 5,38}{-14} = 0,07 \pm 0,38 \tag{6.12}$$

O que resulta nos seguintes polos: p_1 = *+0,45* e p_2 = *- 0,31*.

Uma das raízes é positiva e outra negativa. Pela teoria da análise do lugar das raízes, temos um indicativo de que, se existe uma das raízes com parte real positiva, o sistema é instável. Verificamos que não há parte imaginária, portanto, não haverá oscilação. Em conclusão, usando os parâmetros Kc= *-1* e τ_I. = *1*, quando houver degrau positivo na vazão de entrada ou no *setpoint*, o tanque vai transbordar, assim como acontecia em malha aberta (Equação [6.3]). Portanto, podemos concluir que os parâmetros não estão adequados e o sistema de controle assim projetado não resolve o problema.

Vamos continuar a análise e verificar se modificar o ganho do controlador para valor positivo afetaria o comportamento do sistema. Partindo do mesmo polinômio da Equação (6.10), com a substituição de Kc= *+1* e a manutenção de τ_I = *1*, o que temos agora são dois polos com parte real nova e apresentando parte imaginária, decorrente da raiz de número negativo:

$$S = \frac{-1 \pm \sqrt{1-28}}{14} = \frac{1}{14}\left(-1 \pm \sqrt{27}j\right) = \\ = 0,07\left(-1 \pm 5,20\,j\right) \tag{6.13}$$

Os novos polos são dados por:

$$p1 = -0,07 + 0,36j \text{ e } p2 = -0,07 - 0,36j$$

Como a parte real de p1 e p2 é sempre negativa, o sistema será estável. Pela observação da Figura 6.2, como há parte imaginária em p1 e p2, concluímos que o sistema vai oscilar até atingir o estado estacionário.

É possível conferir essa dinâmica prevista no domínio de Laplace, comparando com a análise do fator de amortecimento obtido pelo equacionamento no tempo. Substituindo os valores $At = 7m^2$, $Kc = +1$ e $\tau_I = 1$ na equação encontrada previamente para o fator de amortecimento (Equação [5.18]), verificamos que seu valor será igual a 0,19. Por ser menor que 1, o sistema é considerado subamortecido e eram também previstas oscilações pelas curvas de resposta típicas de processo capacitivo de segunda ordem (Figura 5.1). As análises no domínio de Laplace e no domínio do tempo, portanto, se apresentam condizentes.

6.3 CONCLUSÕES

Uma observação importante neste momento é que a sugestão de que o ganho do controlador seria inversamente proporcional e de mesmo sinal que o ganho do processo (Equação [3.3]) não pode ser utilizada para processos integradores puros. Ela se mostra adequada somente a processos capacitivos de primeira ou segunda ordens.

Comparando as funções de transferência da malha aberta (Equações [6.2] e [6.3]) com as da malha fechada (Equações [6.7] e [6.8]), podemos responder ao questionamento que deixamos em aberto anteriormente: "um processo instável em malha aberta pode se estabilizar quando em malha fechada?". A resposta é sim. O tanque que era integrador puro, instável, se tornou capacitivo de segunda ordem, subamortecido, desde que parâmetros adequados fossem usados no controlador que fechou a malha.

Ainda não avaliamos se um processo estável em malha aberta poderia se tornar, de forma indesejável, instável em malha fechada. Precisamos pensar sobre isso, mas é simples: é só aplicar o mesmo tipo de análise e descobriremos.

EXERCÍCIOS RESOLVIDOS

1. É possível um processo instável em malha aberta seja estabilizado em malha fechada. V ou F?

Resolução:

Verdadeiro. Um processo que é instável em malha aberta é aquele cuja função de transferência possui pelo menos um polo com parte real positiva. Esse processo pode ser estabilizado se a função de transferência do controlador for projetada de tal forma que a função de transferência em malha fechada tenha todos os polos com parte real negativa.

2. Um processo estável em malha aberta nunca pode ser desestabilizado em malha fechada. V ou F?

Resolução:

Falso. Um processo que é estável em malha aberta tende a um novo estado estacionário frente a uma perturbação do tipo degrau, e pode ser desestabilizado em malha fechada, não alcançando mais um novo estado estacionário. Isso ocorre quando a função de transferência da malha fechada possui pelo menos uma raiz com parte real positiva. Esse fato é de extrema relevância no projeto de controladores, pois a estabilidade depende dos parâmetros do controlador que escolhermos.

3. O sistema da Figura 6.3 é estável em malha aberta. V ou F?

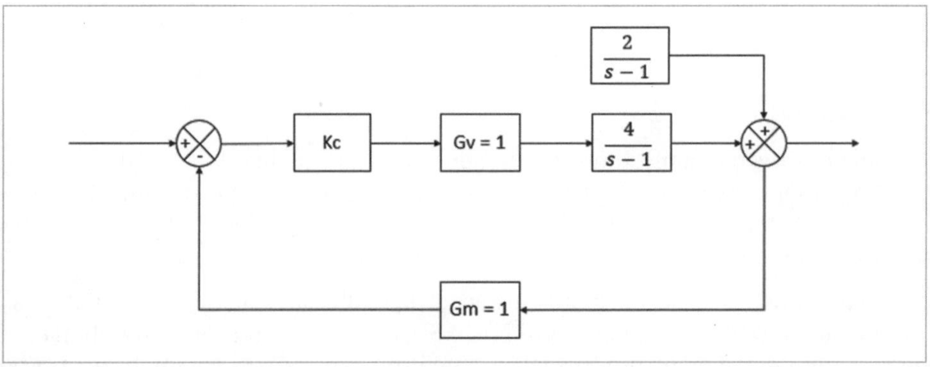

Figura 6.3 Diagrama de blocos para o exercício 3.

Resolução:

Falso. O processo é representado pela função de transferência 4/(s-1), que possui uma raiz com parte real positiva (s = 1). Portanto, pela análise do lugar das raízes, ele é considerado instável em malha aberta.

4. Considere o sistema da Figura 6.4. Indique a faixa de *Kc* para a qual o sistema, que é instável em malha aberta, se tornaria estável em malha fechada.

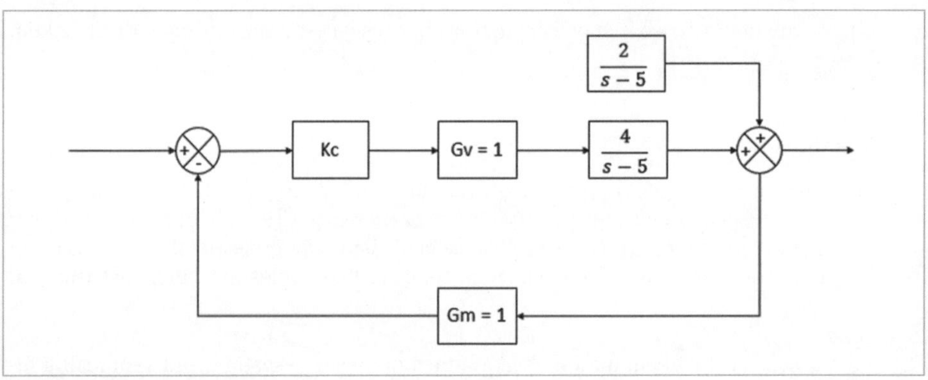

Figura 6.4 Diagrama de blocos para o exercício 4.

a. Kc<1,25
b. Kc>0,8
c. Kc>1,25
d. Kc>-0,8
e. Kc<0,8

Resolução:

Letra C. Existem várias maneiras de analisar a estabilidade de um sistema em malha fechada. Por exemplo: critério de Routh-Hurwitz, a análise da resposta em frequência (os critérios de Nyquist e de Bode) e o método do lugar das raízes. Nesta questão usaremos este último critério, que consiste em achar os polos do sistema em malha fechada por meio da Equação (6.9). Impondo a condição de todos os polos terem parte real negativa, temos:

$$1+K_c\frac{4}{s-5}=0 \rightarrow s-5+4K_c=0 \rightarrow p=\left(5-4K_c\right)\langle 0 \rightarrow K_c\rangle 1,25$$

5. Suponha o processo da Figura 6.5, envolvendo tanques não interativos, com os seguintes parâmetros: áreas de secção transversal A_1=10m^2 e A_2=5m^2; e válvulas com resistência ao fluxo de R_1=2 s/m^2 e R_2=1 s/m^2, que resultam em vazão dada por h_i/R_i.

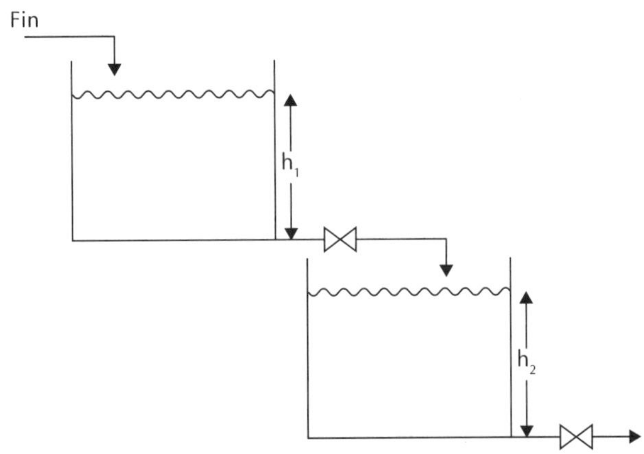

Figura 6.5 Tanques não interativos para o exercício 5.

Considerando que Gv(s)=1 e Gm(s)=1 e que queremos controlar o nível do tanque 2 usando a vazão de entrada no tanque 1 como variável manipulada, aponte qual das faixas de *Kc* garante matematicamente que o sistema seja estável em malha fechada.

a. Kc < -1
b. Kc > -1
c. Kc < 5
d. Kc < 3
e. Kc < 0

Resolução:

Letra B. Precisamos determinar a função de transferência do processo a partir do modelo fenomenológico, obtido pelas equações de balanço de massa. Considerando o fluido como incompressível, temos que o balanço de massa do tanque 1 fica:

$$A_1\frac{dh_1}{dt}=F_{in}-\frac{h_1}{R_1}$$

Aplicamos a transformada de Laplace com o auxílio do Anexo 1: Tabela de transformada de Laplace, obtendo a função de transferência para o tanque 1:

$$\left(A_1R_1s+1\right)h_1\left(s\right)=R_1F_{in}\rightarrow\frac{h_1\left(s\right)}{F_{in}\left(s\right)}=\frac{R_1}{A_1R_1s+1}=\frac{K_1}{\tau_1s+1}$$

De mesma forma, para o tanque 2 temos:

$$A_2\frac{dh_2}{dt}=\frac{h_1}{R_1}-\frac{h_2}{R_2}$$

$$\left(A_2R_2s+1\right)h_2\left(s\right)=\frac{R_2}{R_1}h_1\left(s\right)\rightarrow\frac{h_2\left(s\right)}{h_1\left(s\right)}=\frac{\frac{R_2}{R_1}}{A_2R_2s+1}=\frac{K_2}{\tau_2s+1}$$

Substituindo os valores fornecidos de R_2, R_1, h_2 *e* h_1, verificando sempre a coerência entre as unidades de medida, temos:

$$K_1=2,K_2=0{,}5,\tau_1=20,\tau_2=5$$

Como a função de transferência do processo, $G_p(s)$, é dada pela relação entre as variáveis controlada, h_2, e manipulada, F_{in}, percebemos que a multiplicação das duas funções de transferências obtidas nos fornece esta relação:

$$\frac{h_2\left(s\right)}{F_{in}\left(s\right)}=\frac{h_1\left(s\right)}{F_{in}\left(s\right)}\frac{h_2\left(s\right)}{h_1\left(s\right)}=G_p\left(s\right)=\frac{K_1K_2}{\tau_1\tau_2s^2+\left(\tau_1+\tau_2\right)s+1}=\frac{1}{100s^2+25s+1}$$

Visando à análise dos polos, substituímos $G_p(s)$ na Equação (6.9), obtendo:

$$100s^2+25s+\left(1+K_c\right)=0$$

Segundo a conhecida regra dos sinais de Descartes, o número de permutações de sinal dos coeficientes (reais) de um polinômio é igual ao número de raízes positivas, acrescido do número de raízes imaginárias. Assim, para que esse polinômio encontrado não tenha raízes positivas, é necessário que não haja permutação de sinal nos coeficientes, ou seja:

$$1+K_c>0\rightarrow K_c>-1$$

Se você não se lembrou dessa regra, não há problema. É possível explorar o próprio polinômio de segundo grau encontrado, estipulando valores para o ganho do controlador K_c e encontrando suas raízes, p_1 e p_2. Preencher uma tabela como a 6.1 lhe trará um entendimento melhor da análise do lugar das raízes.

Tabela 6.1 Análise do lugar das raízes do exercício 5.

Kc	p_1	p_2	Estável em MF?	Oscila em MF?
0,2	-0,19	-0,06	sim	não
0,5	-0,15	-0,10	sim	não
1	-0,125 + 0,066j	-0,125 - 0,066j	sim	sim
2	-0,125 + 0,120j	-0,125 - 0,120j	sim	sim
5	-0,125 + 0,211j	-0,125 - 0,211j	sim	sim
10	-0,125 + 0,307j	-0,125 - 0,307j	sim	sim

É importante não esquecer que o ganho do controlador deverá ter o mesmo sinal que o ganho do processo, conforme explicado no Capítulo 3. Por esse motivo, iniciamos a tabela com $Kc > 0$, uma vez que $Kp > 0$. Portanto, apesar de matematicamente a faixa para o polinômio não possuir raízes positivas iniciar em -1, os valores mais adequados de sintonia para Kc seriam > 0. Podemos ainda observar pela tabela que o aumento de Kc apenas intensifica a frequência de oscilações do sistema em malha fechada, uma vez que o valor da parte imaginária aumenta e o da parte real permanece constante e negativo.

6. Considere o processo de mistura perfeita, conforme a Figura 6.6, no qual entram duas correntes (1 e 2) de um soluto diluído em água, em que o soluto tem frações mássicas $x1$, $x2$ e x para as correntes 1, 2 e de saída, respectivamente. Além disso, as vazões mássicas das correntes 1, 2 e de saída são $w1$, $w2$ e w, respectivamente.

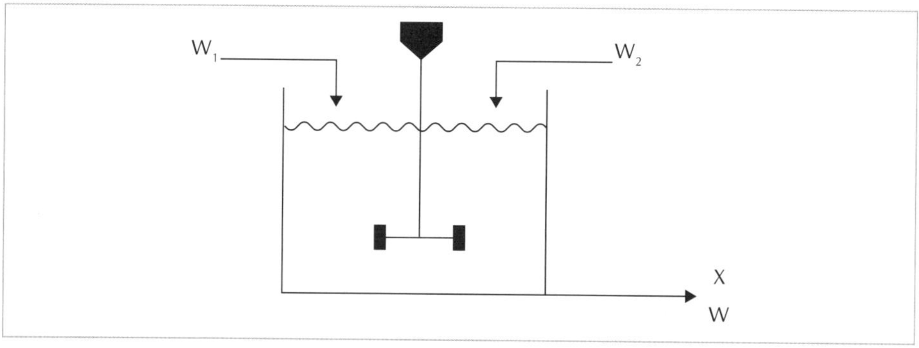

Figura 6.6 Sistema de mistura perfeita para os exercícios 6 a 9.

Assumindo a massa específica do líquido no tanque, o volume do tanque e as vazões mássicas de entrada w1 e w2 como constantes, qual a função de transferência entre a fração mássica de saída e a fração mássica de entrada da corrente 1 (X(s)/X1(s))?

a.

$$\frac{X(s)}{X_1(s)} = \frac{\frac{w1}{w}}{\frac{\rho V}{w}s+1}$$

b.

$$\frac{X(s)}{X_1(s)}=\frac{\frac{w2}{w}}{\frac{\rho V}{w}s+1}$$

c.

$$\frac{X(s)}{X_1(s)}=\frac{\frac{w1}{w}}{s+\frac{w}{\rho V}}$$

d.

$$\frac{X(s)}{X_1(s)}=\frac{\frac{w1}{w}}{\left(\frac{\rho V}{w}\right)^2 s^2+\frac{\rho V}{w}s+1}$$

e.

$$\frac{X(s)}{X_1(s)}=\frac{\frac{w2}{w}}{\left(\frac{\rho V}{w1}\right)^2 s^2+\frac{\rho V}{w1}s+1}$$

Resolução:

Letra A. Nesta questão, precisamos fazer um balanço de massa do soluto, a fim de obter a função de transferência solicitada. Considerando a expressão clássica: *Acúmulo=Entrada - Saída*, temos:

$$\frac{d(\rho Vx)}{dt}=x_1w_1+x_2w_2-xw$$

V é o volume de líquido no tanque, ρ é a massa específica da mistura no tanque e x é a fração mássica na saída do tanque. Considerando ρ, w1, w2 constantes, temos que w e V serão constantes, por isso, podemos simplificar a expressão para:

$$\frac{\rho V}{w}\frac{dx}{dt}+x=x_1\left(\frac{w_1}{w}\right)+x_2\left(\frac{w_2}{w}\right)$$

Antes de aplicar a transformada de Laplace, precisamos deixar as variáveis em desvio, por isso iremos substituir a expressão anterior no estado estacionário.

$$\frac{\rho V}{w}\frac{dx_{ss}}{dt}+x_{ss}=x_{1ss}\left(\frac{w_1}{w}\right)+x_{2ss}\left(\frac{w_2}{w}\right)$$

Como a equação diferencial é linear quando w_1, w_2 *e* ρ são constantes, podemos subtrair esta última equação da anterior, resultando na seguinte equação em termos de variáveis-desvio:

$$\frac{\rho V}{w}\frac{dx'}{dt}+x=x'_1\left(\frac{w_1}{w}\right)+x'_2\left(\frac{w_2}{w}\right)$$

Aplicando a transformada de Laplace (Anexo 1), temos que:

$$\left(\frac{\rho V}{w}s+1\right)X(s)=\left(\frac{w_1}{w}\right)X_1(s)+\left(\frac{w_2}{w}\right)X_2(s)$$

Dessa forma, a transformada de Laplace entre X e X_1 será:

$$\frac{X(s)}{X_1(s)}=\frac{\left(\frac{w_1}{w}\right)}{\left(\frac{\rho V}{w}s+1\right)}$$

7. Considere o processo de mistura perfeita, conforme a Figura 6.6, em que entram duas correntes de um mesmo composto, com frações mássicas x_1 e x_2 e vazões mássicas w_1 e w_2, respectivamente. Assumindo como constantes a massa específica do líquido no tanque, o volume do tanque e as vazões mássicas de entrada w_1 e w_2, calcule a concentração mássica do composto, na corrente de saída no estado estacionário (x_{ss}).

   Dados: ρ=1.000 kg/m³, V=2 m³, w_1=500 kg/min, w_2=50 kg/min, x_{1ss}=0,1, x_{2ss}=1.

   a. 0,200
   b. 0,182
   c. 0,053
   d. 0,909
   e. 0,121

Resolução:

Letra B. Nesta questão, precisamos apenas do balanço de massa do soluto no estado estacionário, ou seja, considerando o termo de acúmulo igual a zero. Lembrando que a vazão mássica total é a soma das vazões de entrada (w=500+50), temos:

$$x_{1ss}w_1+x_{2ss}w_2-x_{ss}w=0$$

$$x_{ss}=x_{1ss}\left(\frac{w1}{w}\right)+x_{2ss}\left(\frac{w_2}{w}\right)=0,1\left(\frac{500}{550}\right)+1\left(\frac{50}{550}\right)=0,182$$

8. Considere o processo de mistura perfeita, conforme a Figura 6.6, em que entram duas correntes de um mesmo composto, com frações mássicas x_1 e x_2 e vazões mássicas w_1 e w_2, respectivamente. Assumindo como constantes a massa específica do líquido no tanque, o volume do tanque e as vazões mássicas de entrada w_1 e w_2, derive uma expressão para representar como a fração mássica da corrente de saída, $x(t)$, se comportará frente a uma variação de x_1 de 0,1 para 0,125 em t = 0.

   Dados: ρ=1.000 kg/m³, V=2 m³, w_1=500 kg/min, w_2=50 kg/min, x_{1ss}=0,1, x_{2ss}=1.

   a. $$x(t)=0,0249\left(1-e^{-\frac{t}{2,990}}\right)$$

   b. $$x(t)=0,0227\left(1-e^{-\frac{t}{3,636}}\right)$$

c.

$$x(t) = 0,053 + 0,0249\left(1 - e^{-\frac{t}{2,990}}\right)$$

d.

$$x(t) = 0,182 + 0,0227\left(1 - e^{-\frac{t}{3,636}}\right)$$

e.

$$x(t) = 0,0391\left(1 - e^{-\frac{t}{2,055}}\right)$$

Resolução:

Letra D. Aproveitando as resoluções dos exercícios 6 e 7, temos que:

- o estado estacionário é x_{1ss} = 0,182;
- a resposta dinâmica de x para uma dada variação de x_1 é dada por uma função de transferência de primeira ordem. A partir dos dados fornecidos, podemos calcular os parâmetros da função de transferência de primeira ordem.

$$K = \left(\frac{w_1}{w}\right) = 0,909 \;\; e \;\; \tau = \frac{\rho V}{w} = 3,636\,min$$

A variação de $x_1(t)$ é no formato degrau com intensidade A = 0,125 - 0,100 = 0,025. Portanto:

$X_1(s)=A/s=0,025/s$

$$X(s) = \frac{0,025}{s}\frac{(0,909)}{(3,636s + 1)}$$

Com o auxílio do Anexo 1, função 6, temos a transformada inversa de Laplace:

$$x'(t) = x(t) - x_{ss} = AK_P\left(1 - e^{-\frac{t}{\tau}}\right)$$

$$x(t) = 0,182 + 0,0227\left(1 - e^{-\frac{t}{3,636}}\right)$$

9. Considere o processo de mistura perfeita, conforme a Figura 6.6, em que entram duas correntes de um mesmo composto, com frações mássicas x_1 e x_2 e vazões mássicas w_1 e w_2, respectivamente. Assumindo como constantes a massa específica do líquido no tanque, o volume do tanque e as vazões mássicas de entrada w_1 e w_2, descubra quais dos valores de sintonia a seguir fornecerão uma resposta estável em malha fechada com controlador *feedback*, sabendo que $x1$ é a variável manipulada e x é a variável controlada.

Dados: ρ=1.000 kg/m³, V=2 m³, w_1=500 kg/min, w_2=50 kg/min, x_{1ss}=0,1, x_{2ss}=1.

I. $Kc = 1$; II. $Kc = 1$, $\tau_I = 3$; III. $Kc = 1$, $\tau_I = 1$; IV. $Kc = -2$

a. I e IV

b. I e II

c. I e III

d. IV

e. I, II, III

Resolução:

Letra E. Analisaremos primeiramente o caso do controlador proporcional puro (I e IV). Como a função de transferência do processo é de primeira ordem, com o auxílio do Anexo 2, temos que a função de transferência do sistema em malha fechada fica:

$$G_{cl}(s) = \frac{G_c(s)G_P(s)}{1 + G_c(s)G_P(s)} = \frac{K_c K_p}{(1 + K_c K_p) + \tau s}$$

Usando o critério do lugar das raízes (raízes com parte real negativa no denominador), para o sistema ser estável é necessário que:

$$1 + K_c K_p > 0 \rightarrow K_c > -\frac{1}{K_p} \rightarrow K_c > -1{,}1$$

Verifica-se que a sintonia do item I fornece um sistema estável, enquanto a sintonia do item IV fornece um sistema instável.

Para um controlador do tipo PI (Equação [6.5]), temos que a função de transferência em malha fechada é dada por:

$$G_{cl}(s) = \frac{\dfrac{K_c K_p (1 + \tau_I s)}{\tau_I s}}{1 + \dfrac{K_c K_p (1 + \tau_I s)}{\tau_I s}} \rightarrow p = -\frac{K_c K_p}{\tau_I (1 + K_c K_p)}$$

Substituindo os valores de τ_I, K_c dos itens II e III na expressão do polo de malha fechada, constatamos que ambos fornecem sintonias estáveis (polos negativos).

Na verdade, um processo de primeira ordem em malha aberta (sem tempo morto) não pode ser desestabilizado quando adicionamos um controlador *feedback*, desde que o sinal do ganho do controlador K_c esteja correto (mesmo sinal que o ganho do processo K_p).

10. Um processo é representado pela seguinte função de transferência:

$$Gp(s) = \frac{2{,}98(s + 2{,}25)}{(s + 1{,}45)(s + 2{,}85)^2 (s + 4{,}35)}$$

Se adicionarmos um controlador do tipo P, qual o valor do ganho crítico do controlador *Kcr* para este processo (ganho para o qual a parte real dos polos se torna nula)? Para que o processo seja estável, o ganho do controlador deve ser maior ou menor do que esse valor?

a. $Kcr = 75, Kc < 75$

b. $Kcr = 62, Kc < 62$

c. $Kcr = 55, Kc > 55$

d. $Kcr = 75, Kc > 75$

e. $Kcr = 62, Kc > 62$

Resolução:

Letra A. Como a função em malha fechada terá uma equação característica de quarto grau, a aplicação do critério de lugar das raízes deve ser auxiliada por uma ferramenta computacional, como o Matlab® ou o Scilab®. Utilizando o Matlab®, podemos aplicar o comando *rlocus* sobre a função de transferência em malha aberta (neste caso igual a $G_p(s)$). Dessa forma, descobrimos que Kcr é igual a 75 e o ganho do controlador deve ser menor do que 75 para que o sistema seja estável (raízes permanecem ao lado esquerdo do eixo imaginário).

Observação: este gráfico é semelhante à tabela que construímos no exercício 5 deste capítulo. As linhas correspondem à localização dos polos, alterando-se à medida que Kc aumenta na malha fechada do processo de quarta ordem fornecido.

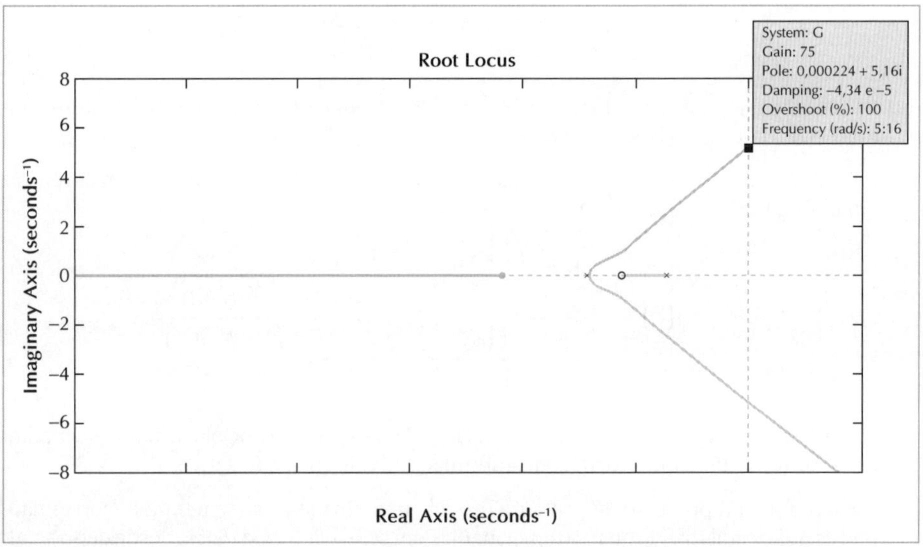

Figura 6.7 Plano complexo (*re x im*) mostrando o método do lugar das raízes aplicado ao processo de quarta ordem do exercício.

CAPÍTULO 7

Estudo de caso 3: reator tanque agitado contínuo (CSTR)

Estamos dando início ao estudo de caso 3, um reator tanque agitado contínuo agitado (CSTR). Nossos objetivos são apresentar as dificuldades que surgem ao aplicar a teoria de controle aos equipamentos de maior complexidade da indústria química e mostrar como elas devem ser superadas.

Vamos supor que nesse reator se passa uma reação exotérmica irreversível do componente A se convertendo em B, e que a taxa de reação é de primeira ordem, com a sua constante seguindo a lei de Arrhenius. Como a reação é exotérmica, a entalpia de reação será negativa, agregando energia internamente ao reator. Para que o reator funcione com controle da temperatura interna, existe a camisa, na qual escoa um fluido refrigerante numa vazão alta o suficiente para que sua temperatura não se altere. As variáveis envolvidas estão representadas no esquema do reator da Figura 7.1.

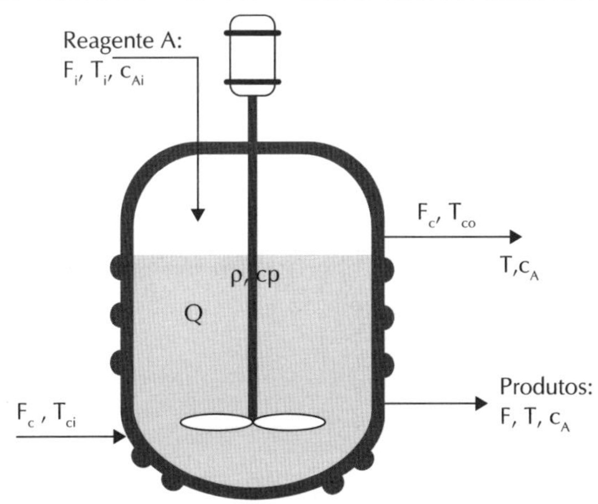

Figura 7.1 Esquema do reator CSTR encamisado.

Nesta parte do estudo, vamos considerar não haver pontos experimentais disponíveis para realizar uma identificação experimental do processo. Portanto, para encontrar as suas funções de transferência e efetuar o projeto adequado do sistema de controle, partiremos para a modelagem fenomenológica desse reator, usando os balanços de massa e de energia.

Observe que são dois componentes químicos envolvidos e, portanto, temos apenas dois balanços de massa independentes. Usaremos o balanço de massa total:

$$\frac{dV}{dt} = F_i - F \tag{7.1}$$

$$\frac{dc_A}{dt} = \frac{F_i}{V}\,(c_{Ai} - c_A) - k_0 e^{-E/RT}\, c_A \tag{7.2}$$

No balanço do componente A é possível observar os termos de quantidade de A que entra e sai, e o consumo pela reação com cinética de primeira ordem, na qual a constante k segue a lei de Arrhenius.

No balanço de energia, temos a diferença entre a entalpia da corrente de entrada e da corrente de saída, acrescida do termo da geração de energia pela reação, subtraído do termo de calor trocado pela parede do reator com a camisa:

$$\frac{dT}{dt} = \frac{F_i}{V}(T_i - T) + \frac{-\Delta H_R}{\rho.cp} k_0 e^{-E/RT} c_A - \frac{Q}{V.\rho.cp} \tag{7.3}$$

Essa troca térmica, chamada Q, é igual ao coeficiente global de troca térmica, U, multiplicado pela área de troca térmica, A_C, e pela diferença de temperatura interna do reator, T, e do fluido refrigerante, T_{Ci}:

$$Q = UA_c\left(T - T_{ci}\right) \tag{7.4}$$

7.1 GRAUS DE LIBERDADE

Para os engenheiros químicos, a modelagem do CSTR é bastante conhecida. Iremos mostrar agora como será a análise da modelagem, visando ao projeto de controle. O primeiro passo é analisar os graus de liberdade desse processo. Por definição, grau de liberdade, GL, é o número de variáveis do sistema, var, subtraído do número de equações independentes de modelagem, eqs:

$$GL = var - eqs \tag{7.5}$$

Se o número resultante for zero, existe uma única solução para o sistema matemático e, consequentemente, não há variável que possa ser modificada livremente por um sistema de controle. Em resumo, não há graus de liberdade quando $GL = 0$. Um controlador só pode ser inserido no processo se o grau de liberdade obtido for igual ou maior que 1.

Sempre que você insere um controlador no sistema químico, uma equação a mais é inserida no sistema matemático e, portanto, diminui em uma unidade o grau de liberdade. Numa análise geral, é possível inserir tantos controladores do tipo *feedback* com única entrada e única saída (SISO) quantos forem os graus de liberdade obtidos.

Vamos analisar os graus de liberdade para o reator CSTR modelado. Substituindo, no balanço de energia (Equação [7.3]), o calor Q trocado com a camisa pela Equação (7.4), obtemos três equações diferenciais ordinárias, cujas variáveis de estado são: o volume, V, a concentração do reagente A, c_A, e a temperatura interna do reator, T. Essas são as variáveis dependentes do sistema. Vários parâmetros são considerados constantes, como: a massa específica interna ao reator, ρ, e a sua capacidade calorífica, c_p; a energia de ativação da reação, E; a constante dos gases, R; a constante inicial da taxa, k_0; e a entalpia de reação, ΔH. Também são constantes: o coeficiente global de troca térmica e a área de troca térmica.

As demais variáveis são as independentes. São elas: a vazão de entrada e a vazão de saída, F_i e F; a concentração do reagente na vazão de entrada, c_{Ai}; a sua temperatura, T_i; e a temperatura de entrada do fluido refrigerante, T_{ci}.

Desta forma, temos, no total, cinco variáveis independentes e mais três variáveis dependentes, totalizando oito variáveis. O número de equações é igual a três, resultando em um grau de liberdade de 8 - 3 = 5. Como conclusão, temos liberdade para controlar as variáveis dependentes por malhas de controle por realimentação de única entrada em única saída (SISO).

Observe que, se a equação da troca térmica não tivesse sido inserida no balanço de energia, ela seria mais uma equação no sistema resultando quatro equações. Porém, o número de variáveis independentes aumentaria de 5 para 6, pois a variável Q seria contabilizada. Assim, a diferença ficaria 9 variáveis (3 dependentes + 6 independentes) menos 4 equações, e o grau de liberdade se manteria no mesmo valor, 5.

Vamos agora assumir que o volume seja perfeitamente controlado por dispositivos mecânicos simples, de forma que a vazão de saída seria igual à de entrada, e o volume se mantivesse constante, de forma a igualar a zero a Equação (7.1).

O número de variáveis dependentes passaria de 3 para 2, e as variáveis independentes passariam de 5 para 4, porque a vazão de saída passa a ser igual à vazão de entrada. Calculando o grau de liberdade teremos: (2+4) variáveis - 2 equações, resultando em 4 graus de liberdade. Dessa forma, confirmamos que a inclusão de controle de uma variável de estado diminuiu um grau de liberdade, conforme era esperado. Podemos concluir que ainda é possível inserir uma malha de controle por realimentação para a concentração do reagente e outra para a temperatura.

7.2 OBTENÇÃO DAS FUNÇÕES DE TRANSFERÊNCIA VIA MODELAGEM FENOMENOLÓGICA

Dentre as variáveis independentes, é preciso escolher quais seriam manipuladas e quais seriam os distúrbios. Essa definição é altamente dependente de como a planta foi construída, mas se a planta ainda não existe, há algumas dicas para essa avaliação. Olhando para a malha de concentração do reagente interna ou à saída, percebemos que manipular a temperatura de entrada teria influência muito menor do que manipular a concentração de entrada ou a vazão da entrada. Explicando melhor: não adiantaria nada mexer na temperatura se, por exemplo, a entrada do reagente fosse nula. Restam duas opções: alterar a concentração do reagente na vazão de entrada, ou alterar a própria vazão de entrada, que provocaria uma alteração no volume. Dizemos que a variável manipulável seria a razão da vazão de entrada sobre o volume. Por não aparecer no esquema do reator uma válvula para alteração da vazão de entrada, escolheremos simplesmente a concentração de reagente na entrada como a manipulada.

Repetindo a escolha para malha de controle de temperatura interna, temos que levar em consideração que a concentração do reagente na vazão de entrada será um distúrbio desta malha, pois ela será modificada pela malha anterior que controla concentração. Portanto, ela não se configura como variável manipulável. As que sobram são a temperatura da vazão de entrada de reagente e a temperatura de entrada do fluido refrigerante. Observando que a vazão de entrada deve ser proveniente de outro processo anterior, ela já possui uma temperatura típica. Porém, seria possível instalar um trocador de calor para alterá-la. Observando a estrutura do reator, percebemos que ele já foi construído encamisado para que o controle de temperatura fosse proveniente da própria troca térmica do seu interior com o fluido da camisa. Dessa forma, a variável manipulada mais conveniente é a temperatura de entrada do fluido refrigerante. Devemos ter em mente que a vazão do fluido refrigerante deve ser grande o suficiente para que a temperatura de saída da camisa não seja muito diferente da temperatura da entrada.

Com essas definições, partiremos agora para a obtenção das funções de transferência do CSTR. Assim como se faz a identificação de processos usando resultados de perturbação degrau no equipamento real, é possível fazer esse mesmo procedimento por meio de uma simulação computacional no domínio do tempo. A função de transferência do processo $Gp(s)$ seria obtida em malha aberta, aplicando degraus na variável escolhida para manipular e observando a variável controlada, por simulação. Os parâmetros seriam obtidos pelo método gráfico da identificação de processos. Para a função de transferência do distúrbio $Gd(s)$ seriam aplicados degraus na variável distúrbio, em malha aberta, observando a variável a ser controlada, por simulação. Obtêm-se os parâmetros também pelo método gráfico de identificação de processos.

Em contrapartida, o procedimento teórico para obtenção das funções de transferência independe de experimentos, utilizando apenas a modelagem fenomenológica do processo. Se as equações de modelagem forem não lineares, é necessário linearizar aplicando expansão por série de Taylor. É preciso colocar as equações em termos de variáveis-desvio e aplicar a transformada de Laplace. A função de transferência do processo seria obtida pela razão entre as variáveis controlada e manipulada, desprezando os demais termos por considerá-los nulos (a variável fica fixa no valor de projeto, e em variável-desvio resulta nula). A função de transferência do distúrbio seria encontrada da razão entre as variáveis controlada e distúrbio, também desprezando os demais termos.

7.2.1 LINEARIZAÇÃO POR SÉRIE DE TAYLOR

A expansão por série de Taylor pode ser realizada truncando a série no primeiro termo:

$$f_1(x_1,x_2) \cong f_1(x_{1ss},x_{2ss}) + \\ + \left.\frac{\partial f_1}{\partial x_1}\right|_{x_1ss,\ x_2ss}(x_1 - x_{1ss}) + \left.\frac{\partial f_1}{\partial x_2}\right|_{x_{1ss},x_{2ss}}(x_2 - x_{2ss}) \tag{7.6}$$

$$f_2(x_1,x_2) \cong f_2(x_{1ss},x_{2ss}) + \\ + \left.\frac{\partial f_2}{\partial x_1}\right|_{x_{1ss},x_{2ss}}(x_1 - x_{1ss}) + \left.\frac{\partial f_2}{\partial x_2}\right|_{x_{1ss},x_{2ss}}(x_2 - x_{2ss}) \tag{7.7}$$

Observando o sistema original de equações diferenciais ordinárias e de equações algébricas do estudo de caso, é preciso identificar quais são os termos não lineares. Uma vez identificados, calculamos a função no ponto estacionário e calculamos também as derivadas da função não linear f em relação às variáveis de processo no ponto estacionário. Se houver mais de um termo não linear, devemos repetir para os demais termos. É possível perceber que o resultado da linearização já aparece em termos de variáveis-desvio, o que é bastante interessante.

Analisando as duas equações diferenciais do reator estudado (Equações [7.2] e [7.3]), observamos não linearidade no termo da taxa de reação, em que existe uma exponencial e uma multiplicação entre os termos que envolvem as variáveis de estado c_A e T. É sobre este termo $f = e^{-E/RT}c_A$ que a linearização será realizada com relação às variáveis c_A e T. Como dito anteriormente, essa linearização envolve o cálculo de derivadas no ponto estacionário:

$$\left[\frac{d}{dT}\left(e^{-E/RT}.c_A\right)\right]_{ss} = \frac{E}{RT_{ss}^2}e^{-E/RT_{ss}}.c_{Ass} \tag{7.8}$$

$$\left[\frac{d}{dc_A}\left(e^{-E/RT}.c_A\right)\right]_{ss} = e^{-E/RT_{ss}} \tag{7.9}$$

Aplicamos a série de Taylor (Equação [7.6]) ao termo da taxa de reação e obtemos uma expressão do termo da taxa linearizado:

$$e^{-E/RT}c_A \approx e^{-E/RT_{ss}}c_{Ass} + \frac{E}{RT_{ss}^2}e^{-E/RT_{ss}}c_{Ass}(T - T_{ss}) + e^{-E/RT_{ss}}(c_A - c_{Ass}) \tag{7.10}$$

Ela parece grande, mas podemos observar que todas as variáveis que aparecem com o subscrito *SS* possuem valores numéricos e, portanto, se configuram como coeficientes fixos das variáveis-desvio.

Antes de voltar o termo linearizado à equação original do balanço de massa do reagente, é necessário fazer um procedimento prévio para colocar os demais termos em variável-desvio. Para isso, subtraímos da equação original – Equação (7.2) – a própria equação no estado estacionário, na qual a derivada aparece zerada, resultando:

$$\frac{dc_A'}{dt} = \frac{F_i}{V}\left[(c_{Ai} - c_{Aiss}) - (c_A - c_{Ass})\right] - k_0\left[e^{-E/RT}c_A - e^{-E/RT_{ss}}c_{Ass}\right] \quad (7.11)$$

Observando o termo da taxa na Equação (7.11), verificamos que é exatamente o termo resultante da linearização, com pequeno rearranjo da Equação (7.10). Portanto, iremos substituir a Equação (7.10) na Equação (7.11). Deste procedimento resulta o balanço de massa linearizado do reagente e em variáveis-desvio:

$$\frac{dc_A'}{dt} = \frac{F_i}{V}\cdot\left[c_{Ai}' - c_A'\right] - k_0\left[\frac{E}{RT_{ss}^2}e^{-E/RT_{ss}}.c_{Ass}\right]T' - k_0\left[e^{-E/RT_{ss}}\right].c_A' \quad (7.12)$$

Devemos repetir todo o procedimento para a segunda equação diferencial ordinária, que corresponde ao balanço de energia do sistema – Equação (7.3). Como consequência, teremos o balanço de energia já linearizado, em variáveis-desvio:

$$\frac{dT'}{dt} = \frac{F_i}{V}.\left(T_i' - T'\right) + \frac{-\Delta H_R}{\grave{}cp}.k_0$$
$$\{\left[\frac{E}{RT_{ss}^2}e^{-E/RT_{ss}}.c_{Ass}\right].T' + \left[e^{-E/RT_{ss}}\right].c_A'\} - \frac{UA_c\left(T' - T_{ci}'\right)}{V.\grave{}cp} \quad (7.13)$$

Seguindo o procedimento com o sistema linearizado – Equações (7.12) e (7.13) –, aplicamos a transformada de Laplace a cada termo das equações com o auxílio do Anexo 1, encontrando equações algébricas no domínio de Laplace. Devemos isolar a variável a ser controlada, que ficará em função das demais variáveis do sistema:

$$c_A'(s)\left[s + \frac{F_i}{V} + k_0 e^{-E/RT_{ss}}\right] = \frac{F_i}{V}.\left[c_{Ai}'(s)\right] - k_0\left[\frac{E}{RT_{ss}^2}e^{-E/RT_{ss}}.c_{Ass}\right]T'(s) \quad (7.14)$$

Pela análise anterior, sabemos que a concentração do reagente na vazão de entrada é a variável manipulada, e que a temperatura interna do reator é o distúrbio, quando a controlada for a concentração interna de reagente, c'_A.

Para a obtenção da função de transferência do processo *Gp(s),* devemos rearranjar a Equação (7.14) para ficar com a razão entre a controlada e a manipulada, c'_{Ai}, considerando que a temperatura permanece em seu valor de projeto (variável-desvio *T'* igualada a zero):

$$Gp(s) = \frac{c'_A(s)}{c'_{Ai}(s)} = \frac{F_i/V}{s + F_i/V + k_0 e^{-E/RT_{ss}}} = \frac{\dfrac{F_i/V}{F_i/V + k_0 e^{-E/RT_{ss}}}}{\dfrac{1}{F_i/V + k_0 e^{-E/RT_{ss}}} s + 1} \tag{7.15}$$

Para a obtenção da função de transferência do distúrbio, vamos rearranjar a Equação (7.14) para ficar com a razão entre a controlada e o distúrbio, *T'*, considerando a manipulada em seu valor de projeto (variável-desvio c'_{Ai} igual a zero):

$$Gd(s) = \frac{c'_A(s)}{T'(s)} = \frac{-k_0 \dfrac{E}{RT_{ss}^2} e^{-E/RT_{ss}} .c_{Ass}}{s + F_i/V + k_0 .e^{-E/RT_{ss}}} = \frac{\dfrac{-k_0 \dfrac{E}{RT_{ss}^2} e^{-E/RT_{ss}} .c_{Ass}}{F_i/V + k_0 .e^{-E/RT_{ss}}}}{\dfrac{1}{F_i/V + k_0 .e^{-E/RT_{ss}}} s + 1} \tag{7.16}$$

Com esse procedimento, obtivemos as funções de transferência do processo do CSTR para malha de controle da concentração do reagente A – Equações (7.15) e (7.16). Observe que essas funções de transferência são típicas de primeira ordem – Equação (4.2) –, e os seus parâmetros, *Kp* e τ_p, podem ser obtidos explicitamente dos valores das variáveis no estado estacionário e dos parâmetros originais do processo. Esse processo em malha aberta pode ser representado pelo diagrama de blocos da Figura 7.2.

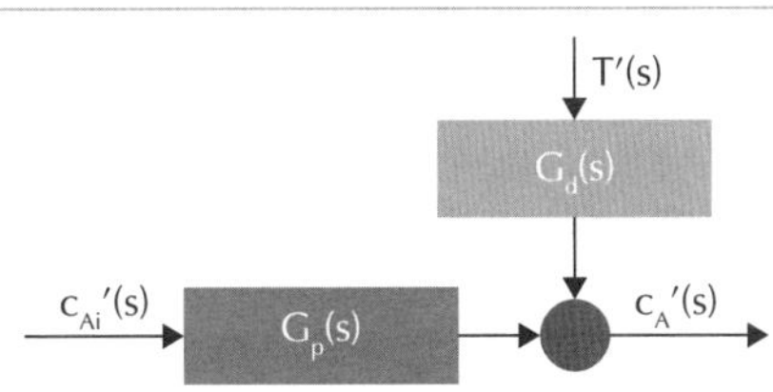

Figura 7.2 Diagrama de blocos do CSTR em malha aberta (controlada: concentração A).

Para a malha de controle de temperatura do reator, devemos repetir todo o procedimento para a equação linearizada do balanço de energia. Havíamos definido anteriormente que a variável temperatura de entrada do fluido refrigerante seria a manipulada e a concentração do reagente seria o distúrbio. Dessa forma, temos a função de transferência do processo como a equação de balanço rearranjada para obter a relação entre temperatura interna do reator e temperatura de entrada do fluido refrigerante:

$$Gp(s) = \frac{T'(s)}{T_{ci}'(s)} = \frac{\dfrac{UA_c}{V.\rho.cp}}{s + \dfrac{F_i}{V} + \dfrac{\Delta H_R}{\rho.cp}.k_0\left[\dfrac{E}{RT_{ss}^2}e^{-E/RT_{ss}}.c_{Ass}\right] + \dfrac{UA_c}{V.\rho.cp}} \tag{7.17}$$

Do mesmo modo, para a função de transferência do distúrbio, a equação é rearranjada para a relação temperatura interna do reator e concentração interna do reagente:

$$Gd_1(s) = \frac{T'(s)}{c_A'(s)} = \frac{k_0 e^{-E/RT_{ss}}}{s + \dfrac{F_i}{V} + \dfrac{\Delta H_R}{\rho.cp}.k_0\left[\dfrac{E}{RT_{ss}^2}e^{-E/RT_{ss}}.c_{Ass}\right] + \dfrac{UA_c}{V.\rho.cp}} \tag{7.18}$$

Observe também o formato de equações de primeira ordem para essa malha de controle de temperatura.

Ao analisarmos a equação de balanço de energia – Equação (7.13) –, notamos que existe mais uma variável que interfere na temperatura interna do reator (T, controlada): a temperatura da corrente de entrada (T_i). Portanto, se essa variável também for passível de sofrer alterações, ela se configura como mais um possível distúrbio, e uma segunda função de transferência de distúrbio – $Gd_2(s)$ – pode ser encontrada, seguindo o procedimento descrito há pouco. A respectiva representação em diagrama de blocos de malha aberta é fornecida na Figura 7.3.

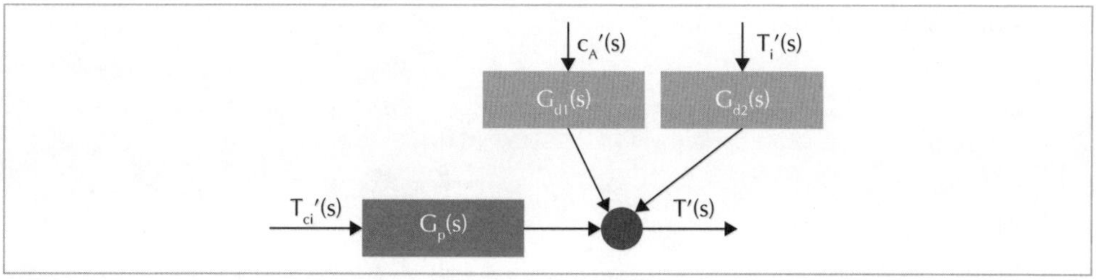

Figura 7.3 Diagrama de blocos do processo em malha aberta (controlada: temperatura).

7.3 CONCLUSÕES

Podemos concluir que é possível encontrar as funções de transferência via modelagem fenomenológica usando os balanços de massa e energia, equações que descrevam a cinética química e os fenômenos de transporte, relações de equilíbrio etc.

Percebemos que as não linearidades aparecem explicitamente nas equações e aprendemos que elas devem ser eliminadas pela expansão por séries de Taylor, para podermos aplicar a transformada de Laplace. Pelo caminho da identificação de processos, as não linearidades são identificadas quando o ganho do processo é diferente para diferentes degraus, sendo eliminadas pelo cálculo da média dos ganhos. Por isso, o controle por realimentação é adequado somente para a região próxima ao estado estacionário escolhido: uma pequena região considerada linear sem muito prejuízo no desempenho do controlador!

Verificamos que, para o mesmo processo, dependendo da malha escolhida – par variável controlada e variável manipulada –, obtivemos diferentes funções de transferência do processo e dos distúrbios.

Como vimos neste estudo, é importante salientar que a maioria dos processos da engenharia química possui capacidade de estocagem, seja de massa ou de energia. Isso significa que a maioria dos processos tem comportamento capacitivo de primeira ordem e é estável em malha aberta.

Podemos concluir também, pela modelagem, que há influência de uma malha sobre a outra no processo do reator, pois uma variável controlada se configurou como variável distúrbio sobre a outra controlada. Isso será colocado na forma de diagrama no Capítulo 8. Para esses casos, existem meios de efetuar o desacoplamento entre malhas de controle por realimentação SISO.

Quando dissemos anteriormente que a aplicação de Laplace é muito interessante em projetos de controle, não tínhamos ainda mostrado os passos necessários para sua aplicação. Verificamos que é necessário um trabalho algébrico árduo de linearização das equações de modelagem por série de Taylor. De posse de um simulador dinâmico de processos, no domínio do tempo, é mais fácil obter as funções de transferência usando o método de identificação de processos do que pelo caminho da modelagem matemática.

Reflexões: na indústria química, são encontrados processos de ordem superior? Como reconhecê-los? Para esses casos, há maiores dificuldades a serem enfrentadas? E os casos de processos instáveis em malha aberta, eles podem mesmo ser estabilizados quando inserimos uma malha de controle por realimentação?

EXERCÍCIOS RESOLVIDOS

1. Considere que o tanque da Figura 7.4 tem a vazão de saída, q, dependente do nível, h, por meio da correlação $q = C_v.\sqrt{h}$. Linearize o processo, coloque em termos de variáveis-desvio, e determine a função de transferência que representa a variação do nível com a vazão de entrada, $G(s) = \dfrac{h'(s)}{q_i'(s)}$.

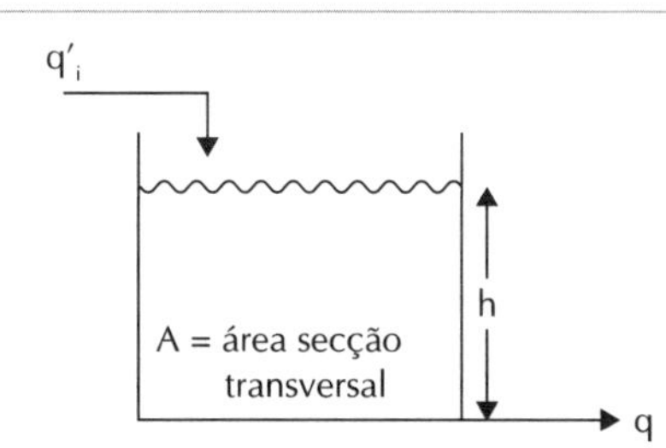

Figura 7.4 Tanque de estocagem, para o exercício 1.

a. $G(s) = \dfrac{Kp}{\tau s + 1}$, $Kp = 2\dfrac{\sqrt{h_{ss}}}{C_v}$, $\tau = 2\dfrac{\sqrt{h_{ss}}}{C_v}A$

b. $G(s) = \dfrac{Kp}{\tau s + 1}$, $Kp = \dfrac{\sqrt{h_{ss}}}{C_v}$, $\tau = \dfrac{\sqrt{h_{ss}}}{C_v}A$

c. $G(s) = \dfrac{Kp}{\tau s + 1}$, $Kp = \dfrac{C_v}{\sqrt{h_{ss}}}$, $\tau = \dfrac{C_v}{\sqrt{h_{ss}}}A$

d. $G(s) = \dfrac{Kp}{\tau^2 s^2 + 2\varepsilon\tau + 1}$, $Kp = \dfrac{\sqrt{h_{ss}}}{C_v}$, $\tau = 2\dfrac{\sqrt{h_{ss}}}{C_v}A$, $\varepsilon = 2C_v$

e. $G(s) = \dfrac{Kp}{\tau^2 s^2 + 2\varepsilon\tau + 1}$, $Kp = 2\dfrac{\sqrt{h_{ss}}}{C_v}$, $\tau = 2\dfrac{\sqrt{h_{ss}}}{C_v}A$, $\varepsilon = 1$

Resolução:

Letra A. Há duas formas de obter a função de transferência do processo: por meio da identificação do processo (experimental), ou por meio do modelo fenomenológico. Nesta questão, obteremos a função de transferência a partir de um balanço de massa global (modelo fenomenológico). Considerando a massa específica constante, temos o balanço de massa dado por:

$$A\frac{dh}{dt} = q_i - q$$

que, subtraído da equação no estado estacionário, resulta:

$$A\frac{dh'}{dt} = q_i' - [C_v\sqrt{h} - C_v\sqrt{h_{ss}}]$$

Como q é um termo não linear, precisamos linearizá-lo em torno do ponto operacional ou do estado estacionário (representado pelo subscrito "ss"). Aplicando a Equação (7.6) ao termo

$q = C_v\sqrt{h}$, temos:

$$C_v\sqrt{h} = C_v\sqrt{h_{ss}} + \frac{C_v}{2\sqrt{h_{ss}}}(h - h_{ss})$$

Substituindo o termo linearizado na equação diferencial, temos que:

$$A\frac{dh'}{dt} = q_i' - \frac{C_v}{2\sqrt{h_{ss}}}h'$$

$$\frac{2\sqrt{h_{ss}}}{C_v}A\frac{dh'}{dt} + h' = \frac{2\sqrt{h_{ss}}}{C_v}\cdot q_i'$$

Aplicando a transformada de Laplace (Anexo 1) e rearranjando, temos:

$$\frac{h'(s)}{q_i'(s)} = \frac{K_p}{\tau s + 1} = \frac{\dfrac{2\sqrt{h_{ss}}}{C_v}}{\left(\dfrac{2\sqrt{h_{ss}}}{C_v} A\right)s + 1}$$

2. Em um tanque de mistura, representado na Figura 7.5, duas correntes entram no sistema. A primeira tem uma fração mássica de soluto x_1 e uma vazão mássica w_1, enquanto na segunda corrente entra soluto puro, isto é, $x_2 = 1$. A corrente de saída do tanque tem fração mássica de soluto igual a x e vazão mássica igual a w. Considerando que a massa específica e o volume do tanque são constantes (e iguais a ρ e V, respectivamente, e $w = w_1 + w_2$), derive a equação diferencial que descreve o balanço de massa de soluto. Linearizando a equação e colocando em termos de variáveis-desvio, qual é a função de transferência que descreve a relação entre a fração mássica de saída e a vazão de

entrada da corrente 1, $G(s) = \dfrac{x'(s)}{w_1'(s)}$?

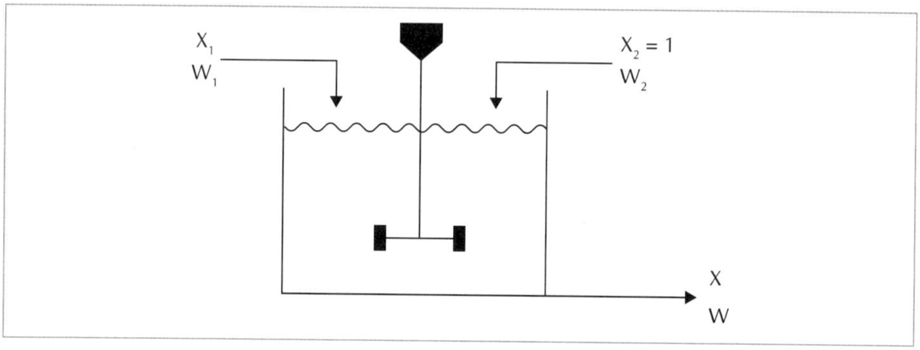

Figura 7.5 Tanque de mistura com corrente 2 pura, para o exercício 2.

a. $G(s) = \dfrac{Kp}{\tau s + 1}$, $Kp = \dfrac{x_{1ss} - x_{ss}}{w_{ss}}$, $\tau = \dfrac{\rho V}{w_{ss}}$

b. $G(s) = \dfrac{Kp}{\tau s + 1}$, $Kp = \dfrac{w_{1ss}}{w_{ss}}$, $\tau = \dfrac{\rho V}{w_{ss}}$

c. $G(s) = \dfrac{Kp}{\tau s + 1}$, $Kp = \dfrac{1 - x_{2ss}}{w_{ss}}$, $\tau = \dfrac{\rho V}{w_{ss}}$

d. $G(s) = \dfrac{Kp}{\tau s + 1}$, $Kp = \dfrac{1 - x_{2ss}}{w_{ss}}$, $\tau = \dfrac{w_{ss}}{\rho V}$

e. $G(s) = \frac{Kp}{\tau s + 1}$, $Kp = \frac{w_{2ss}}{w_{ss}}$, $\tau = \frac{w_{ss}}{\rho V}$

Resolução:

Letra A. Nesta questão, temos o problema de um tanque de mistura em que a vazão de entrada não é constante. Dessa forma, teremos a seguinte equação de balanço de massa:

$$\frac{\rho V dx}{dt} = x_1 w_1 + x_2 w_2 - xw$$

V é o volume de líquido no tanque, ρ é a massa específica da mistura no tanque e x é a fração mássica na saída do tanque. Considerando ρ, x1, $x2$ e w_2 constantes, temos que:

$$\frac{\rho V dx}{dt} = x_1 w_1 + x_2 w_2 - x w_1 - x w_2$$

É importante identificar que as variáveis da função de transferência desejada são x e w_1 (variáveis controlada e manipulada, respectivamente). Portanto, o terceiro termo $x \,.\, w_1$ é um termo não linear e, por isso, deve ser linearizado, antes de aplicar a transformada de Laplace.

$$xw_1 = x_{ss} w_{1ss} + x_{ss} w_1' + w_{1ss} x'$$

As demais variáveis x_1, x_2, w_2 serão consideradas em seu estado estacionário, x_{1ss}, x_{2ss}, w_{2ss}, como fizemos na obtenção da Equação (7.15). Voltando à equação diferencial, no estado estacionário temos:

$$0 = x_{1ss} w_1 + x_{2ss} w_{2ss} - x w_1 - x w_{2ss}$$

Subtraindo o estado estacionário da equação diferencial, obtemos:

$$\frac{\rho V dx}{dt} = x_{1ss}\left(w_1 - w_{1ss}\right) - \left(x w_1 - x_{ss} w_{1ss}\right) - w_{2ss}\left(x - x_{ss}\right)$$

que em variáveis-desvio resulta:

$$\frac{\rho V dx}{dt} = x_{1ss} w_1' - \left(x w_1 - x_{ss} w_{1ss}\right) - w_{2ss}\left(x'\right)$$

Substituindo a linearização efetuada, temos:

$$\frac{\rho V dx}{dt} = x_{1ss} w_1' - \left(x_{ss} w_1' + w_{1ss} x'\right) - w_{2ss}\left(x'\right)$$

$$\frac{\rho V dx}{dt} + \left(w_{1ss} + w_{2ss}\right) x' = \left(x_{1ss} - x_{ss}\right) w_1'$$

$$Gp(s) = \frac{x'(s)}{w_1'(s)} = \frac{\left(x_1 - x_{1ss}\right) / w_{ss}}{\frac{\rho V}{w_{ss}} s + 1}$$

3. Um reator tanque agitado contínuo (CSTR, Figura 7.6), isotérmico, tem sua concentração, Ca, controlada por meio da vazão de entrada q_i. A concentração de entrada da espécie A é Ca_i. A cinética da reação que ocorre no reator é de segunda ordem, conforme:

$$A \to B \tag{7.19}$$

$$r = kC_a^2 \tag{7.20}$$

Derive a equação diferencial obtida a partir do balanço de massa do composto A. A partir da equação diferencial linearizada e em variáveis-desvio, determine a função de transferência do processo, $Gp(s) = \dfrac{C_a^{'}(s)}{q_i^{'}(s)}$. Considere o volume, V, constante. CT é o medidor/transmissor da concentração e CC é o respectivo controlador.

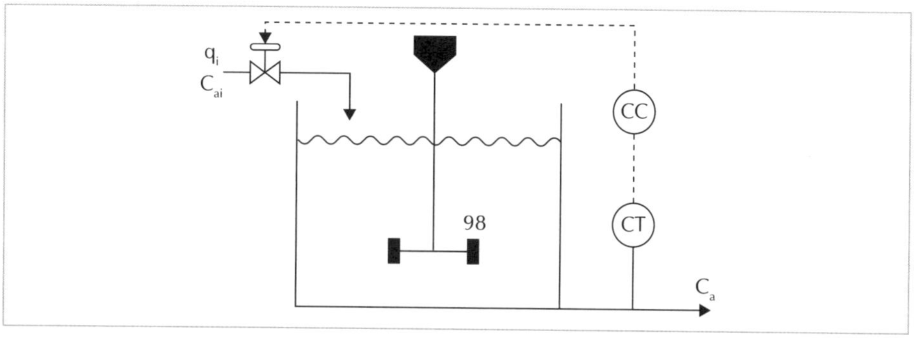

Figura 7.6 Reator tanque agitado contínuo, para os exercícios 3 e 4.

a. $Gp = \dfrac{Kp}{\tau s + 1}$, $Kp = C_{aiss}$, $\tau = \dfrac{V}{q_{ss} + kVC_{ass}^2}$

b. $Gp = \dfrac{Kp}{\tau s + 1}$, $Kp = \dfrac{C_{aiss} - C_{ass}}{q_{iss} + 2kVC_{ass}}$, $\tau = \dfrac{V}{q_{iss} + 2kVC_{ass}}$

c. $Gp = \dfrac{Kp}{\tau s + 1}$, $Kp = C_{aiss} - C_{ass}$, $\tau = \dfrac{V}{C_{ass} + kVC_{ass}^2}$

d. $Gp = \dfrac{Kp}{\tau s + 1}$, $Kp = C_{aiss}$, $\tau = \dfrac{V}{q_{ss} + 2kVC_{ass}}$

e. $Gp = \dfrac{Kp}{\tau s + 1}$, $Kp = q_{iss}$, $\tau = \dfrac{V}{q_{iss} + 2kVC_{ass}}$

Resolução:

Letra B. Aplicando o balanço de massa para o componente A, temos: *Acúmulo = Entrada - Saída - Consumo*, ou:

$$\frac{d(VC_a)}{dt} = q_i C_{ai} - q_i C_a - kVC_a^2$$

Perceba que a vazão de saída, q, foi considerada como igual à de entrada, q_i. Considerando o distúrbio C_{ai}, em seu estado estacionário, e sendo variáveis apenas Ca e q_i, temos dois termos não lineares: o segundo e o terceiro. Linearizando os dois termos, temos:

$$q_i C_a = q_{iss} C_{ass} + q_{iss} C'_a + C_{ass} q'_i$$

$$kVC_a^2 = kVC_{ass}^2 + 2kVC_{ass} C'_a$$

Substituindo esses dois termos linearizados e aplicando variável-desvio:

$$\left(\frac{V}{q_{iss} + 2kVC_{ass}}\right) \cdot \frac{dC'_a}{dt} + C'_a = \frac{(C_{aiss} - C_{ass})}{q_{iss} + 2kVC_{ass}} q'_i$$

Aplicando a transformada de Laplace, chegamos à função de transferência:

$$Gp(s) = \frac{C'_a(s)}{q'_i(s)} = \frac{K_p}{\tau s + 1} = \frac{\dfrac{C_{aiss} - C_{ass}}{q_{iss} + 2kVC_{ass}}}{\dfrac{V}{q_{iss} + 2kVC_{ass}} s + 1}$$

4. Um reator tanque agitado contínuo (CSTR, Figura 7.6), isotérmico, tem sua concentração, C_a, controlada por meio da vazão de entrada q_i. A concentração de entrada da espécie A é C_{ai}. A cinética da reação que ocorre no reator é de segunda ordem, de acordo com as Equações (7.19) e (7.20). Derive a equação diferencial obtida a partir do balanço de massa do com posto A. A partir da equação diferencial linearizada, determine a função de transferência do distúrbio, $Gd(s) = \frac{C'_a(s)}{C'_{ai}(s)}$.

Considere o volume, *V*, constante. CT é o medidor/transmissor da concentração e CC é o respectivo controlador.

a. $Gd(s) = \frac{Kd}{\tau s + 1}$, $Kd = C_{aiss}$, $\tau = \frac{V}{q_{iss} + 2kVC_{ass}}$

b. $Gd(s) = \frac{Kd}{\tau s + 1}$, $Kd = C_{aiss} - C_{ass}$, $\tau = \frac{V}{q_{iss} + 2kVC_{ass}}$

c. $Gd(s) = \frac{Kd}{\tau s + 1}$, $Kd = q_{iss}$, $\tau = \frac{V}{q_{iss} + kVC_{ass}^2}$

d. $Gd(s) = \frac{Kd}{\tau s + 1}$, $Kd = \frac{q_{iss}}{q_{iss} + 2kVC_{ass}}$, $\tau = \frac{V}{q_{iss} + 2kVC_{ass}}$

e. $Gd(s) = \frac{Kd}{\tau s + 1}$, $Kd = q_{iss}$, $\tau = \frac{V}{q_{iss} + kVC_{ass}^2}$

Resolução:

Letra D. Usando o mesmo balanço de massa do exercício anterior, temos que:

$$\frac{d(VC_a)}{dt} = q_i C_{ai} - q_i C_a - kVC_a^2$$

Considerando a vazão de entrada q_i em seu estado estacionário, e sendo as variáveis da função de transferência *Cai e Ca*, só precisaremos linearizar o último termo, ou seja:

$$kVC_a^2 = kVC_{ass}^2 + 2kVC_{ass}C'_a$$

Aplicando a linearização e em termos de variável-desvio, temos:

$$V\frac{dC'_a}{dt} = q_{iss}C'_{ai} - q_{iss}C'_a - 2kVC_{ass}C'_a$$

Rearranjando os termos, temos que:

$$\frac{V}{q_{iss} + 2kVC_{ass}}\frac{dC'_a}{dt} + C'_a = \frac{q_{iss}}{q_{iss} + 2kVC_{ass}}C'_{ai}$$

Aplicando a transformada de Laplace nesta última equação, temos que:

$$\frac{C'_a(s)}{C'_{ai}(s)} = \frac{\frac{q_{iss}}{q_{iss} + 2kVC_{ass}}}{\frac{V}{q_{iss} + 2kVC_{ass}}s + 1}$$

5. Considere o reator tanque agitado contínuo (CSTR, Figura 7.7), não isotérmico, no qual entra um composto A, que reage formando o composto B. A reação é exotérmica, com cinética de primeira ordem, na qual a constante k segue a lei de Arrhenius:

$$r = kC_a \tag{7.21}$$

$$k = k_0 e^{-E/RT} \tag{7.22}$$

A fim de resfriar o meio reacional, é utilizada uma serpentina pela qual passa um fluido refrigerante com temperatura *Tc*. Suponha que as vazões de entrada e de saída são fixas e iguais a *q*, e que o volume do tanque, *V*, é constante. Suponha também que a temperatura do fluido de resfriamento é constante durante o resfriamento (ocorre em situações nas quais o fluido refrigerante condensa – calor latente – ou se vazão for alta suficiente – calor sensível).

Derive as equações diferenciais que representam o balanço de massa por componente e o balanço de energia do tanque. A partir da linearização das equações, determine a função de transferência do processo ($G_p(s) = \frac{C'_A(s)}{T'_c(s)}$) em variáveis-desvio, usando os dados fornecidos na Tabela 7.1.

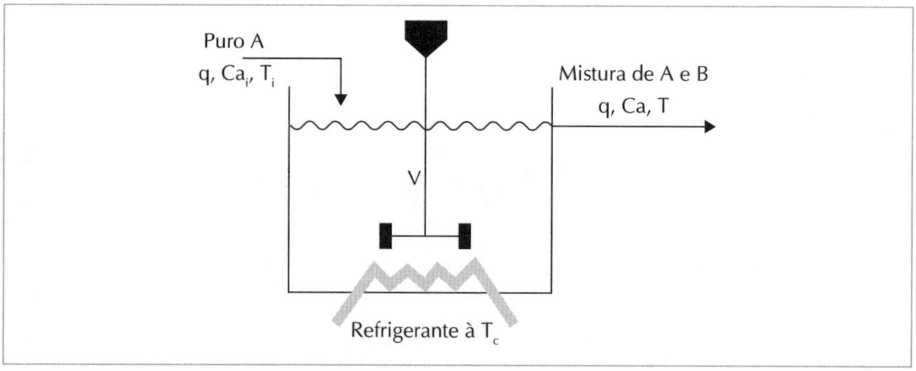

Figura 7.7 CSTR não isotérmico, para os exercícios 5 a 7.

Tabela 7.1 Dados para o CSTR dos exercícios 5 a 7

Parâmetro	Valor	Unidade
q (vazão volumétrica)	$5{,}00.10^{-4}$	m^3/s
V (volume)	$1{,}00.10^{-1}$	m^3
ko (parâmetro constante da taxa)	$5{,}00.10^{15}$	s^{-1}
E (energia de ativação)	$1{,}30.10^{5}$	J/mol
R (constante universal dos gases)	8,314	J/(mol.K)
Tss (temperatura do tanque no estado estacionário)	400	K
dHr (entalpia de reação)	$-5{,}00.10^{4}$	J/mol
ρ (massa específica da mistura reacional)	800	kg/m^3
Cp (capacidade calorífica a pressão constante)	800	J/(kg.K)
w (vazão mássica)	0,4	kg/s
U (coeficiente de convecção global da serpentina)	100	$W/(m^2K)$
A (área da serpentina)	$1{,}00.10^{-1}$	m^2
C_{Ass} (concentração do composto A)	5,00	mol/m^3

Resolução:

Nesta questão, precisamos desenvolver o balanço de massa e de energia. O balanço de massa do componente A é o mesmo da Equação (7.2), com a consideração de que a vazão e a massa específica são constantes:

$$\frac{d(VC_A)}{dt} = q_i C_{Ai} - q_i C_A - k_o e^{-\frac{E}{RT}} V C_A$$

Todo o desenvolvimento está demonstrado pelas Equações (7.8) a (7.12), resultando na (7.14):

$$\frac{c'_A(s)}{T'(s)}=\frac{-k_0\dfrac{E}{RT_{ss}^2}e^{-E/RT_{ss}}.c_{Ass}}{s+F_i/V+k_0.e^{-E/RT_{ss}}}=\frac{\dfrac{-k_0\dfrac{E}{RT_{ss}^2}e^{-E/RT_{ss}}.c_{Ass}}{q_i/V+k_0.e^{-E/RT_{ss}}}}{\dfrac{1}{q_i/V+k_0.e^{-E/RT_{ss}}}s+1}=\frac{K_1}{\tau_1 s+1}$$

O balanço de energia é obtido da junção das Equações (7.3) e (7.4):

$$\frac{dT}{dt}=\frac{q_i}{V}(T_i-T)+\frac{-\Delta H_R}{\rho.cp}k_0e^{-E/RT}c_A-\frac{UA(T_c-T)}{V.\rho.cp}$$

Usando o mesmo procedimento de linearização, aplicando as variáveis-desvio e a transformada de Laplace com o auxílio do Anexo 1, temos:

$$T'(s)=\frac{\dfrac{UA}{UA+\rho q_iC_p+V\Delta H_Rk_oC_{ass}\left(\dfrac{E}{RT_{ss}^2}\right)e^{-\frac{E}{RT_{ss}}}}}{\dfrac{\rho VC_p}{UA+\rho q_iC_p+V\Delta H_Rk_oC_{Ass}\left(\dfrac{E}{RT_{ss}^2}\right)e^{-\frac{E}{RT_{ss}}}}s+1}T'_c(s)$$

$$+\frac{\dfrac{-k_oe^{-\frac{E}{RT_{ss}}}V\Delta H_R}{UA+\rho q_iC_p+V\Delta H_Rk_oC_{Ass}\left(\dfrac{E}{RT_{ss}^2}\right)e^{-\frac{E}{RT_{ss}}}}}{\dfrac{\rho VC_p}{UA+\rho q_iC_p+V\Delta H_Rk_oC_{Ass}\left(\dfrac{E}{RT_{ss}^2}\right)e^{-\frac{E}{RT_{ss}}}}s+1}$$

$$C'_A(s)=\frac{K_3}{\tau_2s+1}T'_c(s)+\frac{K_2}{\tau_2s+1}C'_A(s)$$

Substituindo a equação do balanço de energia no balanço de massa, chegamos à seguinte expressão:

$$\frac{C'_A(s)}{T'_c(s)}=\frac{K_1K_3}{(\tau_1s+1)(\tau_2s+1)-K_1K_2}=\frac{\dfrac{K_1K_3}{1-K_1K_2}}{\dfrac{\tau_1\tau_2}{1-K_1K_2}s^2+\dfrac{\tau_1+\tau_2}{1-K_1K_2}s+1}$$

Após a substituição dos valores da tabela, obtemos a função de transferência *Gp(s)*:

$$\frac{C'_A(s)}{T'_c(s)}=\frac{-0{,}0140}{3477s^2+211{,}7s+1}$$

6. Considere o reator tanque agitado contínuo (CSTR, Figura 7.7), não isotérmico, do exercício anterior. A partir da mesma tabela de dados (Tabela 7.1), determine a ordem e o tipo de amortecimento do processo.

   a. Segunda ordem, superamortecido

   b. Segunda ordem, subamortecido

   c. Segunda ordem, criticamente amortecido

   d. Primeira ordem, sem amortecimento

   e. Primeira ordem, subamortecido

Resolução:

Letra A. A partir da análise da questão anterior, vemos que o sistema é de segunda ordem. A fim de descobrir o tipo de amortecimento do sistema, precisamos analisar o fator de amortecimento ζ. Lembre-se de que um processo de segunda ordem pode ser escrito como:

$$G_p(s) = \frac{K_p}{\tau^2 s^2 + 2\zeta\tau s + 1} = \frac{-0{,}0140}{3477s^2 + 211{,}7s + 1}$$

Logo, $\zeta = \dfrac{211{,}7}{2.\sqrt{3477}} = 1{,}79 > 1$

O sistema é superamortecido e, portanto, não apresenta oscilações em malha aberta.

7. Considere o reator tanque agitado contínuo (CSTR, Figura 7.7), não isotérmico, do exercício 5. A partir da mesma tabela de dados (Tabela 7.1), obtenha a função de transferência do processo (malha da concentração), proposta no capítulo, isto é: $G_p(s) = \dfrac{C'_A(s)}{C'_{Ai}(s)}$.

   a. $\dfrac{C'_A(s)}{C'_{Ai}(s)} = \dfrac{1{,}36.10^{-2}}{23{,}4s+1}$

   b. $\dfrac{C'_A(s)}{C'_{Ai}(s)} = \dfrac{2{,}45.10^{-1}}{17{,}3s+1}$

   c. $\dfrac{C'_A(s)}{C'_{Ai}(s)} = \dfrac{8{,}66.10^{-2}}{17{,}3s+1}$

   d. $\dfrac{C'_A(s)}{C'_{Ai}(s)} = \dfrac{2{,}45.10^{-1}}{23{,}4s+1}$

   e. $\dfrac{C'_A(s)}{C'_{Ai}(s)} = \dfrac{1{,}31.10^{-2}}{17{,}3s+1}$

Resolução:

Letra C. Partindo da equação de balanço de massa por componente e considerando as vazões constantes, temos que:

$$V\frac{dC_a}{dt} = q_i C_{ai} - q_i C_a - k_o e^{-\frac{E}{RT}} V C_a$$

Linearizando e subtraindo o resultado pelo valor no estado estacionário para aplicar variável-desvio, temos a seguinte expressão:

$$\frac{V}{q_i + k_o e^{-\frac{E}{RT_{ss}}}V}\frac{dC_a'}{dt} + C_a' = \frac{q_i}{q_i + k_o e^{-\frac{E}{RT_{ss}}}V}C_{ai}' - \frac{k_o\left(\frac{E}{RT_{ss}^{\ 2}}\right)e^{-\frac{E}{RTss}}VC_{ass}}{q_i + k_o e^{-\frac{E}{RT_{ss}}}V}T'$$

Aplicando a transformada de Laplace, com o auxílio do Anexo 1, a esta última equação linearizada, chegamos à função de transferência desejada.

$$\frac{C_a'(s)}{C_{ai}'(s)} = \frac{\dfrac{q_i}{q_i + k_o e^{-\frac{E}{RT_{ss}}}V}}{\dfrac{V}{q_i + k_o e^{-\frac{E}{RT}}V}s + 1} = \frac{8{,}66.10^{-2}}{17{,}3s + 1}$$

O processo é de primeira ordem. Isso já é esperado, já que é derivado de uma única equação diferencial de primeira ordem!

CAPÍTULO 8

Estudo de caso 3: malha de controle alternativa no CSTR

Desenvolvemos, no Capítulo 7, o equacionamento de duas malhas de controle SISO para o reator tanque agitado contínuo do estudo de caso 3. Uma das malhas controlava a concentração do reagente internamente ao reator pela manipulação da concentração de reagente na corrente de entrada. A outra malha controlava temperatura interna do reator, manipulando a temperatura de entrada do fluido de resfriamento. Constatamos que a concentração do reagente interna ao reator se configura como um distúrbio da malha de temperatura, e que a temperatura se configura como distúrbio da malha de concentração de reagente no reator. Isso é o que chamamos de acoplamento de malhas, como exposto no diagrama de blocos das malhas (Figura 8.1), e pode ser corrigido por uma técnica chamada de desacoplamento de malhas. Essa técnica nada mais é do que calcular a amplitude da influência de uma malha sobre a outra e descontar no momento de aplicar a ação de controle. Como esse esquema configura um controle mais avançado, não será abordado neste trabalho.

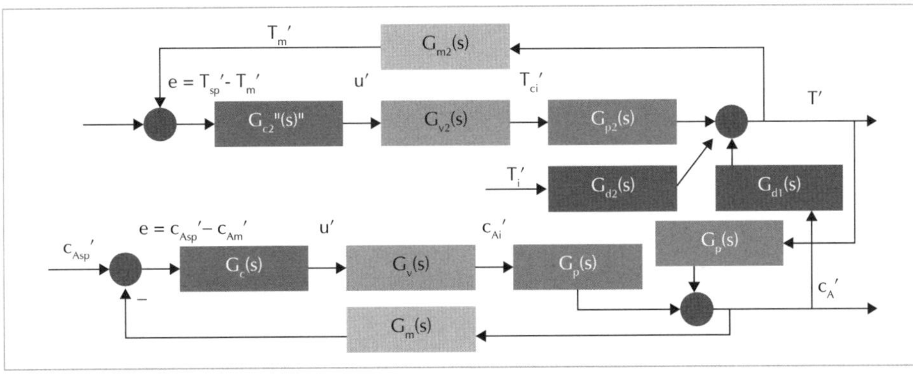

Figura 8.1 Diagrama de blocos do CSTR com malhas de controle de temperatura e de concentração, compreendendo os diagramas em malha aberta das Figura 7.2 e Figura 7.3. Observação: simplificação na representação de todas as variáveis: T' = T'(s).

Existem outras formas de abordar o mesmo problema, ou seja, existem outras possíveis escolhas de variáveis controladas e manipuladas em um mesmo sistema para tentar evitar as desvantagens encontradas, como o acoplamento de malhas. Vamos, a seguir, sugerir uma outra forma de controle do mesmo CSTR (Figura 7.1), que também possui suas desvantagens.

Se há influência da temperatura do fluido de resfriamento sobre a temperatura interna do reator, que por sua vez influencia a velocidade de consumo de reagente pela lei de Arrhenius (Equações [7.2, 7.3 e 7.4]), isso significa que uma das opções seria controlar a concentração interna de reagente manipulando diretamente a temperatura do fluido de resfriamento. Neste caso, a operação do reator não seria mais isotérmica. Vimos que havia grau de liberdade sobrando, então vamos analisar o equacionamento dessa solução alternativa.

Será que poderíamos aproveitar as funções de transferência encontradas anteriormente? A resposta é não. A função de transferência do processo – *Gp(s)* – agora passa a ser a relação entre a concentração interna do reator e a temperatura do fluido refrigerante (manipulada). Teremos de aplicar a transformada de Laplace nas equações já linearizadas (Equações [7.12 e 7.13]) e procurar a relação algébrica entre a variável-desvio da concentração de A sobre a variável-desvio da temperatura do refrigerante:

$$Gp(s) = \frac{c'_A(s)}{T'_c(s)} = ? \tag{8.1}$$

Isso reforça a observação de que um mesmo processo pode ter várias funções de transferência *Gp(s),* pois elas dependem das variáveis escolhidas para controle e manipulação.

Tomando as equações linearizadas – (7.12 e 7.13) – e aplicando a transformada de Laplace às duas equações diferenciais, obtemos as Equações (7.14) e a equação a seguir:

$$\begin{gathered} T'(s).\left\{s + {F_i}/{V} + \frac{\Delta H_R}{\rho.cp}.k_0\left[\frac{E}{RT_{ss}^2}e^{-E/RT_{ss}}.c_{Ass}\right] + \frac{UA_c}{V.\rho.cp}\right\} = \\ = \frac{F_i}{V}.T'_i(s) + \left[\frac{UA_c}{V.\rho.cp}\right].T'_c(s) - \frac{\Delta H_R}{\rho.cp}.k_0 \cdot \left[e^{-E/RT_{ss}}\right].c'_A(s) \end{gathered} \tag{8.2}$$

Percebemos que uma relação direta entre $C_A'(s)$ e $Tc'(s)$ será obtida substituindo a equação da temperatura – Equação (8.2) – na equação da concentração – Equação (7.14) –, resultando:

$$\begin{gathered} c'_A(s)\left[s + \frac{F_i}{V} + k_0.e^{-E/RT_{ss}}\right] = \frac{F_i}{V}.\left[c'_{Ai}(s)\right] - \\ \frac{k_0\left[\frac{E}{RT_{ss}^2}e^{-E/RT_{ss}}.c_{Ass}\right]}{\left\{s + {F_i}/{V} + \frac{\Delta H_R}{\rho.cp}.k_0\left[\frac{E}{RT_{ss}^2}e^{-E/RT_{ss}}.c_{Ass}\right] + \frac{UA_c}{V.\rho.cp}\right\}} \end{gathered} \tag{8.3}$$

$$.\left\{\frac{F_i}{V}.T_i^{'}(s)+\left[\frac{UA_c}{V.\rho.cp}\right].T_c^{'}(s)-\frac{\Delta H_R}{\rho.cp}.k_0.\left[e^{-E/RT_{ss}}\right].c_A^{'}(s)\right\}$$

Sem nos preocuparmos com a obtenção das equações exatas de *Gp(s)* ou *Gd(s)*, iremos substituir por letras os grandes termos constantes – os agrupamentos de estado estacionário representados pelo subscrito *SS* –, somente para analisarmos a ordem das equações da malha de controle alternativa:

$$c_A^{'}(s)[s+a]=\frac{F_i}{V}.\left[c_{Ai}^{'}(s)\right]-\frac{c}{\{s+b\}}.\left\{\frac{F_i}{V}.T_i^{'}(s)+d.T_c^{'}(s)-e.c_A^{'}(s)\right\} \quad (8.4)$$

$$c_A^{'}(s)[s+a][s+b]=\frac{F_i}{V}.\left[c_{Ai}^{'}(s)\right]\;[s+b]-c.\left\{\frac{F_i}{V}.T_i^{'}(s)+d.T_c^{'}(s)-e.c_A^{'}(s)\right\} \quad (8.5)$$

Aplicamos uma manipulação algébrica de forma a agrupar os termos da concentração interna do reagente A do lado esquerdo, sobrando do lado direito as variáveis independentes (manipulada *Tc'* e distúrbios T_i' e c_{Ai}'):

$$c_A^{'}(s)\{[s+a][s+b]+c.e\}=\frac{F_i}{V}.\left[c_{Ai}^{'}(s)\right]\;[s+b]-c.\left\{\frac{F_i}{V}.T_i^{'}(s)+d.T_c^{'}(s)\right\} \quad (8.6)$$

A partir da Equação (8.6), é possível obter a relação da função de transferência do processo para a nova malha:

$$G_p(s)=\frac{c_A^{'}(s)}{T_c^{'}(s)}=\frac{-c.d}{[s+a][s+b]+c.e} \quad (8.7)$$

Da mesma forma, sem nos preocuparmos com a obtenção de equações exatas, é possível obter a função de transferência da influência da concentração de entrada do reagente sobre a concentração interna, *Gd*$_1$*(s)*, e a função de transferência da influência da temperatura da corrente de entrada sobre a concentração interna de reagente, *Gd*$_2$*(s)*:

$$G_{d1}(s)=\frac{c_A^{'}(s)}{c_{Ai}^{'}(s)}=\frac{F_i/V}{s+x} \quad (8.8)$$

$$G_{d2}(s)=\frac{c_A^{'}(s)}{T_i^{'}(s)}=\frac{-c.\,F_i/V}{[s+a][s+b]+c.e} \quad (8.9)$$

Observando o denominador da função *Gp(s)*, percebemos haver uma multiplicação da variável de Laplace por ela mesma, resultando s^2, o que configura em uma equação de segunda ordem. Escolhendo essa malha alternativa, o mesmo processo físico, que é o reator tanque agitado contínuo, passa a ter dinâmica de segunda ordem.

Por ser agora um processo de segunda ordem, o CSTR fica mais propenso a sofrer oscilações quando essa malha for fechada com controlador por realimentação, e essa é a grande desvantagem desta malha alternativa. Em conclusão, é preciso mais cuidado com a sintonia ao trabalhar com essa malha do que com as duas malhas sugeridas no Capítulo 7.

8.1 REATORES EM SÉRIE OU PARALELO: ORDEM SUPERIOR

Afirmamos anteriormente que a maioria dos processos da indústria química tem caráter capacitivo, com dinâmica de primeira ordem. Porém, assim como ocorreu na malha alternativa escolhida para o CSTR, agora iremos mostrar outras situações nas quais os processos podem se tornar de ordem superior e como isso influencia a estabilidade da malha de controle.

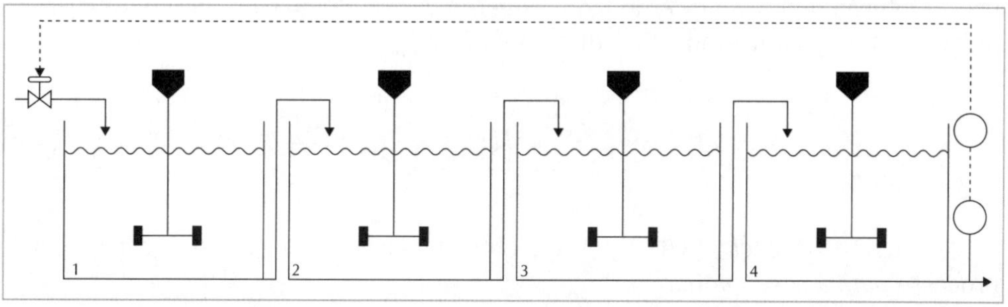

Figura 8.2 Reatores CSTR em série, com controle da concentração final pela manipulação da vazão de entrada do primeiro.

Tomando como estudo não somente um CSTR, mas vários em série, o resultado seria um processo de ordem superior. Para aumentar a conversão final de reações reversíveis e economizar energia, é usual trabalhar com reatores tanques contínuos isotérmicos em série, com diferentes volumes e temperaturas de operação. Imagine quatro reatores capacitivos de primeira ordem em série, conforme a Figura 8.2. A corrente de saída do primeiro reator entra no segundo, a de saída do segundo entra no terceiro e assim por diante.

Se quisermos controlar a concentração do reagente à saída do quarto reator a partir da concentração de entrada no primeiro reator, será observada uma função de transferência global do processo de quarta ordem:

$$Gp(s) = \frac{c'_{A4}(s)}{c'_{A0}(s)} = Gp_1(s).Gp_2(s).Gp_3(s).Gp_4(s) \tag{8.10}$$

Esse é o resultado da multiplicação de quatro funções de transferência de primeira ordem (ver exercício 4 do Capítulo 7). O diagrama de blocos desse processo em série está representado na Figura 8.3. Se o controle passar a ser realizado pela manipulação da vazão (exercício 3 do presente capítulo), a função de transferência global resultará da junção das equações, sendo também de quarta ordem, porém com parâmetros K_p e τ que mudam em função do estado estacionário de cada reator.

Existem também configurações de reatores em paralelo, juntando as correntes ao final. Isso caracterizaria soma de funções de transferência de primeira ordem, resultando em ordem superior e também em polinômio no numerador.

Vamos considerar um conjunto de reatores que resulta na seguinte função de transferência entre a concentração de saída do reagente no último reator e a vazão de entrada no primeiro:

$$Gp(s) = \frac{c'_A(s)}{q'_i(s)} = \frac{2,98(s+2,25)}{(s+1,45)(s+2,85)^2(s+4,35)} \tag{8.11}$$

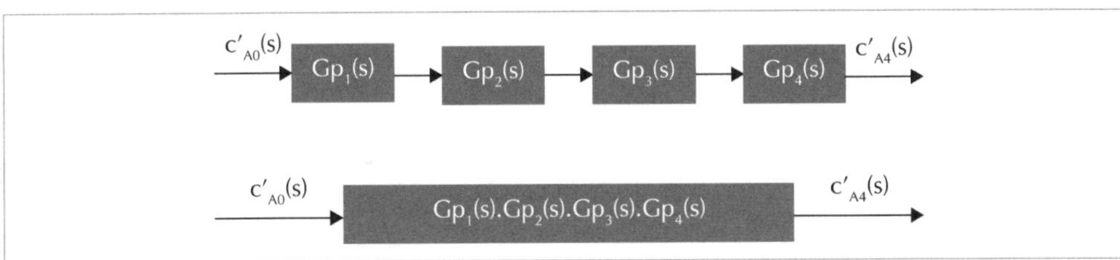

Figura 8.3 Diagrama de blocos em malha aberta de reatores em série, com possível manipulação da concentração à entrada.

O objetivo é verificar a sua estabilidade, fechando a malha desse processo de ordem superior com controlador proporcional. Aplicando a transformada de Laplace à Equação (5.8) no domínio do tempo, obtemos no domínio de Laplace:

$$Gc(s) = K_c \tag{8.12}$$

Partiremos da análise da equação característica da malha fechada – Equação (6.9) – considerando que o sensor e o atuador não possuem dinâmica própria, ou seja, $G_m(s)=G_v(s)=1$. Como pode ser observado substituindo as Equações (8.11) e (8.12) na (6.9), o resultado é uma equação polinomial cujo único parâmetro passível de modificação é o ganho do controlador proporcional, K_c:

$$1 + \frac{2,98(s+2,25)}{(s+1,45)(s+2,85)^2(s+4,35)} K_c = 0 \tag{8.13}$$

Usaremos aqui a análise do lugar das raízes (*root locus*), estudada no item 6.2. Nessa análise, observamos a localização das raízes, no plano complexo, que é modificada ao aumentarmos o ganho do controlador.

O processo que estamos analisando pelas Equações (8.11) e (8.13) apresenta "*s*" elevado à quarta potência e, portanto, apresenta quatro polos ou raízes no denominador. Além disso, apresenta uma raiz no numerador, que é chamada de zero.

Uma observação importante que a análise no domínio de Laplace nos revela é que, sempre que houver uma raiz no numerador da multiplicação das funções de transferência do processo, do atuador e do sensor, uma das raízes do denominador vai tender à raiz do numerador quando a malha for fechada e aumentarmos o ganho do controlador. Exemplificando: na Equação (8.11) temos uma raiz de valor -2,25 no numerador. Isso significa que uma das quatro raízes do denominador, dessa mesma equação, vai tender a esse valor quando *Kc* for muito elevado.

Para a aplicação do *root locus* na equação característica do conjunto de reatores – Equação (8.13) –, adotaremos diferentes valores para o ganho *Kc*, a partir de 0 (malha aberta), aumentando e verificando o que resulta em termos das raízes do denominador (polos, *p*). Esses resultados podem ser observados em forma de tabela (Tabela 8.1) ou em forma gráfica no plano complexo (Figura 8.4).

Tabela 8.1 Análise do lugar das raízes para o processo representado pela Equação (8.11)

Kc	p_1	p_2	p_3	p_4
0	-1,45	-2,85	-2,85	-4,35
1	-1,71	-2,30+j0,9	-2,30-j0,9	-4,74
5	-1,98	-1,71+j1,83	-1,71-j1,83	-5,87
20	-2,15	-1,09+j3,12	-1,09-j3,12	-7,20
50	-2,20	-0,48+j4,35	-0,48-j4,35	-8,61
100	-2,24	+0,35+j5,40	+0,35-j5,40	-9,75

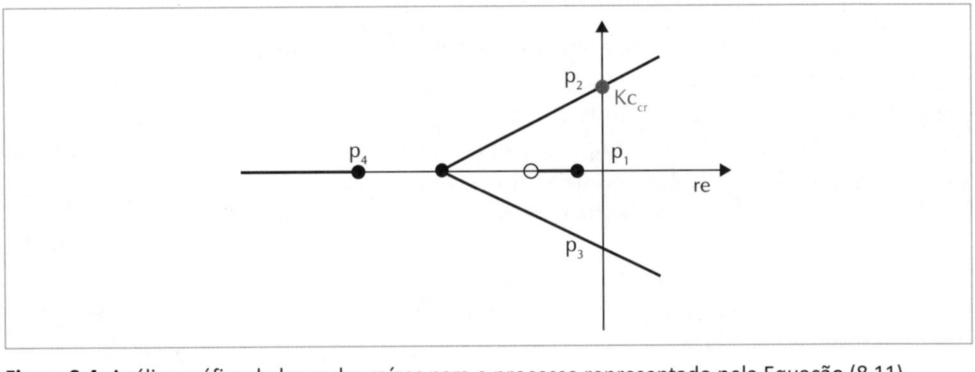

Figura 8.4 Análise gráfica do lugar das raízes para o processo representado pela Equação (8.11).

Vamos olhar inicialmente para o primeiro polo, p_1. Em malha aberta, ele inicia no valor de -1,45 e, em malha fechada com *Kc* aumentando, ele tende ao valor da raiz do numerador, que é -2,25. Esse polo não configura nenhum problema de estabilidade, pois ele tem parte real negativa qualquer que seja o valor de *Kc*, conforme resposta dinâmica representada na Figura 6.2. Vamos agora verificar o polo p_4. Em malha aberta, ele inicia no valor -4,35 e, ao aumentar *Kc*, tende a maiores valores negativos. Também não configura nenhum problema, pois a parte real será sempre negativa. Por enquanto, isso implica que o processo atingiria novo estado estacionário frente à perturbação degrau, ou seja, seria estável.

Vamos agora verificar p_2 e p_3. Em malha aberta, ambos se iniciam reais e negativos no valor de -2,85. Ao aumentarmos o ganho do controlador (até *Kc* = 50), as raízes passam a ser complexos conjugados com parte real negativa. O processo irá oscilar antes de atingir o novo estado estacionário, por possuir parte imaginária. O problema se apresenta quando esses números complexos passam a demonstrar parte real positiva, como acontece quando *Kc* = 100. Isso significa que não será atingido um novo estado estacionário frente à perturbação degrau e o processo passa a ser instável. Por apresentar parte imaginária na raiz, o processo responderá com oscilações, que aumentarão indeterminadamente por possuir parte real positiva. Essas características dos polos *p2* e *p3,* quando *Kc*>=100, se sobrepõem às características brandas dos polos *p1* e *p4*, resultando num comportamento da variável controlada similar ao da Figura 8.5.

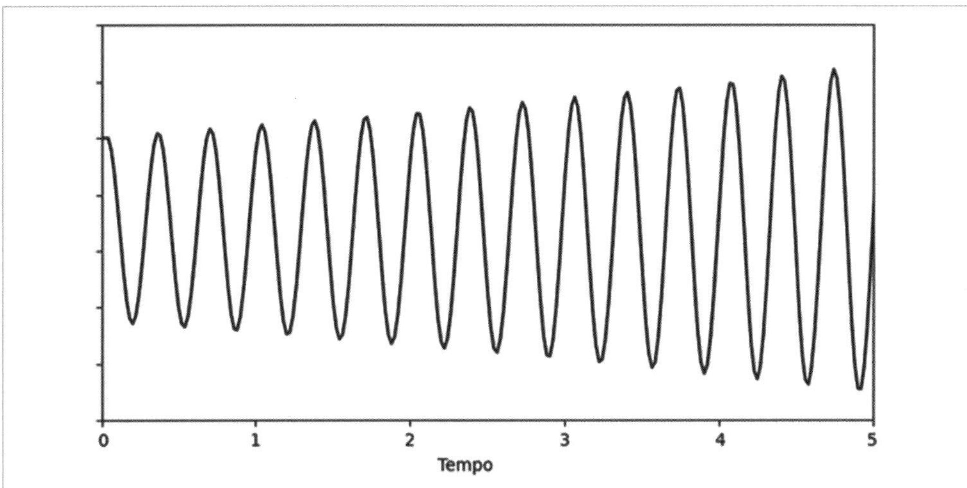

Figura 8.5 Comportamento oscilatório instável da variável controlada.

Voltando ao gráfico do plano complexo da Figura 8.4, verificamos que existe um ganho *Kc* para o qual as raízes *p2* e *p3* passam a ter parte real positiva. Pela Tabela 8.1, percebemos que: $50 < Kc_{cr} < 100$. Neste ponto, dizemos que o ganho se torna crítico, e passamos a chamá-lo de ganho crítico, Kc_{cr}.

8.2 INTRODUÇÃO À RESPOSTA INVERSA

Veremos a seguir que algumas propostas de sintonia se utilizam do valor de ganho crítico. Faremos antes uma observação a respeito do polinômio do numerador: se ele apresentar raiz positiva, teremos um problema, pois já sabemos que um dos polos irá alcançar esse valor ao aumentar *Kc* na malha fechada, caracterizando instabilidade. Esse comportamento é típico de processos que apresentam resposta inversa, como representado graficamente na Figura 8.6, com um direcionamento inicial oposto ao final, na curva de resposta ao degrau. Esse comportamento pode ser descrito como a soma de dois processos de respostas opostas, como o processo 1 e o processo 2 na Figura 8.6.

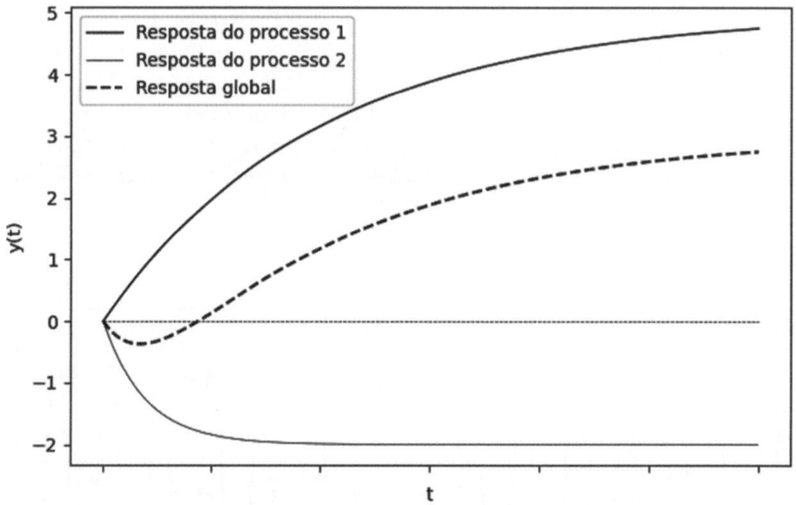

Figura 8.6 Dinâmica típica de resposta inversa (resposta global).

Para esses casos, devemos usar ação derivativa no controle por realimentação, pois ela é a única que consegue antecipar a direção inversa da resposta.

8.3 SINTONIA A PARTIR DO GANHO CRÍTICO

Voltando ao ganho crítico, quando ele existe e é determinado pela análise de estabilidade, é possível usar uma segunda sintonia proposta por Ziegler-Nichols (ZN2).

Usando essa sintonia, evitamos a região de instabilidade em malha fechada. Pela Tabela 8.2, que mostra as equações empíricas do ZN2, verificamos que o ganho do controlador *Kc* deve ser aproximadamente a metade do valor do ganho crítico Kc_{cr} para um controlador proporcional (P). Quanto às constantes de tempo integral τ_I e derivativo τ_D, elas são uma proporção do período de oscilação T obtido quando o ganho é crítico, T_{cr}. O tempo de oscilação é o tempo decorrido entre dois picos sucessivos, ou o tempo para que o ciclo oscilatório se repita. Pela análise do lugar das raízes, é possível obter a frequência de oscilação ω, em rad/tempo, e relacioná-la com o período de oscilação *T* usando:

$$T = \frac{2\pi}{\omega} \tag{8.14}$$

sendo ω o valor da parte imaginária da raiz complexa: $s = \alpha + \omega j$.

Tabela 8.2 Correlações de sintonia de Ziegler-Nichols por ganho crítico, ZN2 (*ultimate gain*)

Controlador	K_c	τ_I	τ_d
P	$0{,}50K_{cr}$	--	--
PI	$0{,}45K_{cr}$	$\frac{T_{cr}}{1{,}2}$	--
PID	$0{,}60K_{cr}$	$\frac{T_{cr}}{2}$	$\frac{T_{cr}}{8}$

Devemos perceber que ao usar o ganho do controlador igual ao ganho crítico teríamos resposta em malha fechada com oscilações sustentadas ao redor do novo estado estacionário, frente à perturbação degrau no distúrbio (problema regulatório) ou no *setpoint* (problema supervisório).

Apesar de ZN2 ser uma sintonia interessante para evitar instabilidades, há sistemas que não atingem o limite de estabilidade, ou a oscilação sustentada. Assim, não existiria ganho crítico associado. Um exemplo desse tipo de sistema são dois processos de primeira ordem em série, sob malha de controle proporcional, cuja equação característica é descrita por:

$$1 + \frac{Kp.Kc}{\left(\tau_{p1}s + 1\right)\left(\tau_{p2}s + 1\right)} = 0 \tag{8.15}$$

Pelo gráfico da análise do lugar das raízes, quando *Kc* aumenta, percebemos que os polos se encontram no eixo real e passam a manter a parte real fixa em valor negativo, somente alterando a parte imaginária. Isso indica a ocorrência de mais ou menos oscilações. Porém, em todas as situações, o sistema é estável, não havendo ganho crítico para esse processo.

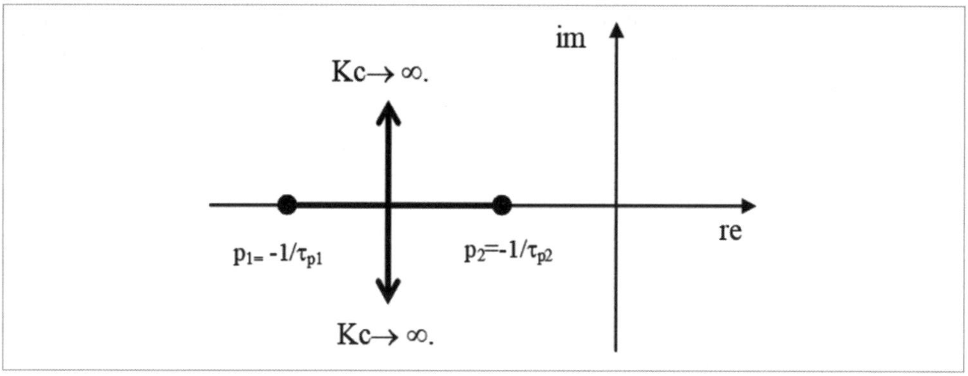

Figura 8.7 Análise do lugar das raízes de dois processos de primeira ordem em série.

Visando a aplicar a sintonia por ganho crítico, mostrada na Tabela 8.2, para esse tipo de processo, Astrom e Hagglund sugeriram que o sistema fosse forçado a encontrar oscilação sustentada usando chaveamento da variável manipulada entre dois valores fixos escolhidos. A ideia é que, se a variável manipulada se mantiver alternando entre dois valores, isso irá provocar a oscilação sustentada (Figura 8.8). Isso pode ser realizado por meio de relé físico, ou do próprio operador via teclado, ou automática usando programação computacional.

É importante ter em mente que essa amplitude não deve ser muito elevada a ponto de atrapalhar a operação contínua. Esse método é chamado de autossintonia e foi desenvolvido para o ajuste automático de controladores comerciais, sem ter que parar o processo e sem intervenção humana. É escolhido um tempo para o chaveamento e, em decorrência, ocorrem as oscilações sustentadas no processo, com ciclo *Tc*.

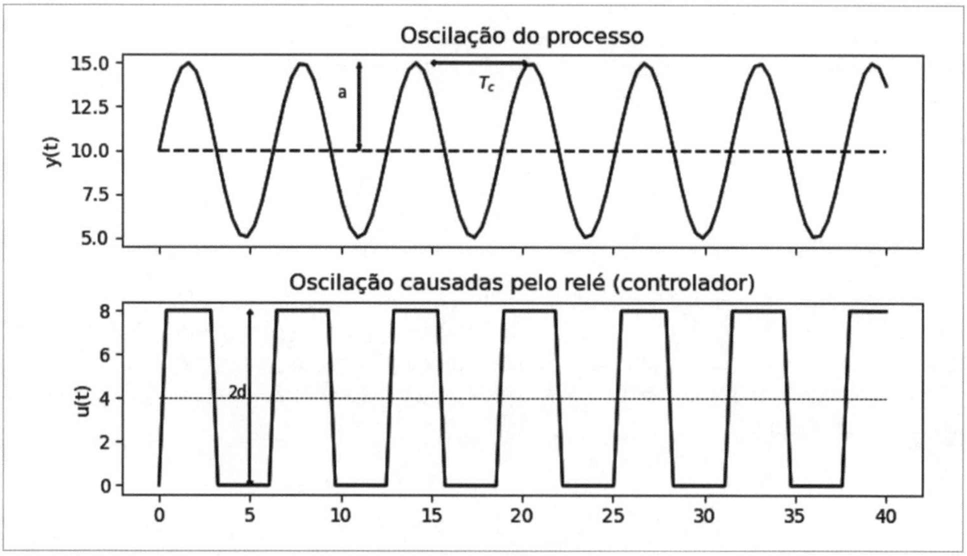

Figura 8.8 Oscilações provocadas para autossintonia.

Pela relação entre as amplitudes de resposta, a, e do chaveamento, d, encontramos o ganho crítico modificado, que pode ser calculado por:

$$Kc_{cr} = \frac{4d}{\pi a} \tag{8.16}$$

Dessa forma, obtivemos os parâmetros críticos necessários para usar as equações propostas na Tabela 8.2, mesmo quando o processo naturalmente não possuir ganho crítico.

8.4 CONCLUSÕES

Podemos concluir que, para um mesmo sistema, as funções de transferência do processo e do(s) distúrbio(s) podem apresentar diferentes ordens, a depender das variáveis escolhidas para fechar a malha de controle por realimentação.

Concluímos também que, dependendo da configuração – série ou paralelo – numa junção de equipamentos típicos de primeira ordem, resultarão processos de ordem superior, que são mais suscetíveis à instabilidade e às oscilações.

Para esses processos mais complexos, mostramos mais duas formas de sintonia de controladores por realimentação, que já evitam levar a malha fechada para a região de instabilidade: sintonia de Ziegler-Nichols 2, também chamada de *ultimate gain*, e a de Astrom e Hagglund, que é chamada de autossintonia.

EXERCÍCIOS RESOLVIDOS

1. Considere o processo descrito no exercício 5 do Capítulo 7. Qual é o ganho crítico do controlador considerando o sistema linearizado? Se o sensor de concentração tiver um atraso de 60 segundos, qual será o novo ganho crítico? Se o tempo morto aumentar para 120 segundos, qual o ganho crítico? Discuta a influência do tempo morto da função de transferência de malha aberta no ganho crítico.

Resolução:

O diagrama de blocos do processo em malha aberta pode ser representado pela Figura 8.9:

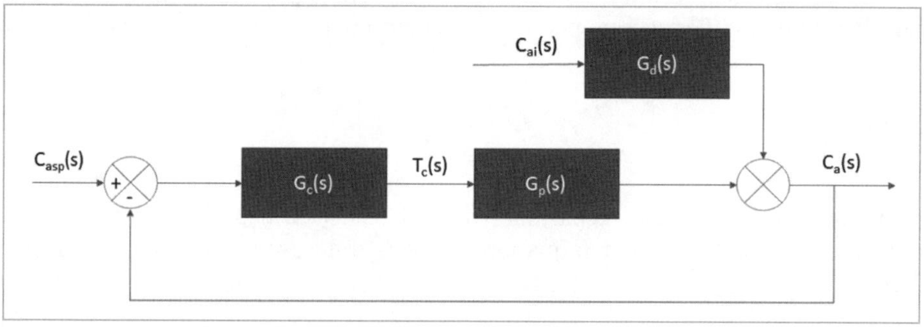

Figura 8.9 Diagrama de blocos em malha fechada da questão 1.

Nela, $G_p(s)$, $G_c(s)$ e $G_d(s)$ são dados por:

$$G_p(s) = \frac{C'_a(s)}{T'_c(s)} = \frac{\frac{K_1K_3}{1-K_1K_2}}{\frac{\tau_1\tau_2}{1-K_1K_2}s^2 + \frac{\tau_1+\tau_2}{1-K_1K_2}s+1} = \frac{K_p}{\tau^2s^2+2\zeta\tau s+1}$$

$$G_c = K_c$$

$$G_d(s) = \frac{\frac{K_0}{1-K_1K_2}(\tau_2 s+1)}{\frac{\tau_1\tau_2}{1-K_1K_2}s^2 + \frac{\tau_1+\tau_2}{1-K_1K_2}s+1} = \frac{K_d(\tau_2 s+1)}{\tau^2s^2+2\zeta\tau s+1}$$

A função de transferência em malha fechada, $G_{cl}(s)$, é calculada usando a Equação (6.6):

$$G_{cl}(s) = \frac{G_p(s)G_c(s)}{1+G_p(s)G_c(s)} = \frac{\frac{K_cK_p}{\tau^2s^2+2\zeta\tau s+1}}{1+\frac{K_cK_p}{\tau^2s^2+2\zeta\tau s+1}} = \frac{K_cK_p}{\tau^2s^2+2\zeta\tau s+(1+K_cK_p)}$$

Pela Equação (6.9), é fácil ver que o sistema será estável em malha fechada se $1+K_cK_p > 0 \rightarrow K_c < 71,44$. Ou seja, se escolhermos o sinal de K_c igual ao sinal de K_p (negativo), a malha não será levada à instabilidade para qualquer valor absoluto de K_c. A Figura 8.9 mostra o diagrama *root locus* para o limite da estabilidade. No entanto, devemos ter em mente que essa análise só é válida para sistemas lineares e o K_{cr} pode apresentar desvios desse valor quando o sistema é não linear.

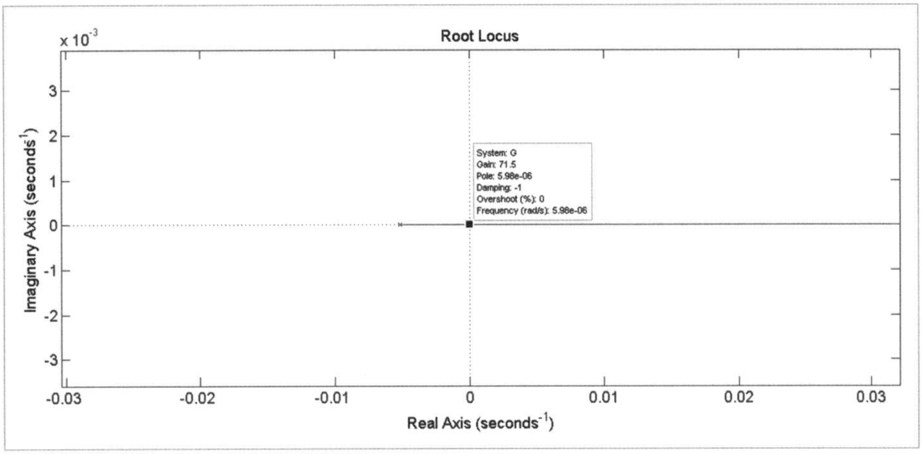

Figura 8.10 Diagrama do lugar das raízes em malha fechada.

Para o processo linearizado, a adição de um tempo morto de 60 segundos limita o ganho do controlador que pode ser utilizado. Para a análise de estabilidade desta questão temos duas possibilidades: a primeira é utilizar a técnica de *root locus* com uma aproximação de Padé (Equação [10.6]), e a segunda é por tentativa e erro em simulação.

Usando a aproximação de Padé, chegamos a um K_{cr} de -363. Temos de sintonizar Kc entre 0 e -363.

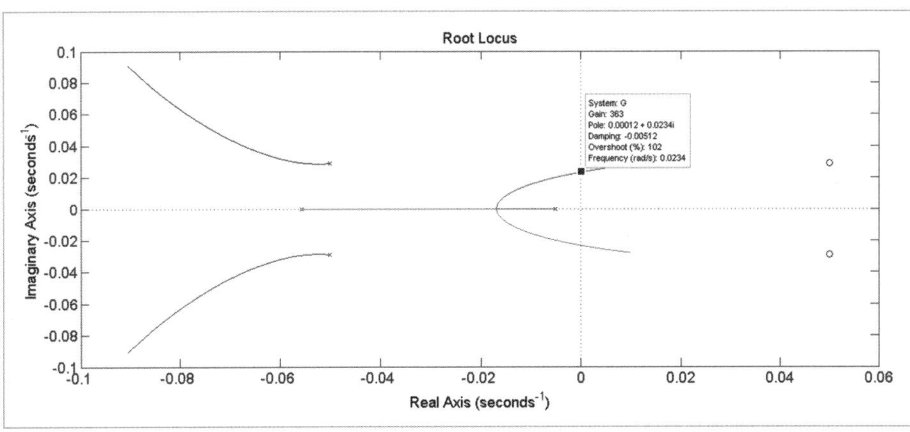

Figura 8.11 Diagrama do lugar das raízes em malha fechada, quando um tempo morto de 60 segundos é adicionado.

Por tentativa e erro, também chegamos em $K_{cr} = -363$.

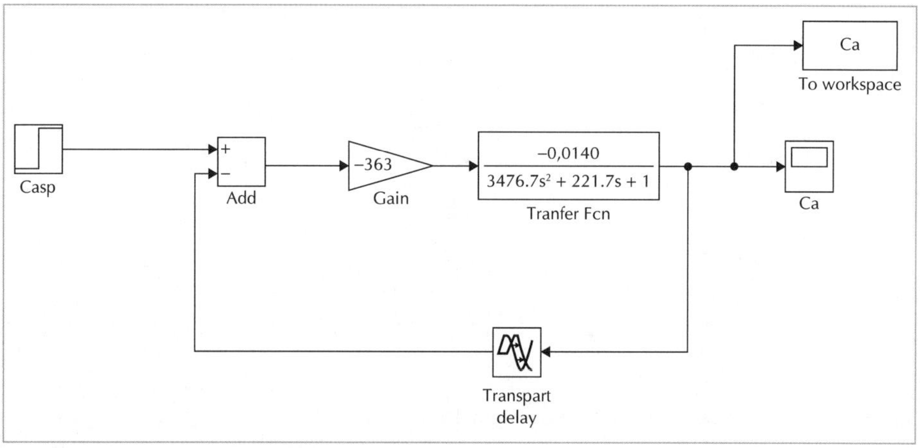

Figura 8.12 Diagrama de blocos no Matlab® Simulink.

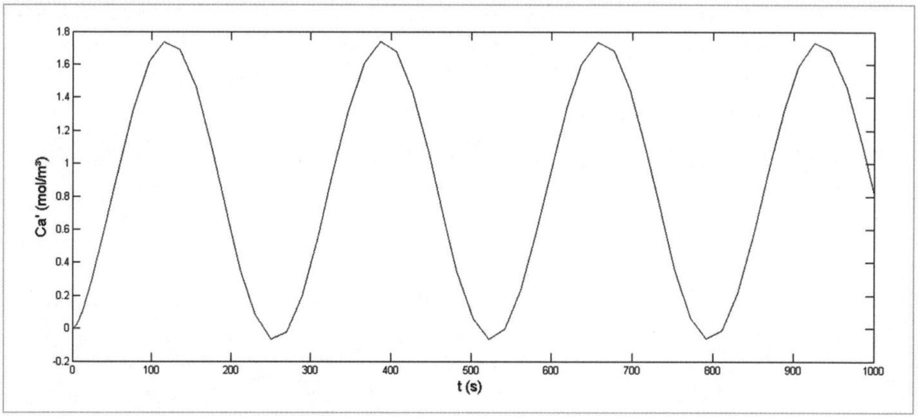

Figura 8.13 Comportamento da concentração de saída no limite da estabilidade.

Se o tempo morto for aumentado para 120 segundos, podemos repetir o procedimento anterior e chegar em um ganho crítico de -213, ou seja, bem inferior àquele encontrado para um tempo morto de 60 segundos. Temos de sintonizar *Kc* entre 0 e -213.

Dessa forma, é possível perceber que um tempo morto elevado pode levar o sistema à instabilidade, e que um aumento de tempo morto limita a performance do sistema em malha fechada.

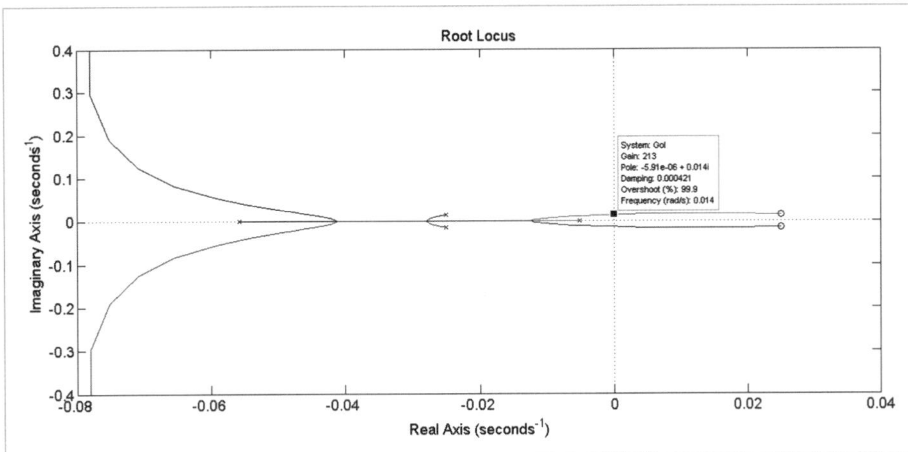

Figura 8.14 Diagrama do lugar das raízes quando um tempo morto de 120 segundos é adicionado.

2. Utilize os métodos de sintonia apresentados neste capítulo (*ultimate gain* e de Astrom e Hagglund) para sintonizar o controlador do processo do exercício 5 do Capítulo 7, acrescido de um tempo morto de 60 segundos. Se o tempo morto aumentar para 90 segundos, qual é o efeito na performance do sistema, mantendo a sintonia obtida para um atraso de 60 segundos?

Resolução:

Utilizando o gráfico da perturbação degrau no *setpoint* para o K_{cr} = -363 (Figura 8.13), chegamos a um período crítico de T_{cr} = 272 s ao observarmos a diferença entre os tempos referentes a dois picos consecutivos. Aplicando as equações da Tabela 8.2, temos que os parâmetros do controlador PID são:

$$K_c = 0,6K_{cr} = -217,8$$

$$\tau_i = \frac{T_{cr}}{2} = 136\,s$$

$$\tau_d = \frac{T_{cr}}{8} = 34\,s$$

Usando o diagrama de blocos do Simulink mostrado na Figura 8.15, podemos obter o resultado (em variável-desvio) para uma perturbação degrau no *setpoint* de 1 mol/L, conforme mostrado na Figura 8.16.

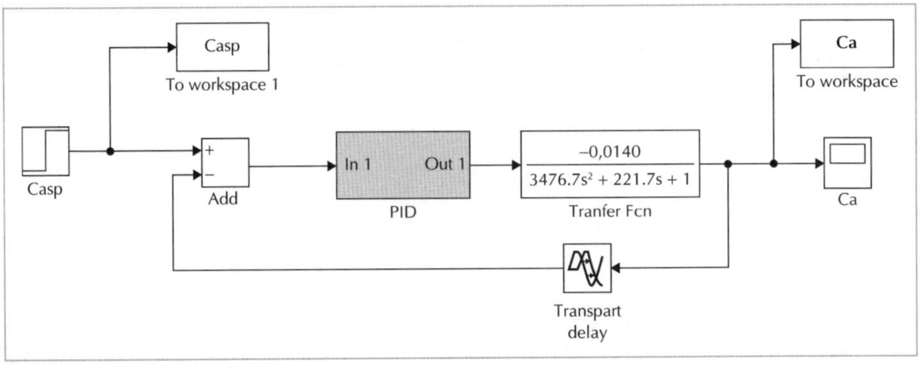

Figura 8.15 Diagrama de blocos em malha fechada no Matlab® Simulink.

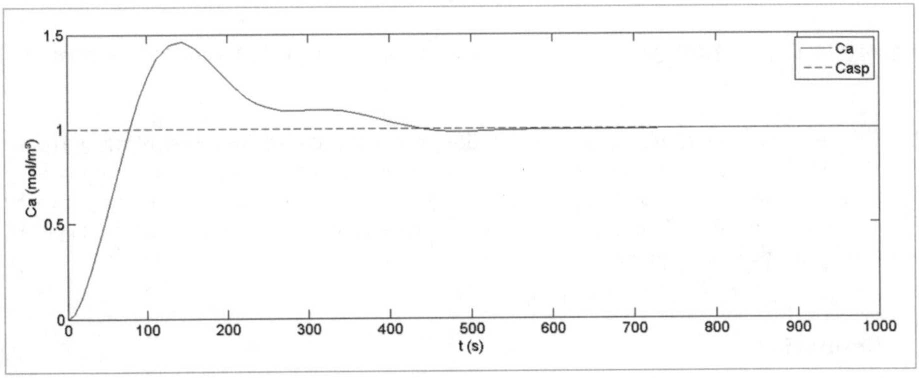

Figura 8.16 Resposta da concentração interna do reator para uma perturbação degrau unitária no *setpoint*, utilizando a sintonia *ultimate gain*.

Para utilizarmos o método de Astrom e Hagglund, precisamos definir uma magnitude do *relay*. Definindo um d=200, chegamos aos seguintes valores de a, K_{cr} e T_{cr}.

$$a = 1{,}53 \rightarrow K_{cr} = \frac{4d}{\pi a} = -332{,}9$$

$$T_{cr} = 285\,s$$

Com isso, podemos calcular os valores dos parâmetros de sintonia do PID:

$$K = 0{,}6K_{cr} = -199{,}7$$

$$\tau_i = 142{,}5$$

$$\tau_d = 35{,}6$$

Verificamos que os valores calculados pelo método de sintonia de Astrom e Hagglund são bem próximos àqueles de Ziegler-Nichols, porém apresentam a vantagem prática de não precisar levar o sistema ao limite da instabilidade. Por fim, apresentamos na Figura 8.17 a resposta de um degrau unitário no *setpoint* com a sintonia de Astrom e Hagglund.

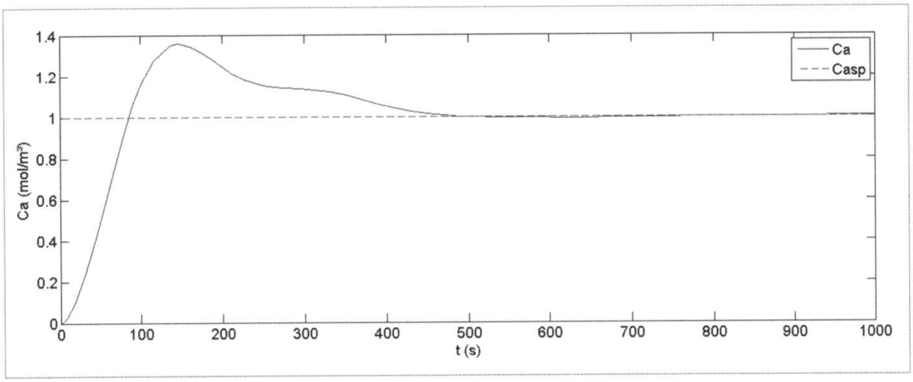

Figura 8.17 Resposta da concentração interna do reator para uma perturbação degrau unitária no *setpoint*, utilizando a sintonia de Astrom e Hagglund.

Um aumento no tempo morto de 60 segundos para 90 segundos, sem a devida adequação na sintonia, tem o efeito de degradar o desempenho do sistema em malha fechada, já que o pico inicial aumenta de 36% para 88% e o tempo de estabilização aumenta de 450 segundos para 1.000 segundos, como mostra a Figura 8.18.

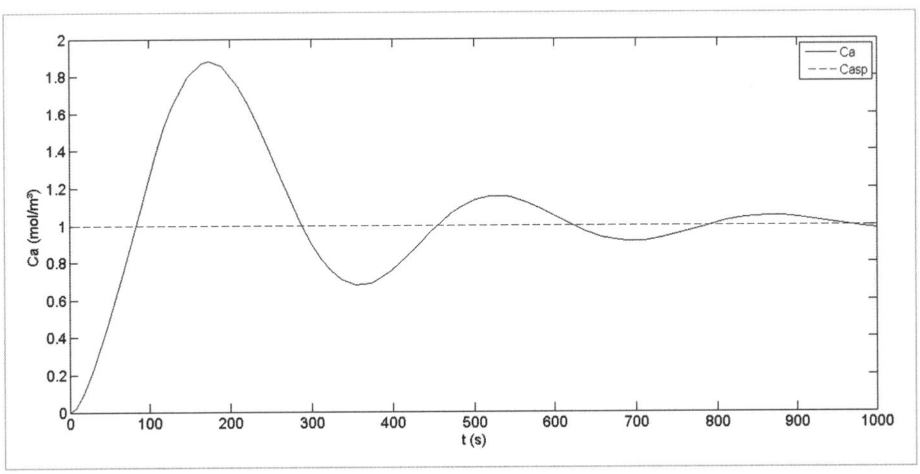

Figura 8.18 Resposta da concentração interna do reator para uma perturbação degrau unitária no *setpoint*, com aumento do tempo morto de 60 s para 90 s, sem adequação de sintonia.

3. Considere a Figura 8.2, dos reatores CSTR isotérmicos em série, em que a vazão de entrada é utilizada para controlar a concentração de saída de A do quarto reator. Quais as concentrações de saída de cada um dos reatores no estado estacionário? Considere $q_{iss}=0{,}001\ m^3/s$; $k=0{,}001\ s^{-1}$; $c_{aiss}=100\ mol/m^3$; $V=1\ m^3$. Derive a função de transferência do processo $G_p(s)=\frac{c_{a4}(s)}{q_i(s)}$ a partir da modelagem fenomenológica, considerando que a taxa da reação $A \xrightarrow{k} B$ é de primeira ordem. Qual é o K_c necessário para que o sistema seja instável, caso o sensor de concentração tenha um atraso de 10 segundos? Utilize o método de *ultimate gain* ou de Astrom e Hagglund para a sintonia de um controlador

PID e faça uma simulação da resposta da concentração para um degrau no *setpoint* de c_{a4}. Considere que o nível dos reatores (e consequentemente os volumes) permanece constante.

Resolução:

A concentração de saída de cada um dos reatores CSTR no estado estacionário pode ser calculada pelo balanço de massa por componente no estado estacionário.

$$q_{iss}\left(c_{aiss}-c_{a1ss}\right)-kc_{a1ss}V=0 \rightarrow c_{a1ss}=\frac{q_{iss}}{q_{iss}+kV}c_{aiss}=\frac{0{,}001}{0{,}001+0{,}001\cdot 1}\cdot 100=50\frac{mol}{m^3}$$

$$q_{iss}\left(c_{a1ss}-c_{a2ss}\right)-kc_{a2ss}V=0 \rightarrow c_{a2ss}=\frac{q_{iss}}{q_{iss}+kV}c_{a1ss}=\frac{0{,}001}{0{,}001+0{,}001\cdot 1}\cdot 50=25\frac{mol}{m^3}$$

$$q_{iss}\left(c_{a2ss}-c_{a3ss}\right)-kc_{a3ss}V=0 \rightarrow c_{a3ss}=\frac{q_{iss}}{q_{iss}+kV}c_{a2ss}=\frac{0{,}001}{0{,}001+0{,}001\cdot 1}\cdot 25=12{,}5\frac{mol}{m^3}$$

$$q_{iss}\left(c_{a3ss}-c_{a4ss}\right)-kc_{a4ss}V=0 \rightarrow c_{a4ss}=\frac{q_{iss}}{q_{iss}+kV}c_{a4ss}=\frac{0{,}001}{0{,}001+0{,}001\cdot 1}\cdot 25=6{,}25\frac{mol}{m^3}$$

Para o cálculo da função de transferência do processo, precisamos do balanço de massa por componente no regime transiente, conforme mostrado a seguir:

$$V\frac{dc_{a1}}{dt}=q_i\left(c_{ai}-c_{a1}\right)-kc_{a1}V$$

Considerando, para a nossa análise, a concentração de entrada como constante – em geral ela será uma variável distúrbio, mas só queremos desenvolver $G_p(s)$ –, temos que há apenas um termo não linear: $q_i c_{a1}$. Linearizando-o:

$$q_i c_{a1}=q_{iss}c_{a1ss}+q_{iss}c_{a1}^{'}+c_{a1ss}q_i^{'}$$

Linearizando a equação de balanço de massa por componente e aplicando a variável-desvio, chegamos à seguinte equação:

$$\left(\frac{V}{q_{iss}+kV}\right)\frac{dc_{a1}^{'}}{dt}+c_{a1}^{'}=\left(\frac{c_{aiss}-c_{a1ss}}{q_{iss}+kV}\right)q_i^{'}$$

Aplicando a transformada de Laplace, temos a seguinte equação:

$$\frac{c_{a1}(s)}{q_i(s)}=\frac{K_2}{\tau s+1},\ K_2=\left(\frac{c_{aiss}-c_{a1ss}}{q_{iss}+kV}\right),\ \tau=\left(\frac{V}{q_{iss}+kV}\right)$$

Considerando, agora, o balanço de massa do segundo CSTR, temos:

$$V\frac{dc_{a2}}{dt}=q_i\left(c_{a1}-c_{a2}\right)-kc_{a2}V$$

Seguindo os mesmos passos já mostrados para o balanço de massa do primeiro reator, isto é, linearizando os termos não lineares, aplicando variável-desvio, chegamos à seguinte equação diferencial:

$$\left(\frac{V}{q_{iss}+kV}\right)\frac{dc'_{a2}}{dt}+c'_{a2}=\left(\frac{c_{a1ss}-c_{a2ss}}{q_{iss}+kV}\right)q'_i+\left(\frac{q_{iss}}{q_{iss}+kV}\right)c'_{a1}$$

Ou:

$$\tau\frac{dc'_{a2}}{dt}+c'_{a2}=K_2q'_i+K_1c'_{a1}$$

Perceba que c_{a2} fica em função de c_{a1} e q_i, mas c_{a1} é uma função de q_i, conforme mostrado há pouco, por isso podemos substituí-lo para achar uma relação entre c_{a2} *e* q_i. Fazendo isso, após aplicar a transformada de Laplace, temos que:

$$\frac{c_{a2}(s)}{q_i(s)}=\frac{K_3\tau s+(K_3+K_1K_2)}{(\tau s+1)^2}$$

Se repetirmos o procedimento para o reator 3 e 4, chegamos às seguintes funções de transferência:

$$\left(\frac{V}{q_{iss}+kV}\right)\frac{dc'_{a3}}{dt}+c'_{a3}=\left(\frac{c_{a2ss}-c_{a3ss}}{q_{iss}+kV}\right)q'_i+\left(\frac{q_{iss}}{q_{iss}+kV}\right)c'_{a2}$$

$$\frac{c_{a3}(s)}{q_i(s)}=\frac{K_4\tau^2s^2+(2K_4\tau+K_1K_3\tau)s+(K_1K_3+K_1^2K_2+K_4)}{(\tau s+1)^3}$$

$$\left(\frac{V}{q_{iss}+kV}\right)\frac{dc'_{a4}}{dt}+c'_{a3}=\left(\frac{c_{a3ss}-c_{a4ss}}{q_{iss}+kV}\right)q'_i+\left(\frac{q_{iss}}{q_{iss}+kV}\right)c'_{a3}$$

$$\frac{c_{a4}(s)}{q_i(s)}=G_p(s)=\frac{K_5\tau^3s^3+(3K_5\tau^2+K_1K_4\tau^2)s^2+(3K_5\tau+2K_1K_4\tau+K_1^2K_3\tau)s++(K_5+K_1^2K_3+K_1^3K_2+K_1K_4)}{(\tau s+1)^4}$$

Os ganhos e as constantes de tempo podem ser facilmente calculados a partir dos parâmetros fornecidos na questão:

$$K_1=\left(\frac{q_{iss}}{q_{iss}+kV}\right)=0{,}5\,,\;K_2=\left(\frac{c_{aiss}-c_{a1ss}}{q_{iss}+kV}\right)=2{,}5.10^4\,,$$

$$K_3=\left(\frac{c_{a1ss}-c_{a2ss}}{q_{iss}+kV}\right)=1{,}25.10^4\,,$$

$$K_4 = \left(\frac{C_{a2ss} - C_{a3ss}}{q_{iss} + kV} \right) = 6,25.10^3 \text{ , } K_5 = \left(\frac{C_{a3ss} - C_{a4ss}}{q_{iss} + kV} \right) = 3,13.10^3 \text{ ,}$$

$$\tau = \left(\frac{V}{q_{iss} + kV} \right) = 500s$$

Dessa forma, substituindo na equação de $G_p(s)$, chegamos a:

$$G_p(s) = \frac{\left(3,91.10^{11} s^3 + 3,13.10^9 s^2 + 9,38.10^6.s + 1,25.10^4\right)}{6,25.10^{10} s^4 + 5,00.10^8 s^3 + 1,5.10^6 s^2 + 2,00.10^3 s + 1}$$

Sabendo que a função de transferência do sensor é $G_m(s) = e^{-10s}$, o ganho crítico do processo pode ser calculado a partir das raízes da equação característica ($1 + K_c G_p(s) G_m(s) = 0$), ou pelo comando *rlocus(* $G_p G_m$ *)* do Matlab®, que calcula o lugar das raízes da equação característica e está representado na Figura 8.19.

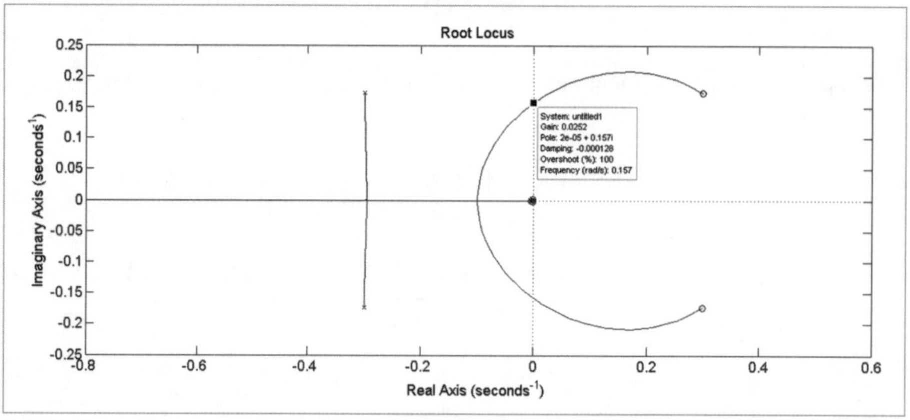

Figura 8.19 Diagrama do lugar das raízes em malha fechada.

Concluímos que o ganho crítico do controlador é K_{cr} =0,0252. Além disso, pelo quadro interno à Figura 8.19 e usando a Equação (8.14), é possível descobrir que a frequência de oscilação crítica é de 0,157 rad/s e, portanto, o período de oscilação crítico é de $T_{cr} = 40s$.

Utilizando o método de sintonia de ZN2 (Tabela 8.2), chegamos à seguinte sintonia:

$$K_c = 0,01512 \frac{\frac{m^3}{s}}{\frac{mol}{s}}$$

$$\tau_i = 20s$$

$$\tau_d = 5s$$

Para uma perturbação degrau no *setpoint* da concentração de saída do quarto reator, temos que a resposta da concentração interna do reator, usando os parâmetros de sintonia de Ziegler-Nichols em malha fechada, é mostrada na Figura 8.20.

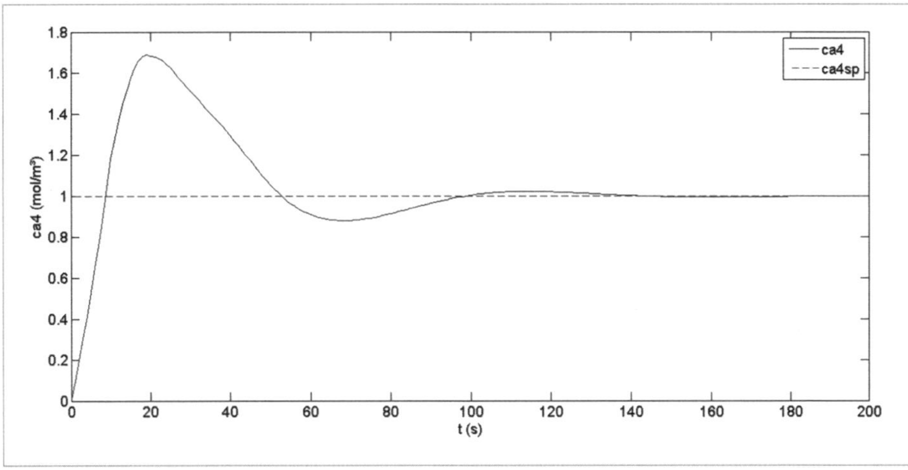

Figura 8.20 Resposta da variável controlada em malha fechada para um degrau no *setpoint* utilizando a sintonia de Ziegler-Nichols em malha fechada.

Veremos, nos capítulos seguintes, como melhorar a resposta do sistema em malha fechada com base em alguns critérios de performance!

CAPÍTULO 9

Estudo de caso 3: critérios de desempenho do controlador

Seguindo com o estudo de caso 3, temos por objetivo apresentar os critérios mais importantes de desempenho de uma malha de controle. Existem inúmeros critérios para se avaliar a qualidade da resposta do controlador. Porém, vamos aqui nos restringir a alguns mais utilizados: desvio final (*offset*); características oscilatórias, como pico inicial (*overshoot*) e razão de decaimento; além dos critérios de integral do erro.

Voltaremos ao estudo de um único reator tanque agitado contínuo com malha de controle de única entrada e única saída, na qual a variável controlada é a concentração interna do reagente A, a variável manipulada é a concentração deste reagente na vazão de entrada, e a variável distúrbio é a temperatura interna do reator.

Para estruturar o problema, este processo passa a ser representado por seu diagrama de blocos e respectivas funções de transferência, conforme Figura 9.1.

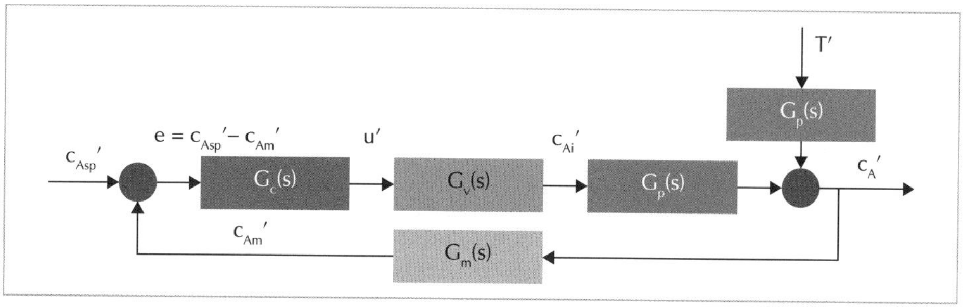

Figura 9.1 Diagrama de blocos do CSTR com controle da concentração do reagente à saída pela manipulação da concentração à entrada.

Já estudamos esse sistema em capítulos anteriores e, portanto, sabemos da Equação (7.5) que o comportamento dinâmico entre a variável controlada e a variável manipulada é bem representado por uma função de transferência de primeira ordem:

$$G_p(s) = \frac{c'_A(s)}{c'_{Ai}(s)} = \frac{F_i/V}{s + F_i/V + k_0 e^{-E/RT_{ss}}} = \frac{K_p}{\tau_p s + 1} \tag{9.1}$$

O ganho desse processo depende do volume interno do reator, assim como da vazão de entrada. Por sua vez, a constante de tempo do processo, além de depender do volume e da vazão de entrada, depende também da constante da taxa reacional, assim como da temperatura estacionária de operação (T_{ss}).

Com relação ao controlador, usaremos um proporcional-integral-derivativo (PID) cuja equação no domínio do tempo é dada pela soma de todos os termos: proporcional ao erro, integral ou somatória dos erros passados, e derivada do erro atual. Os termos são devidamente ponderados pelos respectivos parâmetros: constante de tempo integral (τ_I) e constante de tempo derivativo (τ_D), conforme a Equação (5.10).

Pela aplicação da transformada de Laplace à Equação (5.10), conseguimos obter a função de transferência deste controlador, que continua a possuir os três termos no domínio de Laplace:

$$\frac{u'(s)}{e(s)} = G_c(s) = Kc\left[1 + \frac{1}{s.\tau_I} + \tau_D.s\right] \tag{9.2}$$

Usando conhecimento prévio sobre a equação da resposta da malha fechada e considerando que o sensor e a válvula não possuem dinâmicas próprias, substituiremos as funções de transferência do processo e do controlador – Equações (9.1) e (9.2), respectivamente – na Equação (6.6), da resposta geral em malha fechada. O termo dado a seguir, $G_{cl}(s)$, se refere ao termo supervisório no domínio de Laplace:

$$\frac{c_A'(s)}{c_{Asp}'(s)} = \frac{G_c(s)G_p(s)}{1 + G_c(s)G_p(s)} = \\ = \frac{Kc\left[1 + \frac{1}{s.\tau_I} + \tau_D s\right]\frac{Kp}{\tau_p.s + 1}}{1 + Kc\left[1 + \frac{1}{s.\tau_I} + \tau_D s\right]\frac{Kp}{\tau_p.s + 1}} \tag{9.3}$$

Rearranjando, temos a equação que expressa a relação entre a variação da controlada frente à alteração de seu *setpoint*, ainda no domínio de Laplace:

$$\frac{c_A'(s)}{c_{Asp}'(s)} = \frac{\dfrac{\left[s.\tau_I + 1 + \tau_I\tau_D s^2\right]KcKp}{s.\tau_I\left(\tau_p.s+1\right)}}{1+\dfrac{\left[s.\tau_I + 1 + \tau_I\tau_D s^2\right]KcKp}{s.\tau_I\left(\tau_p.s+1\right)}} = \qquad (9.4)$$

$$= \frac{\left[s.\tau_I + 1 + \tau_I\tau_D s^2\right]KcKp}{s.\tau_I\left(\tau_p.s+1\right)+\left[s.\tau_I + 1 + \tau_I\tau_D s^2\right]KcKp}$$

A partir da Equação (9.4), e com o auxílio de método de expansão por frações parciais para chegar às funções existentes no Anexo 1: Tabela de transformada de Laplace, poderíamos aplicar a transformada inversa de Laplace, voltando ao domínio do tempo, e colocar em forma gráfica a dinâmica da concentração interna do reagente frente à perturbação degrau no *setpoint*. Ou poderíamos optar por usar um simulador no domínio do tempo para obter esse comportamento a partir de suas equações fenomenológicas. Entretanto, nada disso é necessário para avaliar o desvio final da malha, como veremos a seguir.

Lançando mão da equação:

$$\lim_{t\to\infty} y(t) = \lim_{s\to 0} s.y(s) \qquad (9.5)$$

que representa o teorema do valor final, válido para sistemas estáveis, podemos descobrir o valor para o qual a variável controlada, $y(t)$, tenderá quando o tempo tender a infinito.

Para o estudo de caso do CSTR, é só substituir a Equação (9.4) da resposta da malha fechada na Equação (9.5), frente a degrau unitário no *setpoint*: $c_{Asp}'(s)=1/s$, e aplicar s tendendo a 0:

$$c_A'(s) = \frac{1}{s}.\frac{\left[s.\tau_I + 1 + \tau_I\tau_D s^2\right]KcKp}{s.\tau_I\left(\tau_p.s+1\right)+\left[s.\tau_I + 1 + \tau_I\tau_D s^2\right]KcKp} \qquad (9.6)$$

$$\lim_{s\to 0} s.c_A'(s) = \frac{KcKp}{KcKp} = 1 \qquad (9.7)$$

O valor resultante – Equação (9.7) – será o valor para o qual a variável-desvio controlada tenderá, decorrido tempo suficiente, frente ao degrau unitário do *setpoint* ($\Delta setpoint=1$).

O desvio final será a diferença entre a variação provocada de *setpoint* e o resultado do teorema.

$$desvio\ final = \Delta setpoint - \lim_{s\to 0} s.c_A'(s) = 1 - 1 = 0 \qquad (9.8)$$

Em conclusão, para este estudo de caso, ao analisar a Equação (9.8) temos que: ao modificar o ponto operacional da concentração por meio da alteração de seu *setpoint* $c_{Asp}'(s)$, usando uma malha *feedback* com PID, a concentração interna se fixará exatamente em cima do novo ponto desejado, com qualquer ganho de controlador *Kc* que assegure estabilidade, uma vez que o desvio final é sempre nulo.

O projetista da malha de controle procura um desvio final nulo, ou seja, valor final idêntico ao novo valor de *setpoint*, seja ele qual for. O desvio final nulo geralmente ocorre em todas as malhas que possuem ação integral e que estão na região de estabilidade. Como efeito colateral, esta ação integral pode causar grandes oscilações e, por isso, temos de analisar a resposta também usando outros critérios. Os critérios de desempenho mais comuns para análise de resposta oscilatória (sistemas subamortecidos – Figura 5.1) são: pico inicial (*overshoot*) ou razão de decaimento.

O pico inicial é a razão entre o valor máximo em que a resposta excede o seu valor final e o próprio valor final: razão A/B, na Figura 9.2. Por outro lado, a razão de decaimento é dada pela divisão entre o valor acima da resposta final de dois picos consecutivos, ou seja, a razão C/A na Figura 9.2.

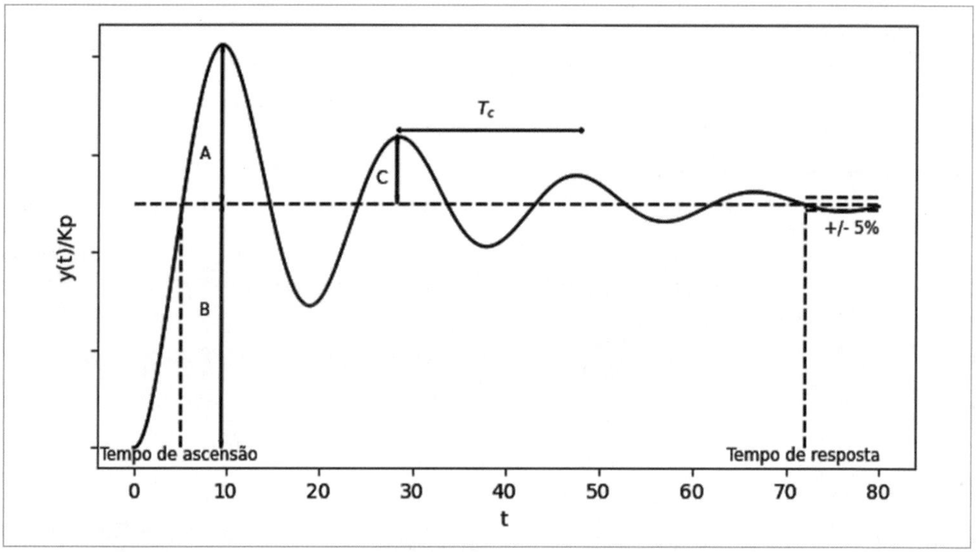

Figura 9.2 Critérios de desempenho da malha fechada.

Tempo de resposta ou tempo de estabilização é o tempo decorrido desde a perturbação (tempo = 0) até o momento em que a resposta atinge mais ou menos 5% do seu valor final. Pode ser usada também a referência de mais ou menos 2% do valor final.

Se não for tolerada resposta oscilatória para o sistema em malha fechada, devemos encontrar parâmetros de sintonia do controlador que promovam um fator de amortecimento maior ou igual a 1 ($\varepsilon >= 1$, sistema sobreamortecido ou criticamente amortecido – Figura 5.1), desde que seja possível. Isso certamente passa pelo aumento da constante de tempo integral do controlador.

Voltando ao reator tanque, representado pelo diagrama de blocos da Figura 9.1, e substituindo as funções de transferência do processo e do controlador – Equações (7.15) e (9.2), respectivamente – na equação característica geral – Equação (6.9) –, percebemos a obtenção de um sistema de segunda ordem em malha fechada:

$$1 + Kc\left[1 + \frac{1}{s.\tau_I} + \tau_D s\right]\frac{Kp}{\tau_p.s+1} = 0 \qquad (9.9)$$

Com a sequência de manipulações matemáticas a seguir:

$$1 + \left[\frac{s.\tau_I + 1 + s^2.\tau_I.\tau_D}{s.\tau_I}\right]\frac{KcKp}{\tau_p.s+1} = 0 \qquad (9.10)$$

$$s.\tau_I(\tau_p.s+1) + KcKp\left(s.\tau_I + 1 + s^2.\tau_I.\tau_D\right) = 0 \qquad (9.11)$$

$$\tau_I\tau_p.s^2 + s.\tau_I + KcKp.s.\tau_I + KcKp + s^2.\tau_I.\tau_D KcKp = 0 \qquad (9.12)$$

$$\left(\tau_D KcKp + \tau_p\right)\tau_I.s^2 + \left(KcKp+1\right)\tau_I.s + KcKp = 0 \qquad (9.13)$$

obtemos:

$$\left(\tau_D KcKp + \tau_p\right)\frac{\tau_I}{KcKp}s^2 + \left(KcKp+1\right)\frac{\tau_I}{KcKp}s + 1 = 0 \qquad (9.14)$$

que se configura numa equação típica de segunda ordem:

$$\tau^2 s^2 + 2\varepsilon\tau s + 1 = 0 \qquad (9.15)$$

na qual:

$$\tau^2 = \left(\tau_D KcKp + \tau_p\right)\frac{\tau_I}{KcKp} \qquad (9.16)$$

$$2\varepsilon\tau = \left(KcKp+1\right)\frac{\tau_I}{KcKp} \qquad (9.17)$$

Portanto, o comportamento oscilatório dependerá do fator de amortecimento ε obtido, que por sua vez depende do ganho do controlador, da constante de tempo integral e da constante de tempo derivativa, provenientes da sintonia do controlador PID. Devemos lembrar que o ganho do processo Kp e a sua constante de tempo τ_p são parâmetros fixos, decorrentes das características do equipamento e de suas condições operacionais.

Relembrando, o gráfico da Figura 5.1 mostra a dependência do comportamento de sistemas de segunda ordem com o fator de amortecimento ε.

Se não tivermos a resposta experimental ou simulada do processo de segunda ordem, mas tivermos o seu equacionamento e o transformarmos para o domínio de Laplace, podemos obter o valor do fator de amortecimento da equação característica e substituí-lo nas equações de pico inicial e taxas de decaimento, para o seu cálculo:

$$overshoot = exp\left(\frac{-\pi\varepsilon}{\sqrt{1-\varepsilon^2}}\right) \tag{9.18}$$

$$taxa\ de\ caimento = exp\left(\frac{-2\pi\varepsilon}{\sqrt{1-\varepsilon^2}}\right) = (overshoot)^2 = \frac{C}{A} \tag{9.19}$$

Com relação ao tempo de resposta, t_s, podemos usar:

$$t_s = 4\tau(para\ 2\%)\ e 3\tau(para\ 5\%) \tag{9.20}$$

Para o reator tanque, atribuindo-se valores reais de vazão, volume, constante da taxa de reação e temperatura estacionária para calcular os parâmetros de processo Kp *e* τ_p pela Equação (9.1), e ainda realizando uma sintonia para o PID, seria possível calcular o respectivo fator de amortecimento pelas Equações (9.14), (9.16), (9.17). Desta forma, sem experimentos ou simulações, seria possível calcular e analisar os critérios de performance, relacionados às oscilações, dados nas Equações (9.18), (9.19) e (9.20).

Por outro lado, visando ao uso dos critérios de desempenho do tipo "integral do erro", seria necessário, por simulação ou experimentalmente, implementar o controlador escolhido com uma determinada sintonia e quantificar o erro obtido na sua resposta em relação ao *setpoint* durante um determinado tempo. As equações mais utilizadas são a da integral do erro absoluto (IAE), integral do erro quadrático (ISE) e integral do erro absoluto multiplicado pelo tempo (ITAE), representadas respectivamente por:

$$IAE = \int_0^\infty |e(t)|\,dt \tag{9.21}$$

$$ISE = \int_0^\infty [e(t)]^2\,dt \tag{9.22}$$

$$ITAE = \int_0^\infty t.\left|e(t)\right|dt \tag{9.23}$$

Nestes cálculos, um erro negativo não deve compensar um erro positivo. Ambos são desvios do *setpoint* e devem ser quantificados e minimizados. Por esse motivo, utilizamos o valor absoluto do erro ou o seu quadrado.

No gráfico da Figura 9.3, podemos ver a resposta de um processo em malha fechada com PID, usando ganho do controlador e constante de tempo integral fixos e alterando a constante de tempo derivativa para observar a sua influência.

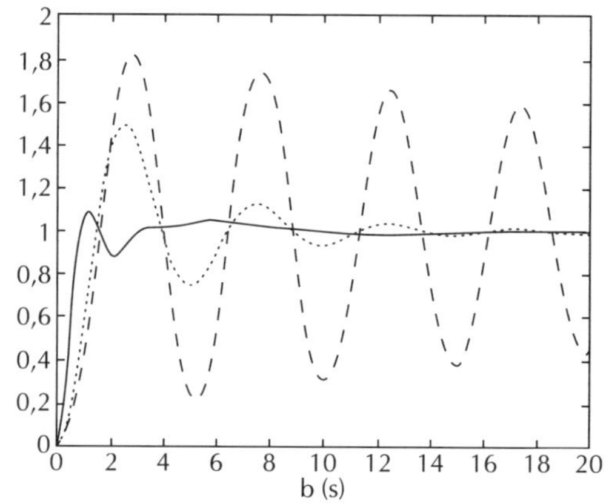

Figura 9.3 Resposta de um processo em malha fechada com PID, com alteração na constante derivativa τ_d (0,1 tracejado; 0,4 pontilhado, e 2 contínuo).

Usando uma escolha visual de parâmetros de sintonia pela Figura 9.3, a melhor opção seria a da curva contínua, na qual τ_d tem valor igual a 2. Ela se apresenta menos oscilatória, com menor pico inicial, maior razão de decaimento e menor tempo de estabilização.

Mas para fazer uma escolha não visual é preciso quantificar os desvios. Para isso podemos usar as equações da integral do erro – Equações (9.21), (9.22) e (9.23) –, calculadas entre o momento da perturbação (tempo = 0) e o menor tempo de estabilização dentre as curvas. Após o cálculo, escolheríamos os parâmetros de sintonia que resultassem nos menores valores de integral do erro. Além disso, existem relações empíricas de sintonia similares a de Cohen-Coon e de Ziegler-Nichols que se baseiam em critérios de integral do erro.

Um outro critério importante a observar é a saturação da ação de controle. Nesse caso, observamos conjuntamente a resposta em termos de variável controlada e de manipulada. Se a controlada estiver demorando muito para seguir em direção ao *setpoint* e continuar seguindo no sentido oposto, há indícios de saturação na ação (variável manipulada).

Para entender o que é saturação, é preciso lembrar que, em um processo real, o atuador possui limites operacionais. Se for uma válvula, existe uma vazão máxima e uma vazão mínima. A saturação ocorre quando o controlador, para corrigir erros da variável controlada, manda sinal acima ou abaixo da faixa operacional do atuador. Como o atuador já está no limite, ele implementa a ação possível e o erro continua aumentando e sendo somado na ação integral. Portanto, o controlador insiste em mandar sinais fora da faixa de operação: acima da vazão máxima ou abaixo da vazão mínima.

Na Figura 9.4, podemos observar esse fenômeno: a curva de saída do controlador é diferente da curva do sinal atuante na planta, que obedece aos limites de restrição operacional do atuador. É possível ver na região circundada em vermelho que o controlador permanece fora da faixa não em apenas um ponto, mas em vários pontos de amostragem. Isso é causado pelo termo da integral do erro, que espera ter uma compensação de erros positivos com erros negativos para começar a diminuir o sinal de saída do controlador. O resultado são mais oscilações na variável controlada e demora para atingir o *setpoint*.

Portanto, um dos critérios de desempenho do controlador é verificar se a variável manipulada, ou seja, a saída do controlador, está se mantendo insistentemente fora dos limites operacionais. Quando isso acontece, dizemos que a saída do controlador está saturada.

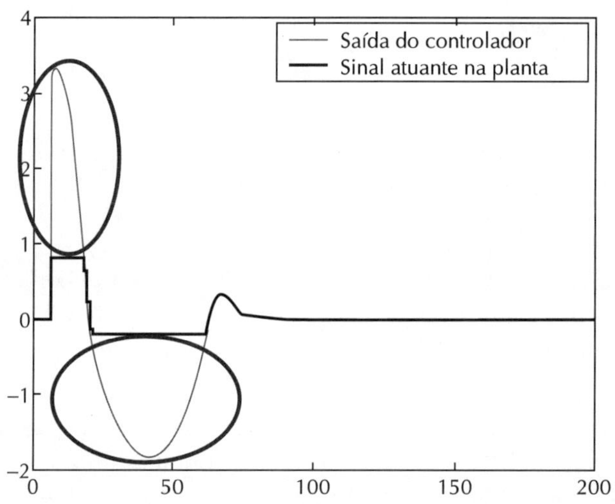

Figura 9.4 Dinâmica da variável manipulada: a diferença entre o cálculo do controlador e o valor atuante na planta. Circundados, valores calculados fora da faixa de operação do atuador.

Uma das formas de corrigir o problema da saturação do termo integral é colocando um dispositivo que interrompa a soma dos erros enquanto o erro não mudar de sinal: positivo para negativo ou negativo para positivo. Existem outras formas mais avançadas. Uma outra opção para atenuar o problema é diminuir o peso da ação integral no controlador, aumentando a constante de tempo integral.

Dissemos anteriormente que o termo integral do erro no controlador PID era importante para eliminar o desvio final, mas que havia vários efeitos colaterais associados. A sintonia ideal deve ponderar os efeitos pró e contra esta ação, lembrando que o aumento da ação derivativa, pelo aumento da constante de tempo derivativa, consegue amenizar as oscilações induzidas pela ação integral.

9.1 CONCLUSÕES

Como conclusões gerais, temos que:

- Para qualquer sistema em malha fechada, desde que estável, a presença de ação integral no controlador elimina o desvio final. Entretanto, como efeito colateral, ela provoca mais oscilações na variável controlada.
- Se não for tolerada resposta oscilatória para o sistema em malha fechada, devemos encontrar parâmetros de sintonia (Kc, τ_I *e* τ_D) que promovam $\varepsilon >=1$ para a malha fechada, se for possível. Isso geralmente ocorre com a elevação de τ_I (diminuindo o efeito da ação integral) e aumentando τ_D (aumentando o efeito da ação derivativa).
- Para uma escolha não visual dos parâmetros de sintonia, é preciso quantificar os erros decorrentes da implementação da sintonia no processo. Para isso se usa a integral do erro, absoluto ou quadrático, calculada entre o momento da perturbação e o menor tempo de estabilização obtido.
- Outro critério de desempenho é verificar se a ação de controle (variável manipulada) permanece insistentemente fora da faixa operacional do atuador, ou seja, se passa muito tempo saturada. Se isso estiver acontecendo, é aconselhável aumentar o τ_I para diminuir a influência do termo integral, ou usar técnicas alternativas para evitar a saturação (*anti-reset-windup* – ver exercício 4).
- A sintonia ideal deve ponderar os efeitos pró e contra da ação integral, lembrando que o aumento da constante de tempo derivativa e, consequentemente, da sua respectiva ação, consegue também amenizar as oscilações induzidas pela ação integral.

EXERCÍCIOS RESOLVIDOS

1. Considere o problema de tanque de nível (exercício 1 do Capítulo 7), no qual se deseja controlar o nível do tanque a partir da manipulação da vazão de entrada. Usando um controlador proporcional puro, com sintonia de Ziegler-Nichols, qual a resposta em malha fechada para uma perturbação degrau no *setpoint* do nível em 1 metro? Qual o desvio final usando essa sintonia? Como você faria para eliminar esse desvio final?

Os parâmetros do processo são dados: $C_v = 1 \cdot 10^{-2}\,\frac{m^{2,5}}{s}; h_{ss} = 4\,m; A = 0,5\,m^2$. Considere ainda a função de transferência do medidor com um atraso de 20 segundos.

Resolução:

Calcularemos os parâmetros da função de transferência do processo a partir dos dados do processo apresentados. Da solução do exercício 1 do Capítulo 7, temos *Gp(s)* dada por:

$$\frac{h'(s)}{q_i'(s)} = \frac{K}{\tau s + 1} = \frac{\dfrac{2\sqrt{h_{ss}}}{C_v}}{\left(\dfrac{2\sqrt{h_{ss}}}{C_v}A\right)s + 1}$$

$$K = 2\frac{\sqrt{h_{ss}}}{C_v} = 400\frac{m}{\dfrac{m^3}{s}}$$

$$\tau = 2\frac{\sqrt{h_{ss}}}{C_v}A = 200\,s$$

Levando em consideração o atraso na leitura do nível, a função de transferência passa a ser:

$$Gp(s)Gm(s) = \frac{K}{\tau s + 1}e^{-td\,s} = \frac{400}{200s + 1}e^{-20\,s}$$

Como o processo é de primeira ordem com tempo morto acrescido, podemos utilizar diretamente a correlação de Ziegler-Nichols da Tabela 5.1:

$$K_c = \frac{\tau}{t_d K} = \frac{\tau}{t_d K} = \frac{200}{20 \cdot 400} = 0,025\frac{\dfrac{m^3}{s}}{m}$$

2. A Figura 9.5 mostra os resultados para o nível (variável controlada) e a Figura 9.6 para a vazão (variável manipulada). Efetuando a diferença entre o *setpoint* e a variável controlada no estado estacionário, podemos perceber graficamente que existe um desvio final de aproximadamente 0,0909 m em relação ao *setpoint*. Tal fato já era esperado, visto que a resposta em malha fechada de um controlador proporcional puro deixa *offset* em qualquer sistema que não possui polos integradores. Poderíamos achar o mesmo resultado sem realizar a simulação dinâmica, apenas aplicando o teorema do valor final:

$$d_\infty = \lim_{t\to\infty} y_{sp}(t) - \lim_{t\to\infty} y(t) = 1 - \lim_{s\to 0} s \cdot \frac{\frac{K_p K_c}{\tau s + 1} e^{-t_d s}}{1 + \frac{K_p K_c}{\tau s + 1} e^{-t_d s}} \cdot \frac{1}{s} = 1 - \frac{K_p K_c}{1 + K_p K_c} = 0{,}0909\, m$$

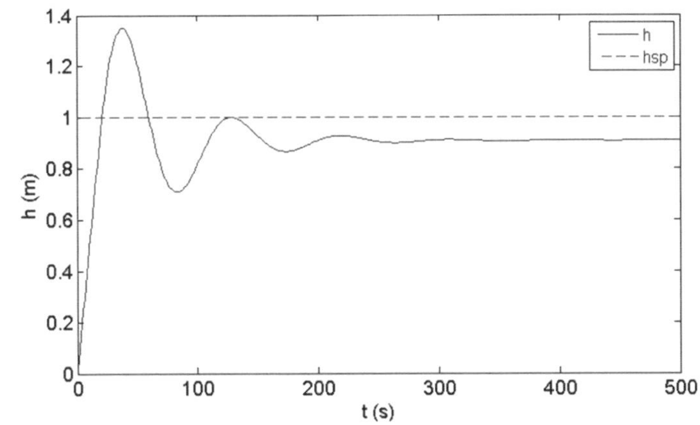

Figura 9.5 Resposta da variável-desvio controlada para um controlador proporcional sintonizado pelo método de ZN sob uma perturbação degrau unitário no *setpoint*.

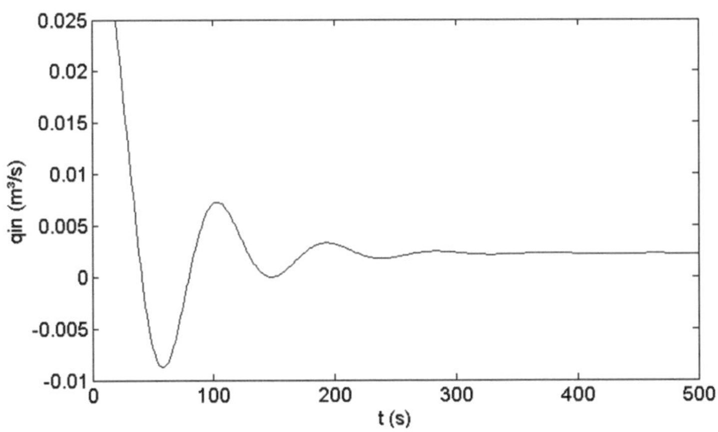

Figura 9.6 Resposta da variável-desvio manipulada para um controlador proporcional sintonizado pelo método de ZN sob uma perturbação degrau unitário no *setpoint*.

A fim de eliminar o *offset*, devemos adicionar a ação integral. Utilizando a sintonia de $K_c = 0{,}02$, $\tau_i = 80s$, $\tau_d = 6$, obtemos uma resposta sem desvio final. Observe na Figura 9.7 que, apesar de a ação integral zerar o desvio final, um *overshoot* é adicionado ao sistema, que é parcialmente compensado pela ação derivativa.

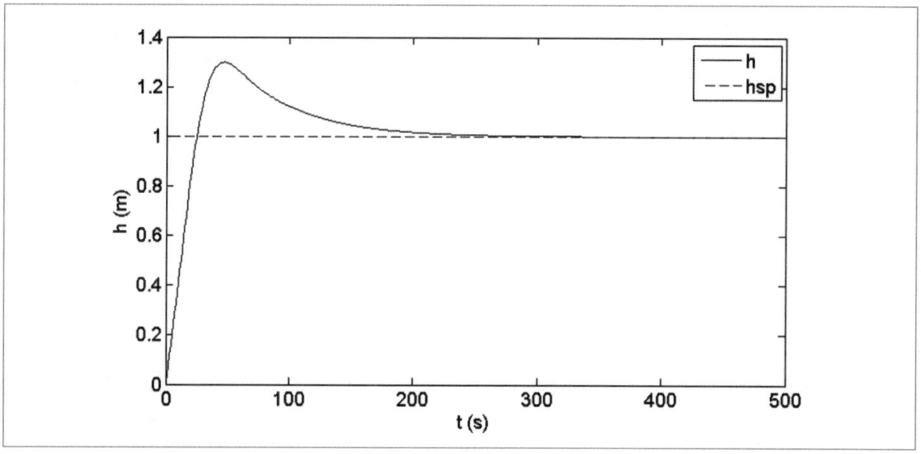

Figura 9.7 Resposta da variável-desvio controlada para um controlador PID com sintonia $K_c = 0{,}02\dfrac{\frac{m^3}{s}}{m}$, $\tilde{}_i = 80\ s$, $\tilde{}_d = 6\ s$, sob uma perturbação degrau unitário no *setpoint*.

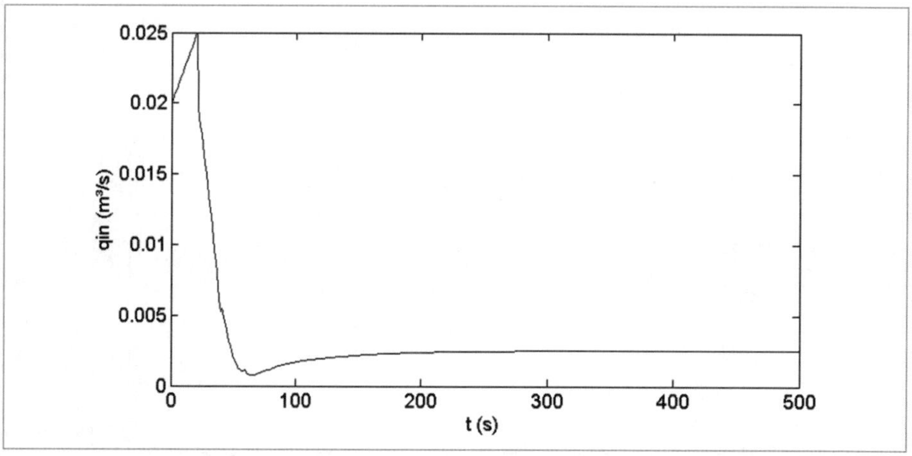

Figura 9.8 Resposta da variável-desvio manipulada para um controlador PID com sintonia $K_c = 0{,}02\dfrac{\frac{m^3}{s}}{m}$, $\tau_i = 80s$, $\tau_d = 6s$, sob uma perturbação degrau unitário no *setpoint*.

É importante salientar que os valores provenientes das correlações de sintonia são apenas uma estimativa inicial, e devem sempre sofrer uma sintonia fina posterior.

3. Com base nos critérios de desempenho apresentados no presente capítulo, como a sintonia do processo apresentado no exercício 3 do Capítulo 8 poderia ser melhorada?

Resolução:

Calcularemos os critérios de desempenho do sistema em malha fechada utilizando a sintonia calculada no exercício 3 do Capítulo 8, dada a seguir:

$$K_c = 0{,}01512 \frac{\frac{m^3}{s}}{\frac{mol}{s}} \ \tau_i = 20\ s\ \ \tau_d = 5s$$

Usaremos a função de transferência obtida no referido exercício, dentro de um diagrama similar ao da Figura 8.15, para realizar as simulações do processo em malha fechada a seguir.

Observamos, pela Figura 9.9, que o *overshoot* é igual a $\frac{1{,}695 - 1{,}000}{1{,}000} = 69{,}5\%$.

Além disso, o tempo de estabilização é igual a 133 segundos.

Calculando um dos critérios de integral do erro, temos que $IAE = 26{,}62$ (com um tempo de amostragem de 1 segundo).

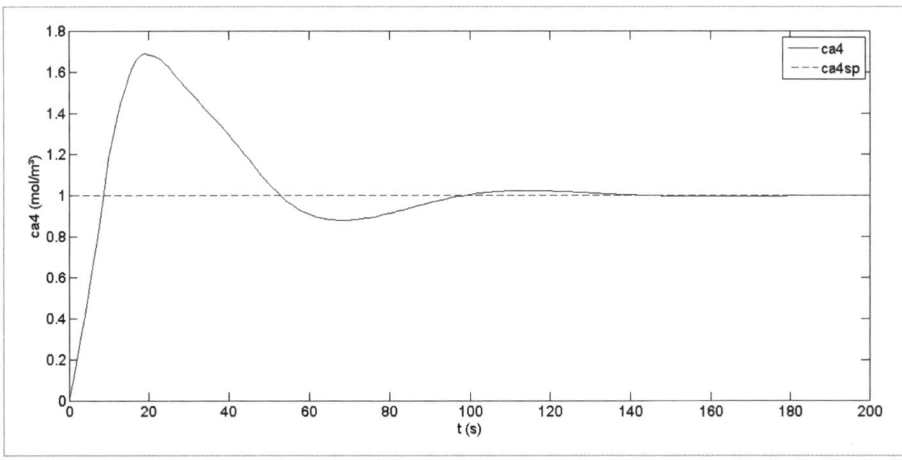

Figura 9.9 Resposta da variável-desvio controlada para um controlador PID com sintonia $K_c = 0{,}01512 \frac{\frac{m^3}{s}}{\frac{mol}{s}}$, $\tilde{\ }_i = 20\ s$, $\tilde{\ }_d = 5\ s$, sob uma perturbação degrau unitário no *setpoint*.

A fim de reduzir o *overshoot*, tentaremos diminuir o ganho do controlador. Diminuindo aproximadamente 20%, temos $K_c = 0{,}012 \frac{\frac{m^3}{s}}{\frac{mol}{s}}$. A resposta da variável controlada para uma perturbação degrau unitária no *setpoint* é exibida na Figura 9.10, que fornece os seguintes parâmetros de desempenho:

$$Overshoot = \frac{1{,}635 - 1{,}000}{1{,}000} = 63{,}5\% \ \ tempo\ de\ estabilização = 191s \ \ IAE = 33{,}2764$$

É possível perceber que uma redução no *overshoot* teve como custo um aumento no tempo de resposta.

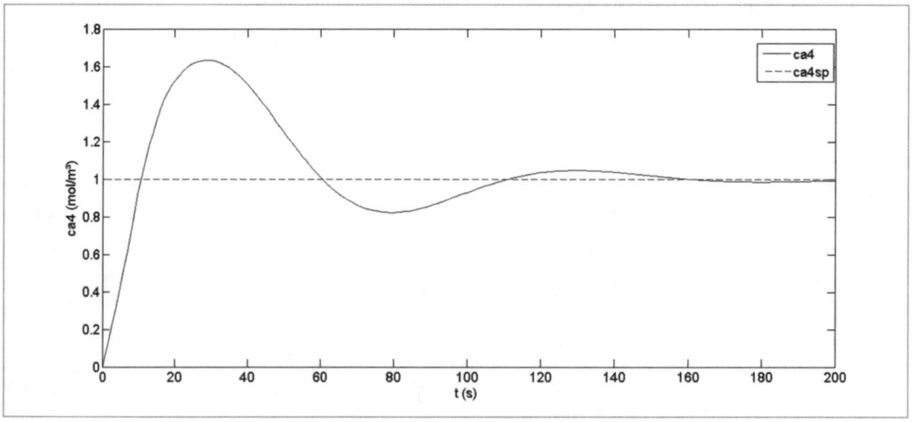

Figura 9.10 Resposta da variável-desvio controlada para um controlador PID com sintonia $K_c = 0{,}012 \dfrac{\frac{m^3}{s}}{\frac{mol}{s}}$, $\tau_i = 20\ s$, $\tau_d = 5\ s$, sob uma perturbação degrau unitário no *setpoint*.

A fim de reduzir o *overshoot*, ainda podemos aumentar o tempo integral, resultando numa resposta em malha fechada conforme exibido na Figura 9.11.

$$Overshoot = \frac{1{,}332 - 1{,}000}{1{,}000} = 33{,}2\% \quad tempo\ de\ estabilização = 105\,s \quad IAE = 23{,}4598$$

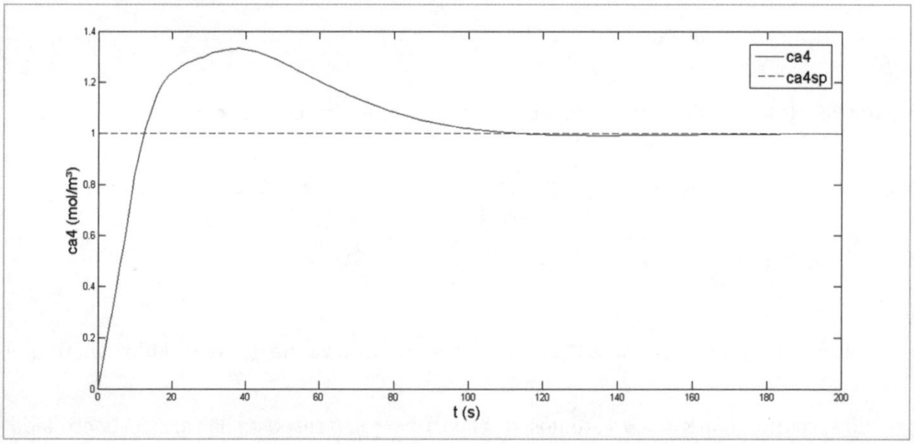

9.11 Resposta da variável-desvio controlada para um controlador PID com sintonia $K_c = 0{,}012 \dfrac{\frac{m^3}{s}}{\frac{mol}{s}}$, $\tau_i = 40s$, $\tau_d = 5s$, sob uma perturbação degrau unitário no *setpoint*.

4. Considere o problema proposto no exercício 7 do Capítulo 8: controlar a concentração de saída de um reator CSTR utilizando a concentração de entrada. Utilize a função de transferência do processo obtida pela modelagem fenomenológica, com um sensor de 2 segundos de atraso, para sintonizar o controlador com base nos critérios de performance discutidos neste capítulo.

Resolução:

Como a função de transferência obtida pela modelagem do processo é de primeira o, e o sensor apresenta tempo morto, a função de transferência processo + sensor é dada por:

$$G(s) = G_p(s)G_m(s) = \frac{8,66}{17,3s+1}e^{-2s}$$

Podemos usar o método de Ziegler-Nichols clássico para propor uma primeira sintonia para o controlador (Tabela 5.1):

$$K_c = \frac{1,2 \cdot 17,3}{2 \cdot 8,66.10^{-2}} = 120$$

$$\tau_i = 2 \cdot 2 = 4s$$

$$\tau_d = \frac{2}{2} = 1s$$

Pela Figura 9.12, que apresenta a simulação de um degrau unitário no *setpoint* da concentração, temos que:

$$Overshoot = \frac{1,72 - 1,00}{1,00} = 72\%$$

$$tempo\ de\ estabilização = 20s$$

Além disso, usando o critério da integral do erro quadrático, temos: $ISE = 3,749\left(\frac{mol}{m^3}\right)^2 s$

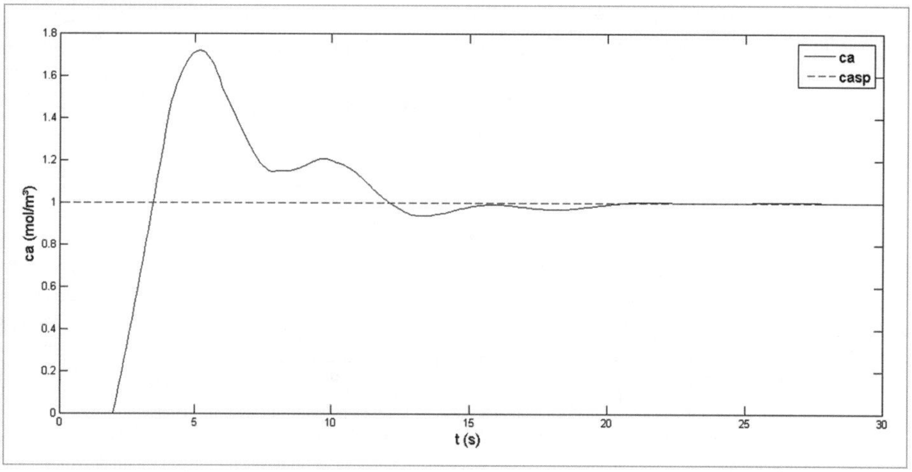

Figura 9.12 Resposta da variável-desvio controlada para um controlador PID com sintonia $K_c = 120,\ \tau_i = 4\ s, \tau_d = 1\ s$, sob uma perturbação degrau unitário no *setpoint*.

Como a resposta tem um *overshoot* muito elevado, uma opção para melhorar é diminuir a ação proporcional, reduzindo K_c, e também reduzir a ação integral, aumentando τ_i. Considerando a nova sintonia depois de um ajuste fino como $K_c = 70, \tau_i = 6s, \tau_d = 0{,}8$, temos a resposta na Figura 9.13.

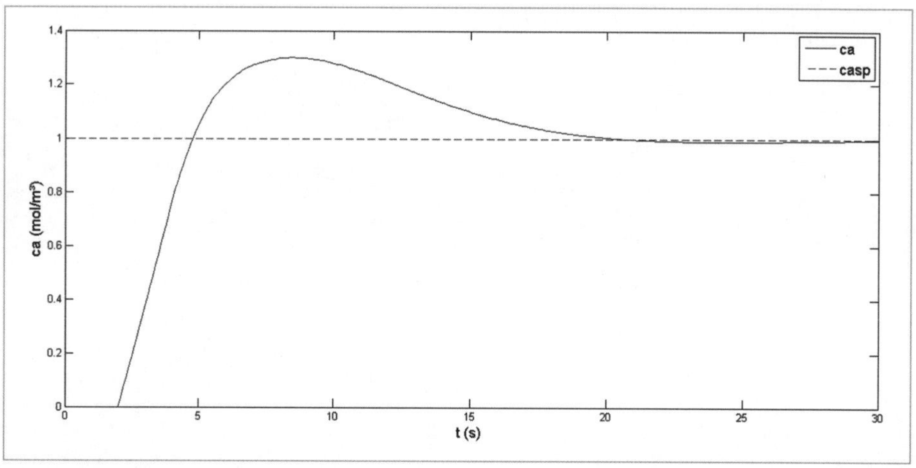

Figura 9.13 Resposta da variável-desvio controlada para um controlador PID com sintonia $K_c = 70$, $\tau_i = 6s, \tau_d = 0{,}8s$, sob uma perturbação degrau unitário no *setpoint*.

Com a nova sintonia, o *overshoot* foi reduzido para 30% e o tempo de resposta foi mantido em aproximadamente 20 segundos. Além disso, a integral do erro quadrático foi reduzida para $3{,}487\frac{m^3}{s}$. Apesar do bom resultado, observamos nas simulações que o controlador exigiu valores elevados para a concentração de A à entrada, que é a variável manipulada.

5. Suponha que a variável manipulada do sistema do exercício anterior (concentração de entrada c_{ai}) é limitada em 30 mol/m^3 (em variável-desvio). Qual seria a resposta do sistema para um degrau unitário no *setpoint* da concentração (c_{asp}), considerando um controlador do tipo PI? Como você faria para melhorar a resposta do sistema?

Resolução:

Esse é um caso clássico em que a saturação na variável manipulada degrada a resposta em malha fechada. Isso ocorre devido a um fenômeno conhecido como bloqueio do tipo integral (*reset windup*), em que ocorre uma saturação do atuador e mesmo assim o controlador PI ou PID continua integrando o erro, causando grandes *overshoots* e podendo levar até mesmo o sistema à instabilidade. A fim de evitá-lo, podemos utilizar uma modificação do controlador PI ou PID conhecida como *anti-reset windup*, que limita a atuação do termo integral durante a saturação. Essa modificação pode ser implementada de acordo com o diagrama de blocos da Figura 9.14.

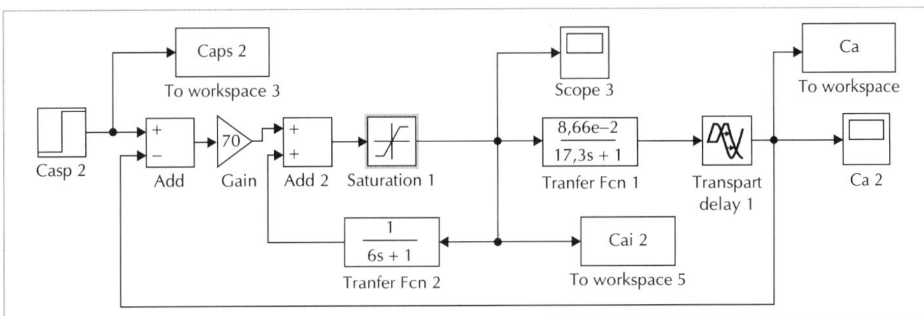

Figura 9.14 Diagrama de blocos do Simulink de um sistema em malha fechada com saturação do atuador.

A melhoria do desempenho do sistema pela utilização do *anti-reset windup* fica evidenciada nos gráficos de resposta a um degrau no *setpoint* da concentração da Figura 9.15. O subscrito "1" é utilizado para denominar o sistema implementado por um controlador PI com sintonia $K_c = 70$ e $\tau_i = 6$ sem a ação *anti-reset windup*, enquanto o subscrito 2 usa um PI de mesma sintonia com a ação *anti-reset windup*.

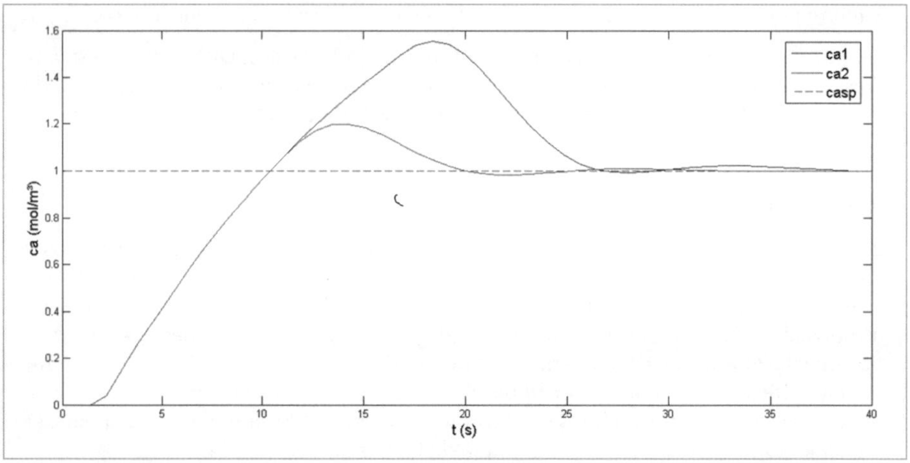

Figura 9.15 Comparação da resposta da variável-desvio controlada para um controlador PI com sintonia $K_c = 70, \ \tau_i = 6s,$ sem ação *anti-reset windup* (c_{a1}) e com (c_{a2}), sob uma perturbação degrau unitário no *setpoint*.

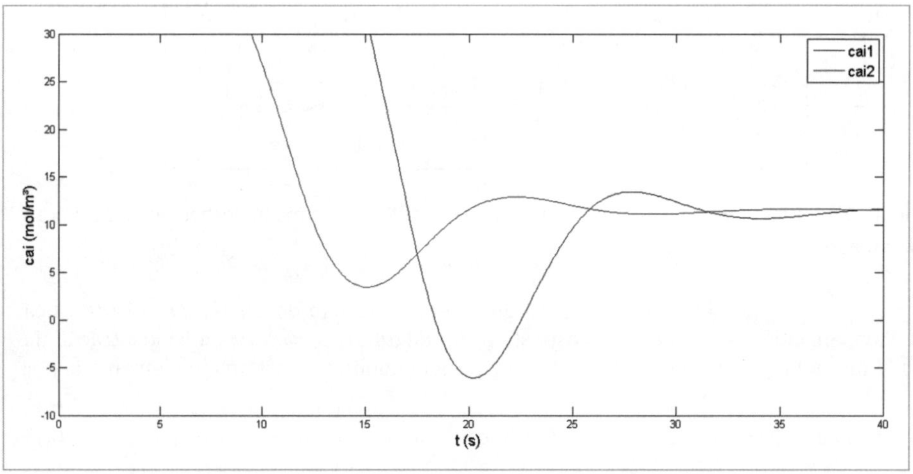

Figura 9.16 Comparação da resposta da variável-desvio manipulada para um controlador PI com sintonia $K_c = 70$, $\tau_i = 6s,$ sem ação *anti-reset windup* (c_{ai1}) e com (c_{ai2}), sob uma perturbação degrau unitário no *setpoint*.

Podemos ver que a modificação proposta se faz necessária em casos em que há saturação no atuador. Uma comparação dos critérios de desempenho, mostrada na Tabela 9.1, confirma o melhor desempenho com a ação *anti-reset windup*, que normalmente é disponibilizada em controladores comerciais.

Tabela 9.1 Comparação de desempenho para exercício 4

Parâmetro	Com *anti-reset windup*	Sem *anti-reset windup*
ISE	4,69	6,46
Overshoot	20%	56%
tempo de resposta	23 s	36 s

6. Suponha que um processo industrial não linear seja identificado nas proximidades do ponto operacional por meio de uma função de transferência de primeira ordem com tempo morto, igual a: $G_p(s) = \dfrac{10}{100s+1}e^{-50s}$. Considere ainda que a função de transferência do distúrbio é igual à do processo: $G_p(s) = G_d(s)$. Compare o desempenho de um controlador do tipo PID, sintonizado por cada uma das três técnicas de sintonia (Ziegler-Nichols – Tabela 5.1; Cohen-Coon – Tabela 5.2; e *ultimate gain* – Tabela 8.2), para um degrau unitário no *setpoint* e no distúrbio.

Resolução:

Utilizando as correlações sugeridas, chegamos aos parâmetros de sintonia conforme sintetizados na Tabela 9.2.

Tabela 9.2 Parâmetros de sintonia calculados no exercício 5

Parâmetro/Método	Ziegler-Nichols	Cohen-Coon	*Ultimate gain*	Ajuste fino
K_c	0,240	0,292	0,228	0,192
τ_I	100	103	85,6	125
τ_d	25	16,7	21,4	20

A tabela nos mostra que a sintonia de Cohen-Coon apresenta a maior ação proporcional, seguida pelo método de Ziegler-Nichols e do *ultimate gain*. Em contrapartida, o método *ultimate gain* é o que apresenta a maior ação integral (menor τ_I), seguido pela sintonia de Ziegler-Nichols e pela sintonia de Cohen-Coon. Como os efeitos das ações proporcional e integral são contrários, é difícil prever, a princípio, qual resposta será mais rápida ou terá mais oscilações.

Uma análise da simulação realizada no Simulink, usando as funções de transferência do enunciado do problema, é mostrada na Figura 9.17. Podemos observar que a sintonia de Ziegler-Nichols é a que apresenta o menor *overshoot* (aproximadamente 31%) e o menor tempo de estabilização (aproximadamente 385 segundos) para o problema supervisório. Para o problema regulatório, após 550 segundos, a resposta das três sintonias apresenta um pico e tempo de estabilização muito próximos.

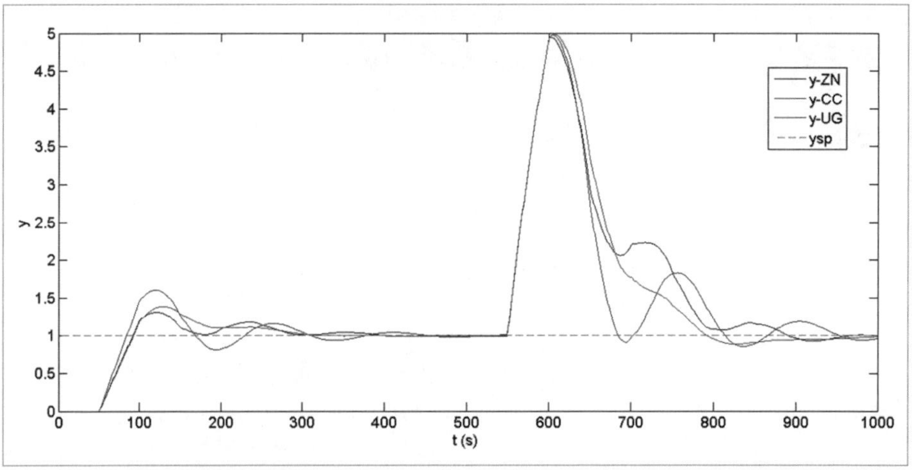

Figura 9.17 Comparação da resposta da variável-desvio controlada para controladores do tipo PID, sintonizado por três técnicas diferentes (Ziegler-Nichols, Cohen-Coon e *ultimate gain*), sob uma perturbação degrau unitário no *setpoint* (t=50 s) e no distúrbio (t=550 s).

A fim de reduzir o tempo de estabilização e o *overshoot*, podemos reduzir a ação integral (aumentar τ_I) e reduzir a ação proporcional, modificando os parâmetros de sintonia para: $K_c = 0{,}192$, $\tau_I = 125$, $\tau_d = 20$. O resultado é mostrado na Figura 9.18, em que o *overshoot* é reduzido para 10% e o tempo de estabilização é reduzido para 335 segundos (considerando o critério de ±2% do valor final). Por outro lado, a resposta ao distúrbio é um pouco mais lenta e apresenta um pico um pouco maior.

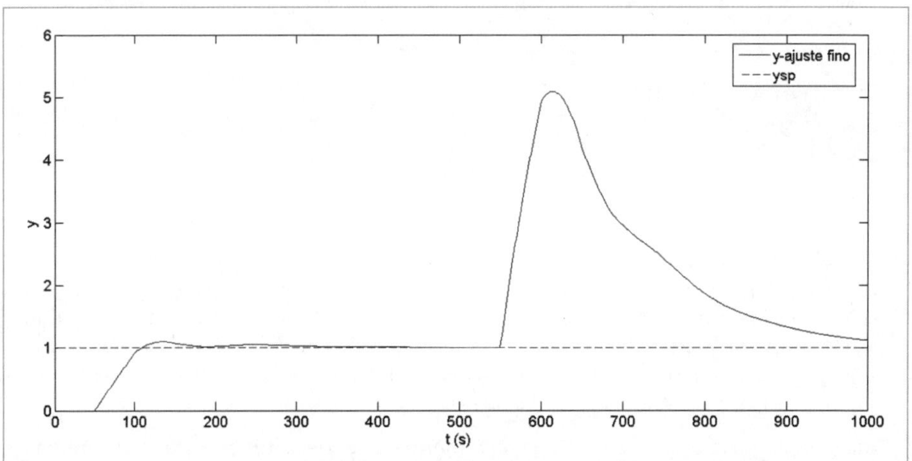

Figura 9.18 Resposta da variável-desvio controlada em um sistema em malha fechada sob perturbação degrau no *setpoint* (t=50 s) e no distúrbio (t=550 s), com um PID com sintonia fina de $K_c = 0{,}192$, $\tilde{\tau}_I = 125$, $\tilde{\tau}_d = 20$.

7. Suponha que o processo descrito no exercício 5 passe por uma modificação no ponto operacional, de forma que o ganho do processo aumente 30% sem que a constante de tempo e o atraso do processo sejam modificados. Como as respostas do processo serão modificadas?

Resolução:

Um aumento no ganho do processo torna a resposta mais agressiva, podendo até mesmo tornar o sistema instável em malha fechada. Por isso, os controladores devem ser projetados para que não só o desempenho seja adequado na condição de projeto, mas para que o sistema em malha fechada tolere variações no processo causadas pela mudança no ponto operacional (já que a maioria dos processos são não lineares), ou por variações no processo causadas naturalmente.

Realizando a simulação do sistema para um degrau unitário no *setpoint* ($t = 0$) e um no distúrbio ($t = 1.000s$), observamos na Figura 9.19 que o sistema apresenta uma resposta bastante oscilatória para as sintonias de Ziegler-Nichols, de Cohen-Coon e de *ultimate gain,* indicando que essas sintonias não são adequadas. Já para o caso da sintonia fina ($K_c = 0{,}192$, $\tau_I = 125$, $\tau_d = 20$), apesar de o sistema apresentar uma degradação no desempenho em relação ao caso nominal para o qual ele foi projetado, a resposta ainda é aceitável, apresentando um *overshoot* de aproximadamente 31% e um tempo de estabilização de 400 segundos para o problema supervisório (servo).

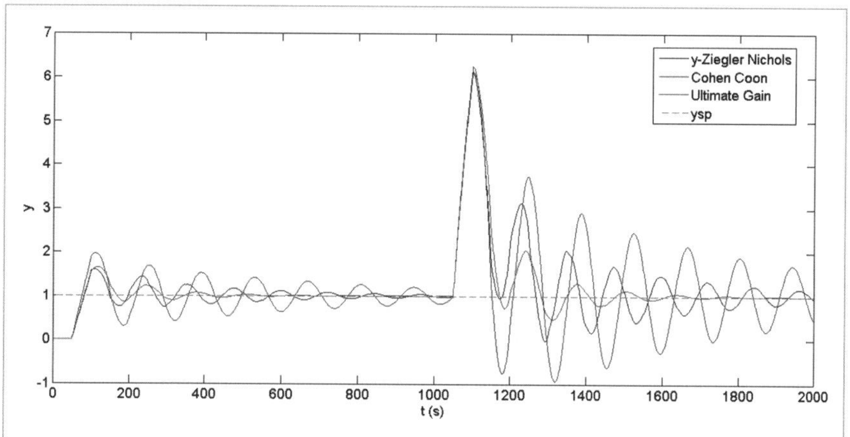

Figura 9.19 Comparação da resposta da variável-desvio controlada para os controladores do tipo PID sintonizado por três técnicas diferentes (Ziegler-Nichols, Cohen-Coon e *ultimate gain*), sob uma perturbação degrau unitário no *setpoint* e no distúrbio.

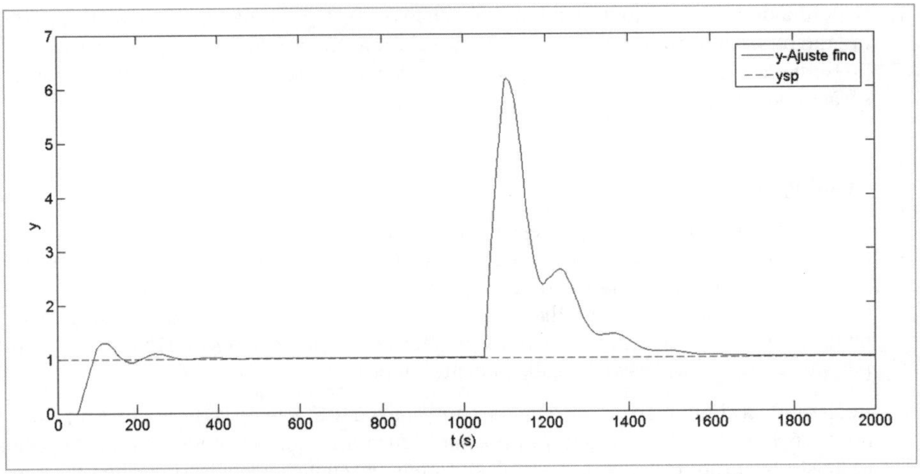

Figura 9.20 Resposta da variável-desvio controlada em um sistema em malha fechada sob perturbação degrau no *setpoint* e no distúrbio, com um PID com sintonia: $K_c = 0{,}192$, $\tau_I = 125$, $\tau_d = 20$.

Quando o processo apresentar não linearidades ou sofrer modificações inerentes ao ambiente onde está inserido, devido a incrustações etc., é mais importante ter um controlador que seja razoável em todas as situações do que um controlador com excelente performance para uma determinada situação e que se degrada muito quando a situação se modifica.

8. Considere que um processo foi identificado com a seguinte função de transferência: $G_p(s) = \frac{4}{20s+1}e^{-2s}$. Utilize a sintonia do tipo *ultimate gain* para um controlador PI. Verifique o desempenho em malha fechada quando adicionar a ação derivativa ao controlador PI, tornando-o um PID. Use $\tau_d = \frac{\tau_I}{4}$.

Resolução:

Usando a aproximação de Padé de segunda ordem (Equação [10.6]) para o tempo morto, e a análise por *root locus*, encontramos os valores críticos do controlador: $K_{cr} = 4{,}07$ e $T_{cr} = 7{,}72\ s$. Com eles é possível usar a Tabela 8.2 para calcular os valores de sintonia: $K_c = 1{,}83$ e $\tau_I = 6{,}43$ do PI.

A Figura 9.21 mostra a comparação do desempenho do PI com essa sintonia com o PID sugerido no exercício. É possível notar que a ação derivativa é capaz de reduzir o *overshoot,* devido principalmente à sua capacidade antecipatória.

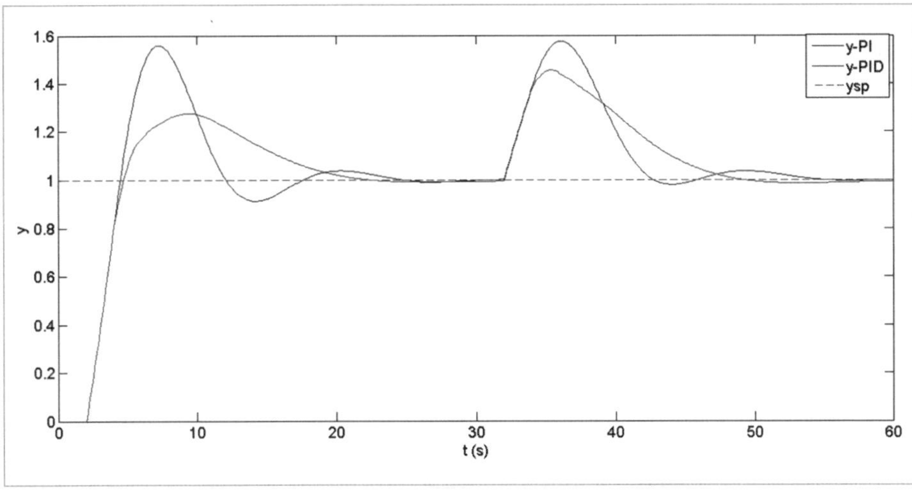

Figura 9.21 Comparação da resposta em malha fechada de controladores PI e PID.

Uma forma analítica de encontrarmos os parâmetros críticos K_{cr} e T_{cr} é por meio do método de substituição direta, conforme a seguir.

Aplicando ao exercício em questão e aproximando a exponencial do tempo morto de 2 segundos por Padé de segunda ordem, temos:

$$G_p(s) = \frac{4}{20s+1} \cdot \frac{4s^2 - 12s + 12}{4s^2 + 12s + 12} = \frac{16s^2 - 48s + 48}{80s^3 + 244s^2 + 252s + 12}$$

Neste método, usamos a equação característica da malha fechada (Equação [6.9]) com controlador P:

$$1 + \frac{Kc\left(16s^2 - 48s + 48\right)}{80s^3 + 244s^2 + 252s + 12} = 0$$

$$80s^3 + \left(244 + 16Kc\right)s^2 + \left(252 - 48Kc\right)s + \left(12 + 48Kc\right) = 0$$

Atribuímos à raiz o valor zero para a parte real (s=jω), pois assim os polos se localizariam na fronteira da instabilidade:

$$80j^3\omega^3 + \left(244 + 16Kc\right)j^2\omega^2 + \left(252 - 48Kc\right)j\omega + \left(12 + 48Kc\right) = 0$$

Por definição, sabemos que $j = \sqrt{-1}$, portanto $j^2 = -1$. Substituindo na equação anterior, teremos:

$$-80j\omega^3 - \left(244 + 16Kc\right)\omega^2 + \left(252 - 48Kc\right)j\omega + \left(12 + 48Kc\right) = 0$$

Para que esse polinômio seja igual a zero, temos duas condições: parte real e parte imaginária iguais a zero:

Real: $-(244+16Kc)\omega^2+(12+48Kc)=0$

Imaginária: $-80\omega^3+(252-48Kc)\omega=0$ ou $-80\omega^2+(252-48Kc)=0$

Da parte real obtemos: $\omega^2=\dfrac{(12+48Kc)}{(244+16Kc)}$

Substituindo na parte imaginária, chegamos a um polinômio de segundo grau:

$$-768\,Kc^2-11520\,Kc+60528=0,$$

que possui duas raízes: Kc = -19 e Kc = 4. Pelo problema de controle, sabemos que o ganho do controlador deve ter o mesmo sinal que o ganho do processo. A única solução possível é Kc = 4, que é o próprio ganho crítico do processo, uma vez que se situa ao longo do eixo imaginário, $K_{cr}=4$.

Substituindo na parte real, obtemos a frequência crítica $\omega_{cr}=0{,}814$. Pela equação que relaciona frequência a período, encontramos o período crítico:

$$T_{cr}=\frac{2\pi}{\omega_{cr}}=7{,}72$$

CAPÍTULO 10

Estudo de caso 4: caldeira com entrada de água sub-resfriada

Nosso objetivo no presente capítulo é apresentar as técnicas de supressão de problemas de controle em processos de mais elevada complexidade, como os que, frente a perturbações do tipo degrau, apresentam resposta inversa, ou elevado tempo morto, ou ainda instabilidade em malha aberta.

Vamos relembrar como se comportam esses processos, em malha aberta, frente a uma perturbação degrau na variável manipulada. No caso de haver resposta inversa, a resposta da variável a ser controlada segue inicialmente para o lado oposto da resposta final. Isto é observado na curva de resposta global da Figura 8.6, em decorrência da soma de dois efeitos de sinais opostos (processo 1 e processo 2), deixando o controlador *feedback* convencional "confuso".

Quando o problema for referente a elevado tempo morto (*td*), a percepção do processo a uma alteração na variável manipulável é demorada, ou seja, se passa um tempo considerável até que a variável a ser controlada sinta a variação que foi provocada, conforme exemplo de resposta da Figura 10.1. Isso acontecerá também quando este processo estiver em malha fechada: a ação de controle demora a ser percebida e o erro na variável controlada demora a ceder, aumentando a instabilidade do controlador.

No caso de o processo ser instável em malha aberta, isso significa que, frente a uma perturbação limitada do tipo degrau, a resposta não atinge novo estado estacionário, tendendo ao infinito se houvesse capacidade de estocagem infinita. Pode ter comportamento oscilatório ou não, conforme respostas dinâmicas representadas ao lado direito do eixo imaginário da Figura 6.2. Para evitar acionamentos do sistema de intertravamento, o que desligaria a planta para não permitir a ocorrência de acidentes, é preciso ter cuidado no projeto do sistema de controle.

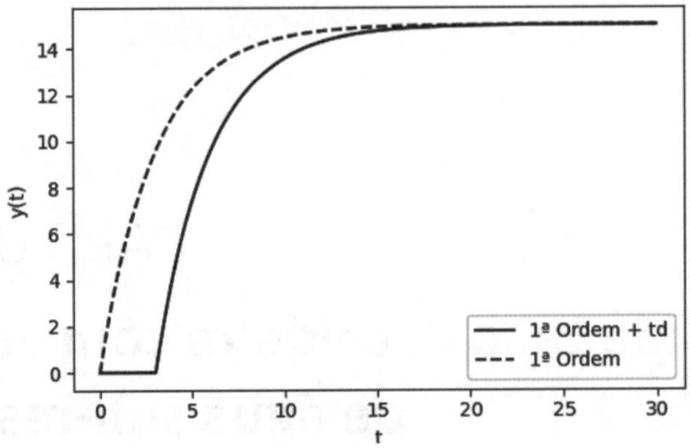

Figura 10.1 Respostas a degrau em processos de primeira ordem com e sem tempo morto, *td*.

Usaremos o estudo de caso de uma caldeira industrial de geração de vapor para o setor de utilidades (Figura 10.2). O controlador manipula a vazão de entrada de água sub-resfriada, visando a controlar o nível h dentro do reservatório, no qual ocorre a troca térmica para vaporização.

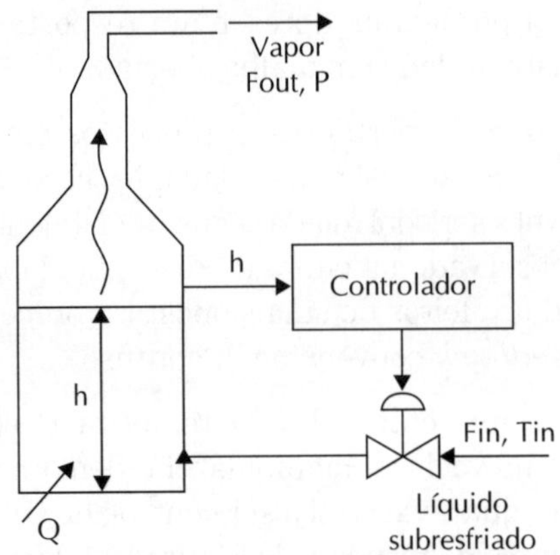

Figura 10.2 Representação esquemática de caldeira industrial para geração de vapor.

Assim como essa caldeira, algumas outras unidades de processamento industriais "enganam" o controlador automático, pois apresentam comportamento de resposta inversa. Não confundir com ganho de processo negativo, que é chamado de comportamento inverso – caso no qual a variação é positiva na manipulada e a variação sofrida pela controlada é negativa ou vice-versa.

Como explicado anteriormente, a resposta inversa ocorre quando a resposta da variável controlada frente a uma perturbação degrau na manipulada segue inicialmente para o lado oposto de sua resposta final. Observamos isso analisando apenas a dinâmica da variável controlada, conforme gráfico do nível em variável-desvio da Figura 10.3. Na resposta inversa, não importa para qual lado – positivo ou negativo –, a variável manipulada sofreu o degrau.

Então, qual é o problema de controle envolvido? Para o caso de processos com resposta inversa, como citado no Capítulo 8, quando falamos sobre estabilidade, sabemos que há um problema de instabilidade associado à malha fechada quando a raiz do numerador for positiva. Isso acontece pois um dos polos – raízes do denominador – vai se deslocar até encontrar a raiz do numerador quando o ganho do controlador proporcional aumentar muito. Consequentemente, o processo dispara frente a um ingênuo degrau aplicado, como na Figura 10.3, já que esse é um caso com raiz positiva no numerador.

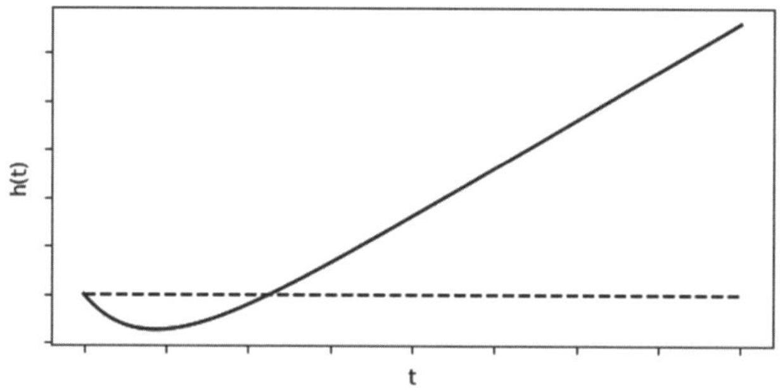

Figura 10.3 Comportamento do nível da caldeira, em variável-desvio, frente à perturbação degrau na vazão de entrada, F_{in}.

No estudo de caso da caldeira, significa que um degrau de incremento de vazão de entrada faz o recipiente transbordar, assim como um degrau de diminuição desta vazão faria o recipiente secar. Os problemas de segurança de operação nesse caso são enormes, e, para evitar que ocorram, as indústrias contam com um sistema de intertravamento, com sensores independentes do sistema de controle automático, que desligaria o aquecimento e a bomba de vazão de água frente à situação detectada de operação fora dos limites permitidos. Por isso é que caldeiras não explodem com tanta frequência!

Pela análise da caldeira, representada na Figura 10.2, podemos perceber que dois efeitos opostos ocorrem quando um aumento em degrau na vazão de entrada F_{in} é provocado (Figura 10.4):

- Processo 1: o primeiro efeito é decorrente do desbalanço entre a produção de vapor (vazão de saída, F_{out}) e a corrente de líquido que entra, F_{in}. A taxa de evaporação não acompanha o aumento de líquido a ser evaporado, pois a taxa de calor fornecida não aumentou (Q constante). Acumula-se mais líquido no tanque, e o nível sobe indeterminadamente – efeito puramente capacitivo, representado pela Equação (4.4).
- Processo 2: o segundo efeito mostra que o nível diminui no início. Isso ocorre porque a maior entrada de líquido frio (sub-resfriado) causa uma diminuição das bolhas de vapor entranhadas no líquido, logo estabilizando em novo estado estacionário.

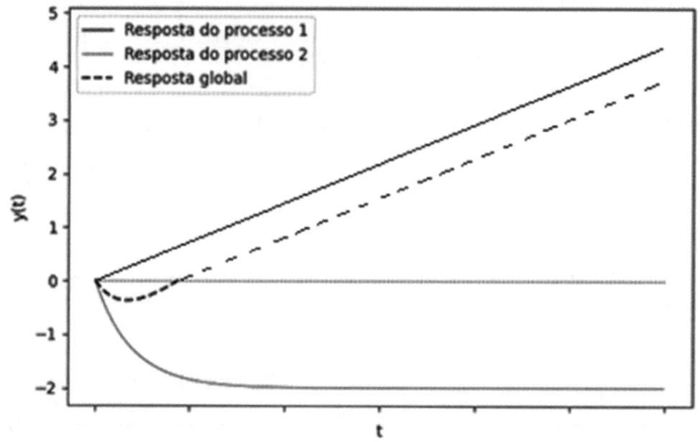

Figura 10.4 Os dois efeitos que, somados, resultam na resposta global da caldeira frente à perturbação degrau em F_{in}.

Matematicamente, podemos descrever o efeito 2 como um processo de primeira ordem com ganho negativo (aumento de F_{in} causa diminuição da altura de líquido) e o efeito 1 como um sistema puramente capacitivo (aumento de F_{in} provoca aumento de nível em decorrência da vazão de saída de vapor permanecer constante, causando acúmulo de líquido cada vez maior no recipiente). Já citamos os sistemas puramente capacitivos no estudo de caso 2, quando tratamos do tanque de nível com bomba com rotação fixa à saída.

A diagramação da concorrência desses dois efeitos opostos é representada na Figura 10.5.

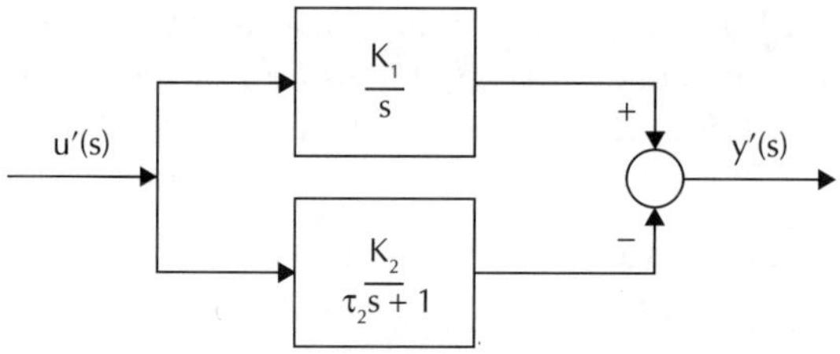

Figura 10.5 Diagrama de blocos referente à combinação de efeitos da caldeira.

Devemos observar que o sinal negativo do efeito 2 está no diagrama da Figura 10.5 e não dentro da função de transferência do processo 2. Portanto, é o valor em módulo de K_2 que precisamos analisar. A função de transferência desta caldeira em malha aberta, com base neste diagrama, é dada por:

$$Gp(s) = \frac{y'(s)}{u'(s)} = \frac{K_1}{s} - \frac{K_2}{\tau_2 s + 1} = \frac{(K_1\tau_2 - K_2)s + K_1}{s(\tau_2 s + 1)} \qquad (10.1)$$

Procurando a raiz do polinômio do numerador de forma analítica, teremos:

$$s = \frac{-K_1}{\left(K_1\tau_2 - K_2\right)} \tag{10.2}$$

Estaremos na fronteira entre estabilidade e instabilidade quando o denominador desta raiz mudar de sinal. Portanto, a preocupação é se $K_1\tau_2 \langle| K_2|$ ou $K_1\tau_2 >| K_2 |$.

Dividindo a análise por faixas, percebemos que, quando $K_1\tau_2 > |K_2|$, o denominador da raiz será positivo e a raiz será negativa. Raiz negativa no numerador não configura resposta inversa.

Porém, quando $K_1\tau_2 \langle| K_2|$, o denominador da raiz será negativo e a raiz s será positiva. O efeito 2 dominará o processo inicialmente, e posteriormente o efeito 1 passará a dominar. Este é o caso que nos preocupa para o projeto de controle automático, por ser um efeito desestabilizador no processo.

Por outro lado, quando o tempo morto *td* é maior que a constante de tempo do processo τ, na aproximação do sistema por *first order plus delay time* (FOPDT; Equação [4.3]), podemos dizer que o tempo morto é elevado. Devemos lembrar que a aproximação é feita graficamente, conforme representado na Figura 5.2.

Tomando a Equação (4.3) e isolando o termo relativo ao tempo morto, temos:

$$G_{sist}(s) = \frac{K.e^{-td.s}}{\tau s + 1} = G(s).e^{-td.s} \tag{10.3}$$

Quando fechamos a malha do processo da Equação (10.3) com controle proporcional e encontramos o ganho crítico Kc_{cr}, fica fácil perceber pela análise do lugar das raízes que, quanto maior é o tempo morto, menor será o ganho crítico do processo em malha fechada. O tempo morto provoca uma tendência de desestabilização em malha fechada, e a faixa adequada de ganho do controlador *Kc* na sintonia ficará bem restrita.

10.1 PROCEDIMENTOS ESPECIAIS PARA PROCESSOS COM RESPOSTA INVERSA, ELEVADO TEMPO MORTO OU INSTÁVEL EM MALHA ABERTA

Nos dois casos citados de resposta mais complexa (reposta inversa e tempo morto elevado), o efeito é desestabilizador no processo quando em malha fechada com controle por realimentação convencional.

Se existe um tempo *td* para o qual o processo não "sente" a perturbação aplicada ou um tempo *td* no qual o processo responde de modo diferente do comportamento final, que tal fazer uma predição futura com base somente na dinâmica predominante após esse tempo *td*? Essa dinâmica predominante é dada por *G(s)* na aproximação FOPDT da Equação (10.3).

Para ficar somente com *G(s)* na Equação (10.3) da FOPDT, é só somar o termo $[G(s) - G(s).e^{-td.s}]$ ou $[G(s).(1- e^{-td.s})]$ na mesma equação. Este termo é chamado de preditor de Smith. Com essa predição futura y_{fut}, a partir da ação de controle $u(t)$, eliminamos o tempo morto por meio da correção no sinal do erro e_c que entra no controlador no instante atual t.

O diagrama de blocos da malha por realimentação para processos com elevado tempo morto, da Figura 10.6, traduz esses cálculos, considerando $Gv(s)=Gm(s)=1$ e já apresentando o erro corrigido $e_c(s)$.

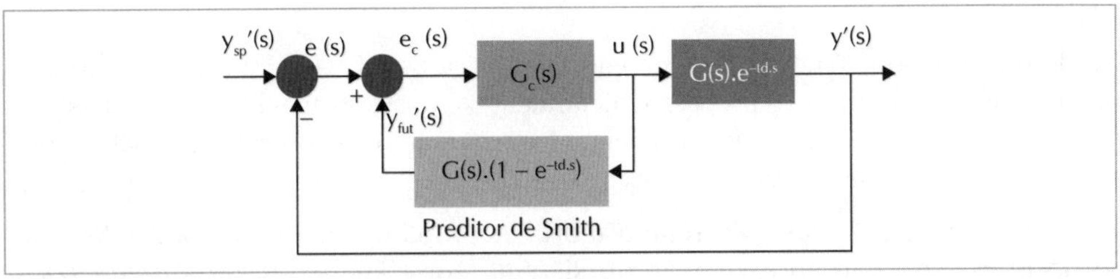

Figura 10.6 Diagrama de blocos de uma malha de controle por realimentação com preditor de Smith.

Para que este bloco do *loop* interno (preditor de Smith) funcione adequadamente, o modelo *G(s)* tem que ser fiel ao processo. Isso ocorre porque o bloco prediz no instante atual, com base no modelo da função de transferência *G(s)*, o efeito que a variável manipulada teria sobre o processo, após decorrido o tempo *td*, corrigindo o erro usado nos cálculos do controlador. Isso é matematicamente descrito no domínio do tempo da seguinte forma:

$$y_{fut}(t) = y(t + td) \tag{10.4}$$

Ou no domínio de Laplace:

$$y_{fut}(s) = e^{+td.s}.y(s) \tag{10.5}$$

Mais danoso que o desvio do próprio modelo *G(s)* seria um erro na determinação do tempo morto *td*, por causa do termo exponencial do preditor. Devemos ter muito cuidado ao optar por essa estratégia do preditor de Smith, pois os desvios citados podem fazer com que a compensação calculada pelo preditor não seja efetiva e ainda cause instabilidade em malha fechada.

Quanto aos sistemas com resposta inversa, faremos aqui uma pausa para analisar as similaridades entre sistemas com elevado tempo morto e sistemas com resposta inversa. Mostramos anteriormente que a análise de estabilidade é realizada ao observarmos as raízes dos polinômios do denominador e do numerador das funções de transferência, em malha aberta ou em malha fechada. Porém, o que acontece quando existe tempo morto é a multiplicação de um polinômio, de qualquer ordem, por uma exponencial

$e^{-td.s}$. Isso atrapalha a busca pelas raízes e, portanto, devemos utilizar a aproximação de Padé de primeira ou segunda ordens, fornecidas por:

$$e^{-td.s} \sim \frac{1-\frac{td}{2}s}{1+\frac{td}{2}s} \quad (1^a \text{ ordem})$$

$$e^{-td.s} \sim \frac{td^2s^2 - 6td\,s + 12}{td^2s^2 + 6td\,s + 12} \quad (2^a \text{ ordem}) \tag{10.6}$$

Transformando a exponencial em uma divisão de polinômios de primeira ordem, observemos agora seu numerador. Quando igualado a zero, encontramos sua raiz em $s = +2/td$. Uma raiz positiva, exatamente como na resposta inversa!

Dessa forma, para amenizar o problema da resposta inversa, seguiremos o mesmo raciocínio desenvolvido para suprimir o problema do tempo morto elevado: inserir um compensador semelhante ao preditor de Smith à malha de controle por realimentação. Para ilustrar, usaremos o estudo de caso da caldeira (Figura 10.2), diagramado, em malha aberta, conforme Figura 10.5. O diagrama de blocos desse processo, com controle por realimentação e compensação de resposta inversa, pode ser visto na Figura 10.6.

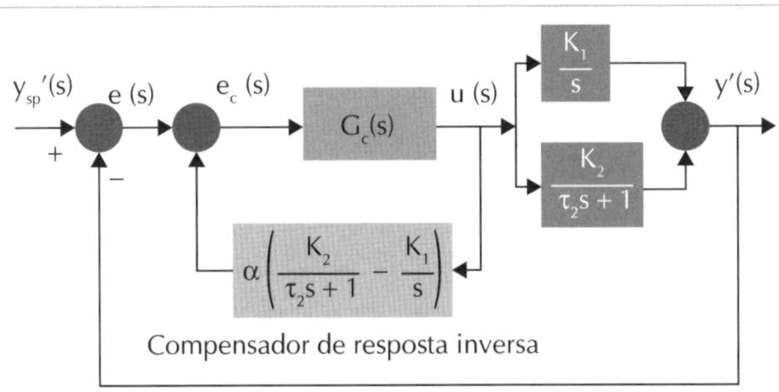

Figura 10.7 Diagrama de blocos da caldeira em malha fechada com controle por realimentação e compensação de resposta inversa.

Com base no modelo do processo, o compensador prediz a resposta inversa e realiza uma correção no erro para eliminá-la. Assim como o preditor de Smith, esse compensador só funciona adequadamente se o modelo for fiel ao processo. É possível diminuir a influência do compensador ajustando o parâmetro α para um valor < 1 na Figura 10.7. No bloco do controlador, $G_C(s)$, é uma prática comum optar pelo controlador do tipo PI. Qualquer sintonia clássica poderia ser utilizada.

Quando estivermos implementando essa estratégia no sistema supervisório da caldeira (Figura 10.2), no domínio do tempo, a equação de controle a utilizar será a Equação (5.9) adaptada para usar o erro corrigido:

$$u'(t) = Kc.\left[e_c(t) + \frac{1}{\tau_I}\int_0^T e_c(t)dt\right] \tag{10.7}$$

Na Equação (10.7), o erro corrigido $e_c(t)$ será dado por:

$$e_c(t) = \left[y_{sp}'(t) - y'(t)\right] - L^{-1}\left\{\alpha\left(\frac{K_2}{\tau_2 s + 1} - \frac{K_1}{s}\right).\frac{u'}{s}\right\} \tag{10.8}$$

Considerando o sinal, à saída do controlador, como um ajuste em variável-desvio u' no formato de degrau (u'/s), e rearranjando no domínio de Laplace, temos:

$$e_c(t) = e(t) - \alpha\left[L^{-1}\left\{\frac{K_2}{\tau_2 s + 1}.\frac{u'}{s}\right\} - L^{-1}\left\{\frac{K_1}{s}.\frac{u'}{s}\right\}\right] \tag{10.9}$$

$$e_c(t) = e(t) - \alpha\left[L^{-1}\left\{\frac{K_2.u'}{s(\tau_2 s + 1)}\right\} - L^{-1}\left\{\frac{K_1.u'}{s^2}\right\}\right] \tag{10.10}$$

Aplicando a transformada inversa de Laplace à Equação (10.10), obtemos:

$$e_c(t) = e(t) - \alpha\left[K_2.u'\left(1 - e^{-t/\tau_2}\right) - K_1.u'.t\right] \tag{10.11}$$

Esta representa o cálculo do erro corrigido para a caldeira, no domínio do tempo, e deve ser implementada com a Equação (10.7) no sistema supervisório.

O parâmetro α é ajustável na faixa compreendida entre 0 e 1, sendo que, quanto mais próximo de 0, mais semelhante ficaria a malha àquela convencional por realimentação. Somente deveremos ajustá-lo próximo da unidade quando o modelo usado no compensador for absolutamente fiel ao processo real, o que dificilmente ocorre. Ao verificar que a resposta da malha fechada está oscilatória ou demorada, podemos reajustar α até deixá-la com desempenho mais adequado.

Ainda para a resposta inversa, há outra opção mais simples e popular que também pode resolver a questão: usar um PID convencional, com sintonia por Ziegler-Nichols, baseada no ganho crítico, sem nenhuma compensação. A ação derivativa de controle, por sua natureza, antecipa a direção errada da resposta do sistema, resultando numa ação corretiva apropriada para limitar (mas não eliminar) a resposta inversa.

Assim como no estudo de caso da caldeira, em decorrência do efeito 1, qualquer tanque contínuo de armazenamento será instável se houver um desbalanceamento entre a soma das correntes de entrada e a soma das correntes de saída. Um degrau de incremento de vazão na entrada, sem o correspondente aumento na saída, faz o recipiente transbordar; e um degrau de diminuição da vazão de entrada faz o recipiente secar. A função de transferência típica é a de processo puramente integrador ou puramente capacitivo, como a do efeito 1 da caldeira no diagrama da Figura 10.5, fornecida pela Equação (4.4) e generalizada por:

$$\frac{y'(s)}{u'(s)} = \frac{K_1}{s} \tag{10.12}$$

Considerando novamente o sinal do controlador como um ajuste em variável-desvio *u'* no formato de degrau (*u'/s*), temos:

$$y'(s) = \frac{K_1.u'}{s^2} \tag{10.13}$$

Aplicando a transformada inversa de Laplace à Equação (10.13), chega-se ao seguinte resultado, no domínio do tempo:

$$y'(t) = K_1 u't \tag{10.14}$$

Observando a Equação (10.14), percebemos que a variável y'(t) cresce linearmente com o tempo t, sendo o processo instável. Mas nem precisaríamos ter feito a inversa, pois sabemos, sobre a análise no domínio de Laplace (Equação [10.13]), que a raiz do denominador em malha aberta é zero, o que corresponde ao início da região de instabilidade (Figura 6.2).

Em malha fechada com controle por realimentação do tipo proporcional, sem dinâmica no sensor ou atuador, ou seja, usando $Gv(s)=Gm(s)=1$, teríamos a equação característica dada por:

$$1 + Gc(s)Gp(s) = 0 \tag{10.15}$$

Quando substituímos as funções de transferência do controlador (Equação [8.12]) e do processo (Equação [10.12]), obtemos:

$$1 + Kc.\frac{K_1}{s} = 0 \tag{10.16}$$

Encontrando a raiz, temos:

$$s = -Kc.K_1 \tag{10.17}$$

Sabemos, pelas correlações de sintonia, que os ganhos do controlador K_c e do processo K_1 teriam de possuir o mesmo sinal e, portanto, a multiplicação dos dois será sempre positiva. Dessa forma, a raiz dada pela Equação (10.17) será sempre negativa.

10.2 CONCLUSÕES

Em conclusão, vimos que um processo instável em malha aberta (Equações [10.13] e [10.14]) se tornou totalmente estável em malha fechada com controle proporcional, conforme comportamentos exibidos na Figura 10.8. Nesta, foram aplicadas perturbações em degrau unitário *u'=1* em malha aberta e *d'=1* e $y_{sp}=0$ em malha fechada, caracterizando problema regulatório.

Entretanto, quando esse efeito integrador estiver concorrendo com outro efeito, como na caldeira, deve-se verificar mais cuidadosamente a resposta do sistema todo em malha fechada, pois existe um polinômio no numerador da função de transferência do processo, cuja raiz poderia ser positiva. Como já explicado, existiria nesse caso um limite explícito para o valor máximo a ser empregado no ganho do controlador para não desestabilizar o sistema em malha fechada.

Para fechar a presente análise, podemos dizer que algumas unidades de processamento "enganam" o controlador automático, pois apresentam comportamento de resposta inversa ou demoram muito para sentir as modificações realizadas nas condições operacionais. Nesses casos, o efeito é desestabilizador no processo quando a malha é fechada com controle por realimentação convencional.

A síntese da análise é que, se o sistema apresenta resposta inversa, ele possui uma raiz no numerador da função de transferência, chamada de zero. Se este zero for positivo, o sistema tende à região de instabilidade, quando sob controle, e o processo dispara frente a um ingênuo degrau aplicado. Quanto ao tempo morto elevado, fazemos sempre sua aproximação por uma divisão de polinômios (Equação [10.6]) para facilitar a busca das raízes. Com isso, uma raiz positiva aparece no numerador, exatamente como na resposta inversa.

Para ajudar o controlador a ficar mais estável, usamos a mesma estratégia nos dois casos: compensação da resposta, ou seja, uma correção do erro que segue para cálculo da variação da manipulada, promovendo ações de controle mais efetivas.

Quanto aos processos que são instáveis em malha aberta, eles ficam sempre estáveis quando em malha fechada por controle P. Somente se houvesse concorrência com outro efeito, como na caldeira, é que o projeto de controle necessitaria dos mesmos cuidados mencionados anteriormente.

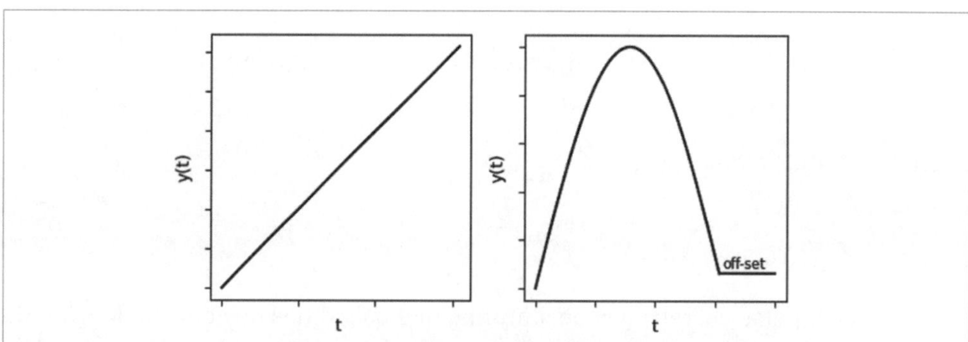

Figura 10.8 Comportamento de processo puramente capacitivo (Equação [10.12]) frente a degrau unitário, em malha aberta (à esquerda) e em malha fechada (à direita) com controlador P.

EXERCÍCIOS RESOLVIDOS

1. Considere o problema do tanque de nível abordado no exercício 1 do Capítulo 7 e também no exercício 1 do Capítulo 9, nos quais se deseja controlar um tanque de nível, com atraso de 20 s no medidor, usando um controlador PID. Qual o efeito da adição do preditor de Smith na resposta em malha fechada frente a um degrau unitário no *setpoint* do nível, h_{sp}? O que ocorrerá se o modelo do processo tiver o ganho e a constante de tempo corretos e um atraso incorreto de 5 s? O que ocorrerá se o modelo do processo tiver a constante de tempo e o atraso corretos, mas um ganho incorreto, quatro vezes menor?

   Os parâmetros do processo são dados: $C_v = 1 \cdot 10^{-2} \frac{m^{2,5}}{s}; h_{ss} = 4m; A = 0,5m^2$. Considere a função de transferência do medidor como um atraso de 20 s.

Resolução:

Os parâmetros do processo são dados: $C_v = 1 \cdot 10^{-2} \frac{m^{2,5}}{s}; h_{ss} = 4m; A = 0,5m^2$.
A função de transferência do medidor é relativa ao tempo morto de 20 s, ou seja: $Gm(s) = e^{-20s}$.

Conforme discutido ao longo do capítulo, o preditor de Smith consegue prever e compensar o efeito do tempo morto com base no modelo do processo, eliminando-o da equação característica. Portanto, espera-se que a adição dele em um controlador, usando um modelo que prediz perfeitamente o processo, impacte positivamente o desempenho da resposta em malha fechada.

Realizando a simulação do processo com a função de transferência encontrada no exercício 1 do Capítulo 9:

$$G(s) = Gp(s).Gm(s) = \frac{400}{200s+1}e^{-20s}$$

e usando o diagrama de blocos, desenvolvido no Simulink, conforme a Figura 10.9, podemos analisar os resultados.

A sintonia considerada no bloco do PID foi a final encontrada no exercício 1 do Capítulo 9, isto é:

$$K_c = 0,02\frac{\frac{m^3}{s}}{m};\ \tau_I = 80s;\ \tau_d = 6s$$

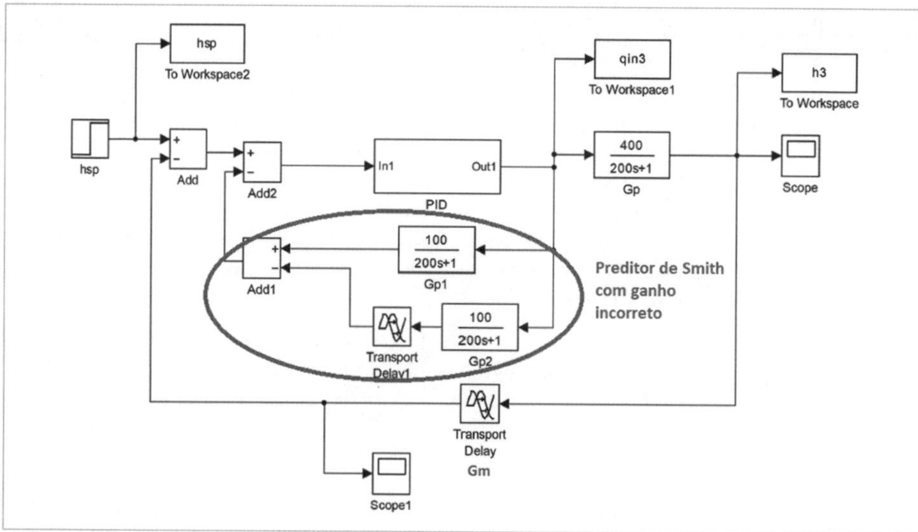

Figura 10.9 Diagrama de blocos do Simulink/MATLAB, para exercício 1.

Na Figura 10.10, vemos que, de fato, o preditor correto reduz consideravelmente o *overshoot*: de 30% para 10%, sem modificar consideravelmente o tempo de estabilização do sistema. Podemos ver ainda que a resposta da variável manipulada é bem mais suave quando se usa o preditor de Smith.

A presença do preditor de Smith nos permite utilizar sintonias mais agressivas para o controlador PID a fim de melhorar o desempenho do sistema em malha fechada. Utilizando a sintonia $K_c = 0{,}04 \frac{\frac{m^3}{s}}{m}$; $\tau_I = 60s$; $\tau_d = 6s$, e comparando com a resposta sem o preditor, temos uma redução no tempo de resposta do sistema, assim como uma redução no *overshoot*, como se pode comprovar nas Figura 10.12 e 10.13.

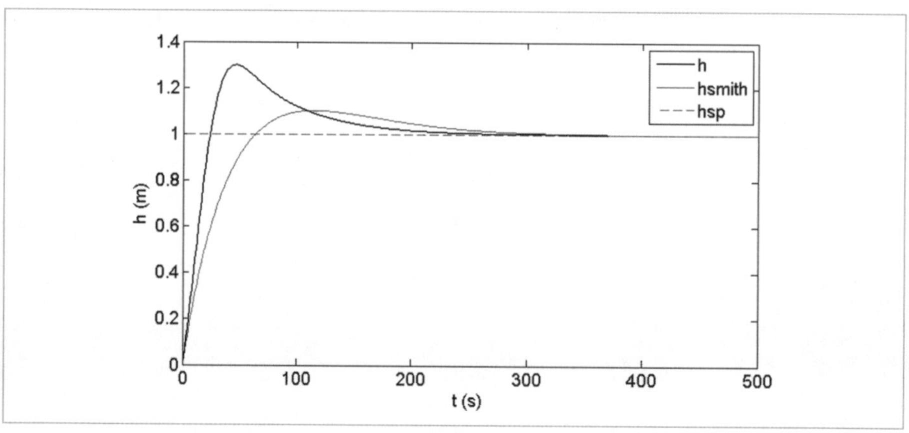

Figura 10.10 Comparação entre o comportamento do nível-desvio em malha fechada com e sem o preditor de Smith, usando a mesma sintonia ($K_c = 0{,}02$; $\tau_I = 80s$; $\tau_d = 6s$), ao aplicar uma perturbação do tipo degrau unitário no *setpoint*.

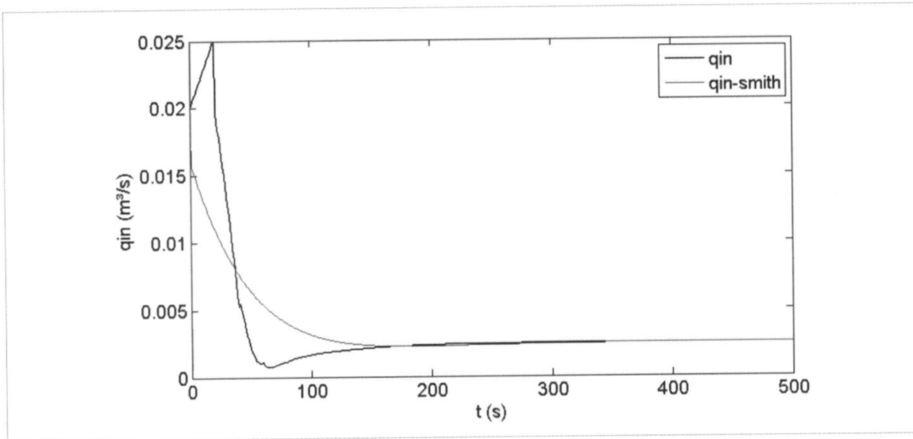

Figura 10.11 Comparação entre o comportamento da vazão-desvio em malha fechada com e sem o preditor de Smith, ao aplicar uma perturbação do tipo degrau unitário no *setpoint* do nível.

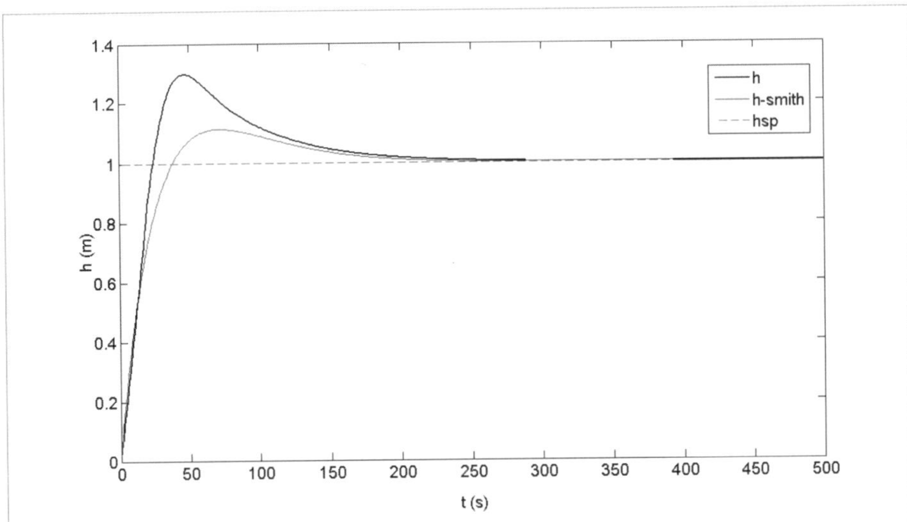

Figura 10.12 Comparação entre o comportamento do nível-desvio em malha fechada com e sem o preditor de Smith com maior valor de *Kc*, ao aplicar uma perturbação do tipo degrau unitário no *setpoint*.

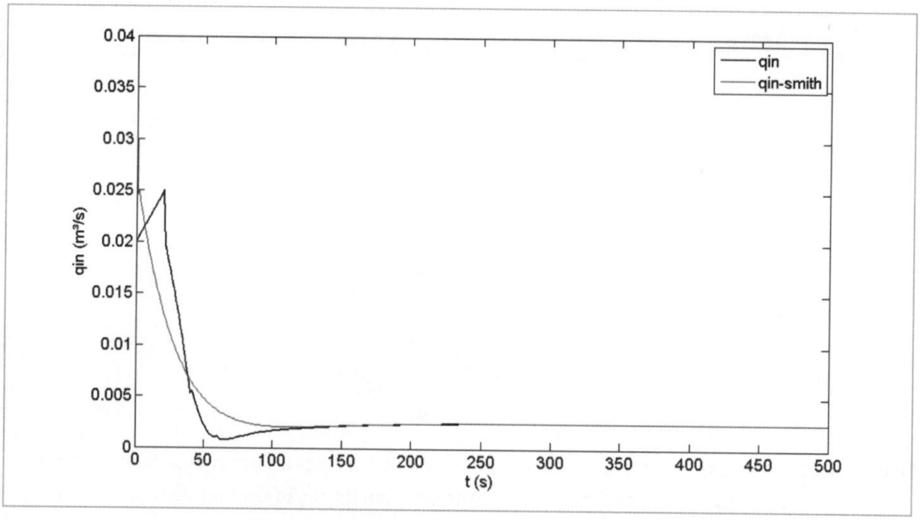

Figura 10.13 Comparação entre o comportamento da vazão em malha fechada com e sem o preditor de Smith com maior valor de *Kc*, ao aplicar uma perturbação do tipo degrau unitário no *setpoint* do nível.

Quando a predição do modelo da planta difere do comportamento real do processo, o preditor de Smith incorreto pode comprometer significativamente a performance em malha fechada. Isso pode ser visto nos resultados da simulação das Figura 10.14 e Figura 10.15, considerando que o atraso modelado foi de 5 segundos, usado no preditor, e a planta tinha um atraso real de 20 segundos. Constatamos um *overshoot* significativamente maior e um tempo de estabilização semelhante.

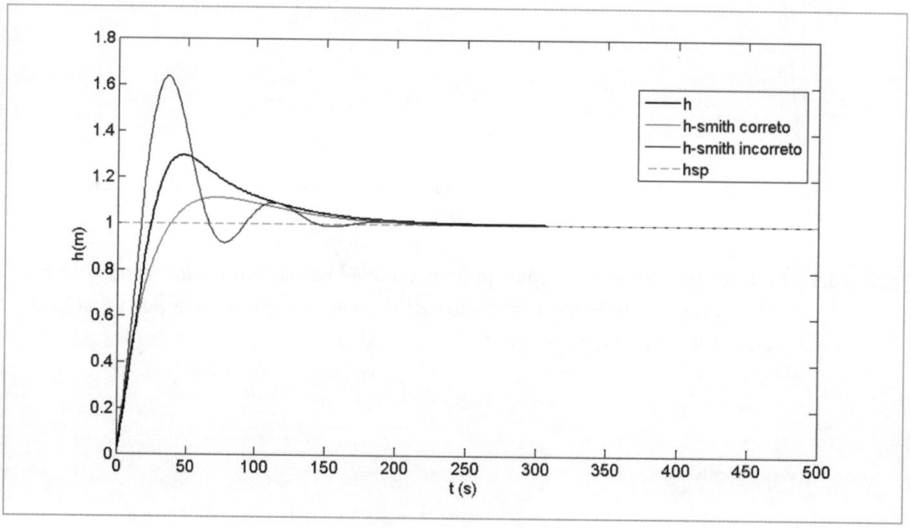

Figura 10.14 Comparação do comportamento da variável controlada quando o tempo morto utilizado pelo preditor de Smith é incorreto.

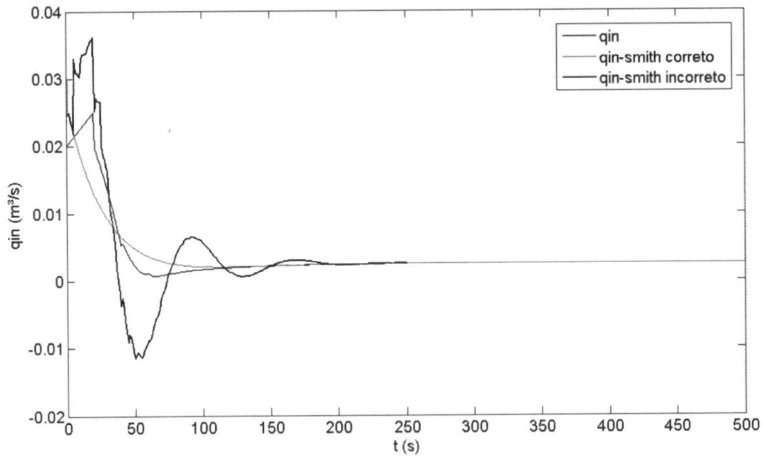

Figura 10.15 Comparação do comportamento da variável manipulada quando o tempo morto utilizado pelo preditor de Smith é incorreto.

A presença de um ganho de processo incorreto também pode comprometer a resposta do sistema em malha fechada. Isso pode ser observado nas Figuras 10.16 e 10.17, em que o preditor de Smith usa um ganho do processo quatro vezes menor, isto é, $K_p = 100\dfrac{m}{\left(\dfrac{m^3}{s}\right)}$, aumentando consideravelmente o *overshoot*. Dessa forma, em tal caso, o preditor de Smith não deve ser utilizado se o ganho do processo ou o atraso tem uma faixa de erro (em módulo) maior que 30%.

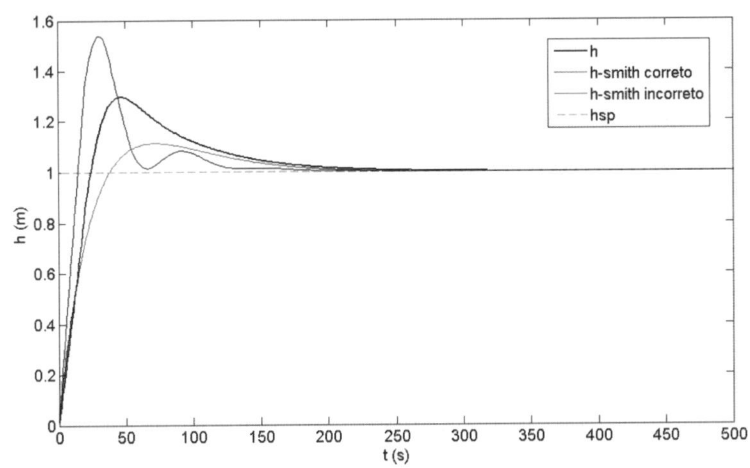

Figura 10.16 Comparação do comportamento da variável controlada quando o ganho de processo utilizado pelo preditor de Smith é incorreto.

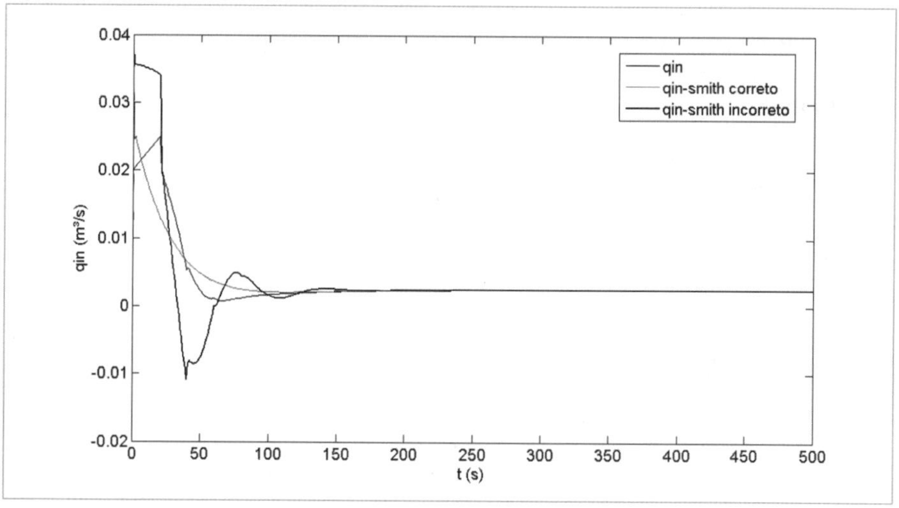

Figura 10.17 Comparação do comportamento da variável manipulada quando o ganho de processo utilizado pelo preditor de Smith é incorreto.

Uma observação importante sobre a performance do preditor de Smith é que o tempo morto modelado pode se distanciar do real, não apenas por erros de modelagem, mas também devido a mudanças no processo. Em algumas situações, por exemplo, o tempo morto do processo pode depender da vazão do processo. Dessa forma, caso essa vazão mude, o tempo morto também será modificado. A consequência é a perda de desempenho do controlador que usa o preditor.

2. Considere um sistema de primeira ordem com tempo morto cuja função de transferência é dada por $G_p(s) = \dfrac{100}{100s+1}e^{-100s}$.

Utilize um controlador PI, com sintonia apresentada no Capítulo 8, num diagrama de blocos do Simulink, para simular a resposta do sistema em malha fechada frente a um degrau unitário no *setpoint*. Compare o resultado com aquele obtido por um PI acoplado com um preditor de Smith. O que ocorre com o sistema se o modelo possuir um atraso incorreto de 30 s, isto é, se $\tilde{G}_p(s) = \dfrac{100}{100s+1}e^{-30s}$?

Resolução:

A utilização do preditor de Smith permite que sejam usados ganhos do controlador maiores e um tempo integral menor, já que o atraso é compensado. Dessa forma, a sintonia utilizada para o PI simples foi aquela obtida pelo método de Ziegler-Nichols em malha fechada, ou *ultimate gain* (Tabela 8.2).

Pela análise do lugar das raízes, temos os valores críticos (aqueles que levam o sistema em malha fechada ao limite de estabilidade): $K_{cr} = 0{,}0226$ e $T_{cr} = 300$. Portanto, os valores de sintonia calculados pela Tabela 8.2 foram: $K_c = 0{,}0102$ e $\tau_I = 250$. Já para o controlador com preditor de Smith, utilizou-se da sintonia: $K_c = 0{,}028$ e $\tau_I = 80$.

A resposta da variável controlada ao degrau unitário no *setpoint* é dada na Figura 10.18. É possível ver que o tempo de estabilização para o PI com preditor de Smith foi de 200 segundos, enquanto para o PI normal foi de 1.250 segundos. Isso mostra que, em situações em que o tempo morto é muito grande, o preditor de Smith, de fato, tem potencial para melhorar o desempenho do sistema em malha fechada.

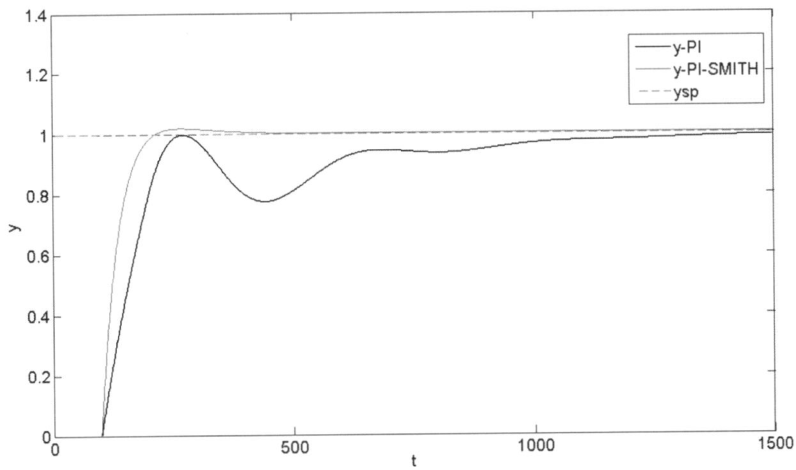

Figura 10.18 Comparação do comportamento da variável controlada (desvio) entre um sistema com e sem o preditor de Smith, ao aplicar uma perturbação degrau unitário no *setpoint*.

No entanto, se o tempo morto modelado – usado no preditor – fosse de 30 segundos, o sistema ficaria quase no limite da estabilidade, conforme mostrado na Figura 10.19. Essa questão novamente mostra o efeito negativo na performance que o preditor de Smith pode ter, caso o processo se comporte de maneira muito diferente do modelo usado no preditor, especialmente se o ganho ou o tempo morto modelado forem muito diferentes dos valores reais.

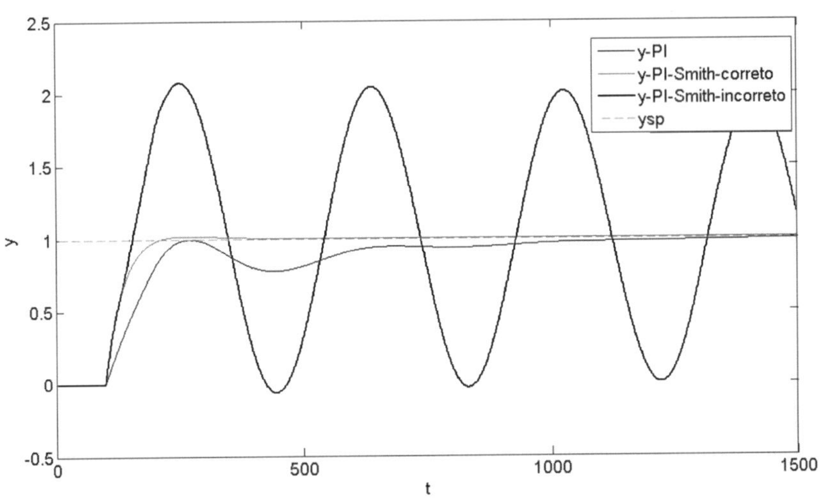

Figura 10.19 Comparação do comportamento da variável controlada (desvio) entre um sistema com o preditor de Smith com tempo morto correto, com tempo morto incorreto e sem preditor de Smith, ao aplicar uma perturbação degrau unitário no *setpoint*.

3. Considere o mesmo processo do exercício anterior e que a função de transferência do distúrbio *é* de primeira ordem,

dada por $G_d(s) = \dfrac{5}{100s+1}$. Compare a resposta da variável controlada, frente a um degrau unitário no distúrbio, usando: a) PID; b) PI; c) PI acoplado a um preditor de Smith.

Resolução:

Com base no diagrama de blocos no Simulink, representado pela Figura 10.20, realizamos a simulação computacional deste processo.

Como o processo tem um tempo morto, é esperado que o preditor de Smith forneça uma correção do atraso, melhorando o desempenho da resposta em malha fechada ao distúrbio. No entanto, a ação derivativa do PID também é capaz de agir de forma antecipatória, como mostra a Figura 10.21. Portanto, nesse caso é preferível utilizar um controlador PID, sem preditor, uma vez que ele é mais robusto frente a erros de modelagem.

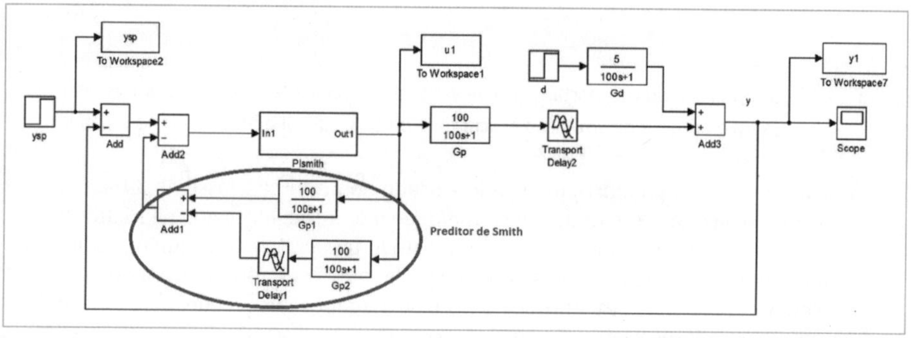

Figura 10.20 Diagrama de blocos no Simulink/MATLAB, para o exercício 3.

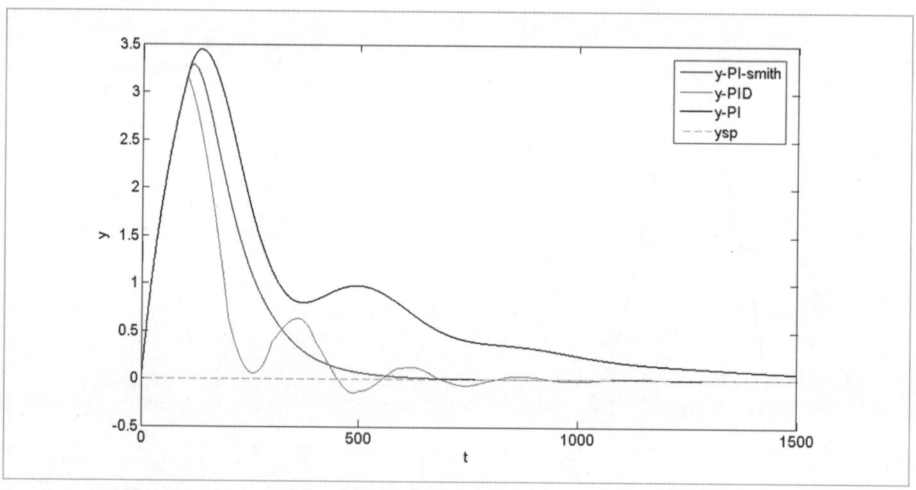

Figura 10.21 Comparação do comportamento da variável controlada (desvio) em um sistema em malha fechada usando PID e PI, e PI com preditor de Smith, ao aplicar uma perturbação degrau unitário ao distúrbio (ou carga), *Gd(s)*.

4. Suponha que um processo possua uma resposta inversa resultante da soma de dois processos de primeira ordem: o primeiro com um ganho maior e mais lento ($G_{p1}(s) = \dfrac{5}{5s+1}$) e o segundo com um ganho menor, porém mais rápido ($G_{p2}(s) = \dfrac{2}{s+1}$), similar à parte do processo na Figura 10.7. Como você sintonizaria o controlador? Que tipo de compensação pode ser proposta para melhorar a resposta em malha fechada?

Resolução:

Para elucidar melhor o problema, vamos construir o diagrama de blocos em malha fechada deste sistema (Figura 10.22).

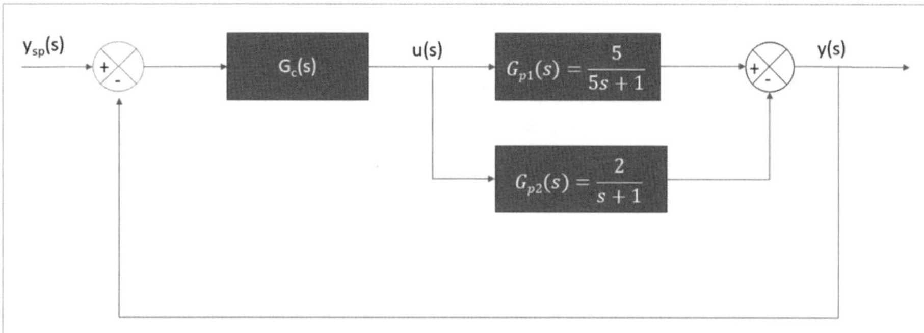

Figura 10.22 Diagrama de blocos em malha fechada do sistema descrito no exercício 4.

Pelo ganho crítico do processo e pelo período crítico, é possível sintonizar um controlador PI utilizando as correlações de Ziegler-Nichols em malha fechada da Tabela 8.2.

Usando a análise do lugar das raízes, obtivemos: $K_{cr} = 1{,}2$ e $T_{cr} = 6{,}5$.

Por meio das correlações da Tabela 8.2, temos: $K_c = 0{,}54$ e $\tau_I = 5{,}5$.

Realizando a simulação deste sistema em malha fechada por meio do Simulink, o comportamento da variável controlada (desvio) a um degrau unitário no *setpoint* é mostrada na Figura 10.23. Notamos que ela apresenta um *overshoot* de 26% e um tempo de estabilização de 15,9 segundos.

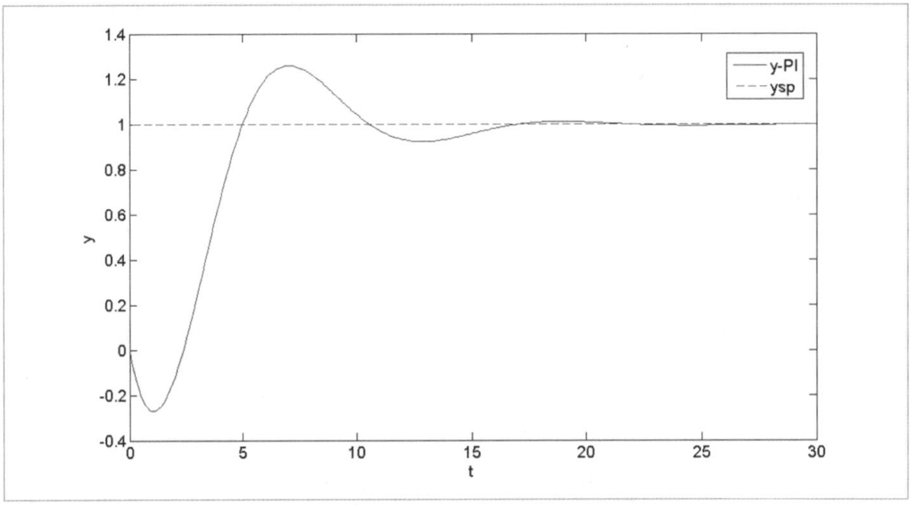

Figura 10.23 Resposta da variável controlada (desvio) no sistema com resposta inversa, ao fechar a malha com um PI de sintonia $K_c = 0{,}54$ e $\tau_I = 5{,}5$.

Uma forma de melhorar a resposta do sistema com resposta inversa em malha fechada é utilizar um compensador semelhante àquele utilizado para sistemas com tempo morto. Esse compensador é conhecido como preditor de Smith modificado e deve ser projetado com base no diagrama de blocos esquematizado na Figura 10.24, que é semelhante à Figura 10.7.

Assim como no desenvolvimento das Equações (10.1) e (10.2), o valor de k pode ser estimado por:

$$k = \frac{K_2\tau_1 - K_1\tau_2}{\tau_1 - \tau_2}$$

de forma a garantir que o zero (raiz do numerador) da função de transferência da malha aberta seja negativo. Assim, em malha fechada, ao aumentar o ganho do controlador Kc, uma das raízes do denominador tenderá a valor negativo, sem constituir instabilidade ao sistema.

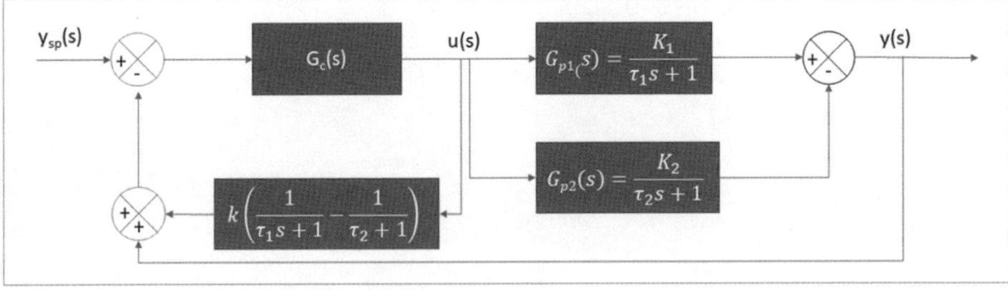

Figura 10.24 Diagrama de blocos em malha fechada com preditor de Smith modificado.

Aplicando esse controlador para o processo em questão, temos que a resposta ao degrau unitário no *setpoint* apresenta um *overshoot* de 2% e um tempo de estabilização de 8,5 segundos, conforme Figura 10.25.

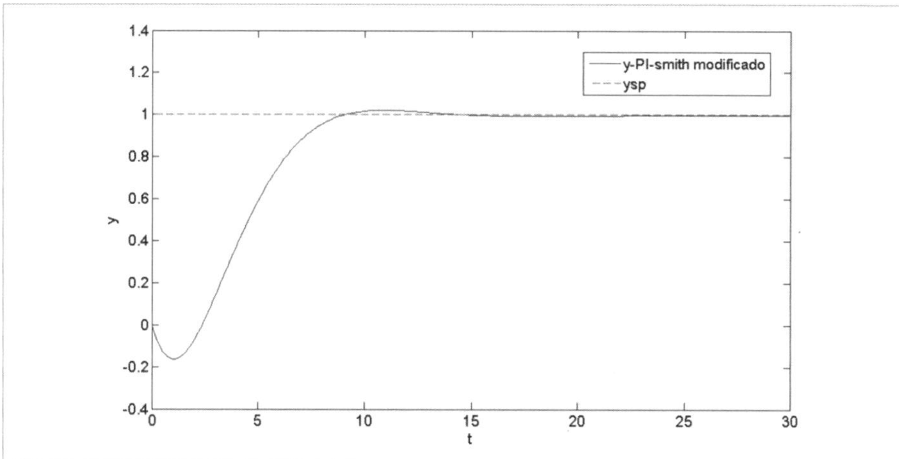

Figura 10.25 Resposta da variável controlada no sistema com resposta inversa, ao fechar a malha usando um PI com preditor de Smith modificado (k = 1,25).

5. Utilizando a álgebra dos diagramas de blocos, prove que o preditor de Smith é capaz de retirar o termo exponencial referente ao tempo morto da equação característica, caso a hipótese do modelo perfeito seja satisfeita.

Resolução:

A fim de diferenciar o modelo e o processo real, consideraremos, a princípio, a função de transferência do processo real como $G_p(s) = G_p^*(s)e^{-\theta s}$ e a função de transferência do modelo como $\tilde{G}_p(s) = \tilde{G}_p^*(s)e^{-\tilde{\theta}s}$, nas quais $G_p^*(s)$ e $\tilde{G}_p^*(s)$ são a parte da função de transferência sem o atraso θ.

Considerando o diagrama de blocos do preditor de Smith (Figura 10.6) e a álgebra semelhante à apresentada no Anexo 2, temos que:

$$\frac{y(s)}{y_{sp}(s)} = \frac{\dfrac{G_c G_p^* e^{-\theta s}}{1 + G_c \tilde{G}_p^*\left(1 - e^{-\tilde{\theta}s}\right)}}{1 + \dfrac{G_c G_p^* e^{-\theta s}}{1 + G_c \tilde{G}_p^*\left(1 - e^{-\tilde{\theta}s}\right)}}$$

$$\frac{y(s)}{y_{sp}(s)} = \frac{G_c G_p^* e^{-\theta s}}{1 + G_c \tilde{G}_p^*\left(1 - e^{-\tilde{\theta}s}\right) + G_c G_p^* e^{-\theta s}} = \frac{G_c G_p^* e^{-\theta s}}{\left(1 + G_c \tilde{G}_p^*\right) + G_c\left(G_p^* e^{-\theta s} - \tilde{G}_p^* e^{-\tilde{\theta}s}\right)}$$

Se o modelo for igual à planta, então: $G_p^* = \tilde{G}_p^*$ e $\theta = \tilde{\theta}$, e a equação anterior se reduz a:

$$\frac{y(s)}{y_{sp}(s)} = \frac{G_c G_p^* e^{-\theta s}}{\left(1 + G_c \tilde{G}_p^*\right)}$$

Perceba que o termo exponencial referente ao tempo morto foi cancelado no denominador, conforme gostaríamos de demonstrar. No entanto, isso só ocorre quando o modelo é perfeito!

CAPÍTULO 11

Síntese do procedimento geral de projeto de controle por realimentação

Conforme detalhado nos capítulos anteriores, há basicamente duas formas de chegarmos à definição completa de projeto de controladores por realimentação para um determinado processo contínuo ou equipamento da indústria química: a) empírica, com experimentos reais ou simulados computacionalmente; b) por meio do equacionamento obtido via modelagem matemática fenomenológica, para aplicação da transformada de Laplace às equações já linearizadas.

Qualquer que seja o caminho escolhido – a ou b –, precisamos obter as funções de transferência que representam todos os elementos da malha a ser fechada, separadamente, ou agrupados, como ocorre nos experimentos reais ou simulados.

A forma científica de projetarmos um sistema de controle por realimentação para um processo contínuo leva em conta os vinte itens sintetizados a seguir, com completo entendimento analítico e prático sobre o processo em questão.

1. Apresente o equacionamento no domínio do tempo do processo estudado, elaborando os balanços de massa e energia, assim como descrevendo os fenômenos de transporte e a cinética das reações químicas.

2. Analise os graus de liberdade (GL) desse sistema, por meio da Equação (7.5). Se GL >= 1, é possível colocar controle por realimentação, ou seja, é possível fechar a malha de controle.

3. Represente graficamente, em forma de diagrama de blocos, o processo em malha aberta, explicitando todas as variáveis de entrada (independentes) e de saída (dependentes). Se as variáveis controlada, manipulada e distúrbio já foram determinadas, elabore o diagrama de blocos simplificado em malha aberta, apenas empregando tais variáveis (ver Capítulo 10).

4. Determine os valores das variáveis dependentes em regime permanente, assumindo valores estacionários de projeto para as independentes (manipuláveis e distúrbios).

5. Defina claramente o objetivo de controle. Quais serão as variáveis controlada, manipulada e distúrbios? Qual o *setpoint* para a variável controlada? Será fixo?

6. Implemente a simulação da malha aberta no domínio do tempo. Para aproximar a simulação da realidade, acrescente ruído aleatório de baixa amplitude na variável escolhida para ser controlada e não se esqueça de acrescentar o tempo morto no sensor, se houver, definindo o valor de *td*.

7. Mostre o comportamento dinâmico da variável a ser controlada, aplicando degraus nas variáveis distúrbio(s) e manipulável, e apresentando os gráficos obtidos.

8. Avalie o sistema em termos de linearidade, analisando os termos matemáticos de suas equações diferenciais, ou por meio de avaliação de resposta a perturbações com degraus opostos de mesma intensidade nas variáveis independentes (se o ganho não se alterar muito, o processo é considerado linear).

9. Desenvolva o modelo dinâmico do processo em termos de variáveis-desvio: se o processo for não linear, aplique primeiramente o método de linearização por série de Taylor no sistema de EDO, obtido no item 1 desta síntese. Coloque o modelo na forma canônica conhecida dos sistemas de primeira ordem (Equação [4.2]) ou de segunda ordem (Equação [5.6]), sem se esquecer de acrescentar o termo de tempo morto, *td*, quando pertinente (Equação [4.3]).

10. Determine as funções de transferência do sistema – *Gp(s), Gd(s), Gm(s) e Gf(s)*. As funções de transferência *Gp(s)* e *Gd(s)* poderão ser determinadas por:

    - aplicação da transformada de Laplace ao equacionamento, de acordo com item 9 da síntese;
    - aproximação de primeira ordem com tempo morto, usando o simulador ou o processo real para gerar as curvas para identificação FOPDT (Figura 5.2), de acordo com item 7 da síntese.

11. Compare as funções de transferência obtidas no item 10 da síntese, discutindo as razões de possíveis discrepâncias entre elas. Quanto maior a discrepância, mais adaptações serão necessárias na sintonia do controlador projetado.

12. Analise as respostas dinâmicas do item 10, aplicando algumas perturbações do tipo degrau positivas e negativas ao processo em malha aberta.

13. Avalie a estabilidade do sistema em malha aberta (usando FOPDT ou o modelo linearizado). Devemos observar as raízes do denominador da multiplicação das funções de transferência de cada ramo (manipulada e distúrbio) do diagrama simplificado em malha aberta do Item 3. Utilizar aproximação de Padé (Equação [10.6]) para o tempo morto.

14. Represente graficamente o diagrama de blocos em malha fechada (Figura 6.1), indicando todas as variáveis envolvidas e todas as funções de transferência determinadas.

15. Feche a malha de controle por realimentação, implementando a equação no domínio do tempo do controlador escolhido P (Equação [5.8]), PI (Equação [5.9]) ou PID (Equação [5.10]), seja no processo real, pelo sistema supervisório, ou no simulador computacional. Lembre-se: se precisar eliminar o desvio final, use a ação integral junto à proporcional (PI); e se precisar diminuir as oscilações, acrescente a ação derivativa (PID). Observe que, na prática, existe uma variação máxima permitida pelo atuador na sua variável manipulada (MV). Para considerar esse efeito no simulador computacional, inclua em sua simulação limites dos valores máximos e mínimos que a MV poderia assumir.

16. Avalie a malha fechada em termos de estabilidade. Determine se há ganho crítico (K_{cr}) empregando a análise do lugar das raízes (Equação [6.9] e Figura 6.2).

17. Realize sintonias adequadas (Tabelas 5.1, 5.2 e 8.2) descrevendo o procedimento e os valores encontrados dos parâmetros do controlador escolhido.

18. Faça um estudo comparativo das respostas em malha fechada, realizando uma sintonia fina dos parâmetros encontrados no item 17 da síntese, se necessário. Aponte o melhor controlador. Justifique a escolha com base em critérios de performance: estabilidade (Figura 6.2), *overshoot* (Figura 9.2 ou Equação [9.18]), razão de decaimento (Figura 9.2 ou Equação [9.19]), oscilações (Figura 9.2) e saturação da ação de controle (Figura 9.4). Para tanto, aplicar pequeno degrau (até ±10% do valor original de estado estacionário):

    a. no *setpoint* (problema supervisório);

    b. na carga ou distúrbio (problema regulatório);

    c. em ambos, *setpoint* e distúrbio, simultaneamente, como na vida real.

19. Para verificar a robustez do melhor controlador encontrado, repita os subitens 18a, 18b e 18c, aplicando degrau de maior intensidade. Analise os resultados, indicando se o controlador manteria o desempenho, ou se precisaria de nova sintonia. Leve em consideração que este item está diretamente relacionado com a análise de linearidade do processo do item 8.

20. Em caso de necessidade de nova sintonia para degraus maiores, isso significa que o processo possui alterações nos parâmetros da função de transferência adotada, seja em decorrência de não linearidades ou de alterações indesejadas no tempo (incrustações, catalisadores desativados, micro-organismos com metabolismo reduzido etc.). Para esses casos, recomendamos o uso da "autossintonia" baseada no ganho crítico modificado e seu respectivo período crítico, aplicando chaveamento da variável manipulada entre dois valores fixos criteriosamente limitados (Figura 8.8, Equação [8.16] e Tabela 8.2). Esse método é o mais apropriado para o ajuste automático de controladores comerciais, sem ter que colocar o controle em manual (tirar do automático) e sem a necessidade de intervenção humana.

Se fizermos a opção por experimentos reais ou simulados computacionalmente, com simulador validado previamente, podemos resumir o projeto na seguinte sequência de itens: 3, 4, 5, 6 (somente se simulado), 7, 8, 10b, 13, 14, 15, 16, 17, 18, 19, 20.

Devemos chamar atenção para o fato de que esta síntese é adequada para controladores por realimentação analógicos e também para os controladores digitais que possuam elevada frequência de amostragem. Porém, se houver elevado tempo de amostragem, ou seja, baixa frequência de amostragem, é necessário incluir mais instrumentos na malha fechada, e a ferramenta apropriada para tratamento matemático deixa de ser a transformada de Laplace e passa a ser a transformada Z, ou Z modificada.

11.1 CONCLUSÕES

Com esta síntese apresentada, e com os estudos de casos, esperamos ter colaborado com a sistematização de projetos de controle por realimentação, suavizando o aprendizado da teoria e da matemática envolvidas.

Sabemos, por experiência prática, que aproximadamente 80% dos equipamentos da indústria de processos se regulam com controladores do tipo realimentação quando bem projetados. Não devemos esquecer a possibilidade de usar compensadores na malha quando houver elevado tempo morto ou presença de resposta inversa (Capítulo 10), assim como há também a possibilidade de usar técnicas de desacoplamento de malhas quando mais de uma malha por realimentação operar simultaneamente num mesmo processo. Esse desacoplamento pode ser elaborado de forma semelhante ao compensador de resposta inversa.

Entretanto, há situações de insistente transitoriedade, como os processos em batelada ou mudanças de ponto operacional em plantas contínuas, que necessitam de maior atenção do projetista de sistema de controle. Da mesma forma, essa atenção é necessária em processos que sejam altamente não lineares, ou que possuam elevadas incertezas de medição, ou que estejam mais sujeitos a falhas na instrumentação.

A opção menos dispendiosa ao controle clássico por realimentação é o uso de controle adaptativo, que pode ser realizado por controladores PID, com ajuste de parâmetros por otimização ou por meio de ganho variável (*gain scheduling*).

Quando o problema é relacionado à instabilidade da malha, outra opção usual é o controle em cascata. Nesse tipo de estratégia, existe uma malha de controle interna à outra. A malha externa gera o *setpoint* para a malha interna. Nesse formato alternativo, o ganho crítico demora muito mais a ser alcançado e consequentemente a instabilidade só ocorre frente a ganhos muito elevados do controlador da malha externa. A desvantagem é ter que adicionar mais um sensor à planta, o sensor da malha interna. Esse esquema é muito utilizado para regular precisamente as vazões manipuladas por meio de atuadores analógicos ou pneumáticos.

Para casos de maior complexidade, principalmente se forem sistemas multivariáveis, sugerimos estudar a utilização de algoritmos baseados em técnicas mais elaboradas. Em seguida, citamos algumas destas técnicas, acompanhadas de referências de aplicações realizadas por pesquisadores do Laboratório de Controle e Automação de Processos da FEQ/Unicamp:

- controle preditivo baseado em modelo (FRANCO *et al.*, 2017; SOUSA *et al.*, 2019; SENA; SILVA; FILETI, 2021);

- controle tolerante a falhas (COSTA *et al.*, 2021);
- controle *fuzzy* (FONSECA *et al.*, 2016);
- controle por *extremum seeking* (SAFADY *et al.*, 2018).

11.2 PROJETO DE CONTROLADOR

Visando a oferecer uma oportunidade de executar os vinte passos de projeto relacionados neste capítulo, sugerimos exercitar os conceitos, aplicando-os em um projeto de malha de controle de três reatores CSTR em série.

Considere a malha de controle de concentração para três reatores isotérmicos de mistura perfeita, representados na Figura 11.1. Nesses reatores ocorre uma reação exotérmica irreversível do componente A se convertendo em B. A velocidade da reação é proporcional à concentração de A em cada reator ($r_{ai}=k_i\, c_{ai}$, em que i se refere ao número do reator, 1, 2 ou 3). Os reatores operam isotermicamente e com um controle de nível perfeito.

O objetivo é controlar a concentração do reagente A na saída do terceiro reator, $c_{a3}(t)$, medida pelo analisador AT, manipulando a vazão de escoamento de entrada $F_{in}(t)$.

As Tabelas 11.1 a 11.3 apresentam os parâmetros e condições iniciais estacionárias do processo para três pontos operacionais possíveis.

Tabela 11.1 Ponto operacional 1

Variável/parâmetro	Valor	Variável	Valor
k $m^3.kmol^{-1}.s^{-1}$	5×10^{-4}	**F_{in} $m^3.s^{-1}$**	0,001
c_{ao} $kmol/m^3$	0,4	**V m^3**	1

Tabela 11.2 Ponto operacional 2

Variável/parâmetro	Valor	Variável	Valor
k $m^3.kmol^{-1}.s^{-1}$	3×10^{-4}	**F_{in} $m^3.s^{-1}$**	0,001
c_{ao} $kmol/m^3$	0,6	**V m^3**	1,5

Tabela 11.3 Ponto operacional 3

Variável/parâmetro	Valor	Variável	Valor
k $m^3.kmol^{-1}.s^{-1}$	7×10^{-4}	**F_{in} $m^3.s^{-1}$**	0,02
c_{ao} $kmol/m^3$	1	**V m^3**	2,5

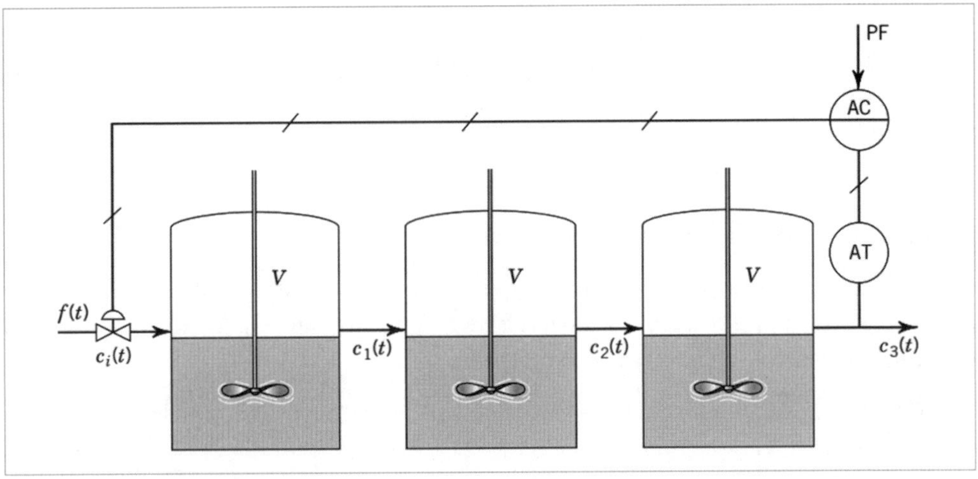

Figura 11.1 Reatores tanques contínuos em série com malha de controle de concentração do reagente A à saída.

Para o processo descrito, execute a primeira e a segunda partes do projeto de forma sequencial. Nosso objetivo é consolidar os conceitos da teoria de controle de processos por meio da aplicação dos procedimentos usuais relacionados.

As ferramentas computacionais sugeridas são XCos/Scilab ou o ambiente de programação com o qual você estiver familiarizado.

Primeira parte

1. Apresente o equacionamento no domínio do tempo do processo estudado.
2. Analise os graus de liberdade, GL, desse sistema. Se GL >= 1, é possível colocar controle por realimentação, ou seja, é possível fechar a malha.
3. Represente graficamente, em forma de diagrama de blocos simplificado, o processo em malha aberta, explicitando as variáveis de entrada (independentes) e de saída (dependentes).
4. Encontre os valores das variáveis dependentes em regime permanente, assumindo valores estacionários de projeto para as independentes (manipuláveis e distúrbios).
5. Defina o objetivo de controle. Quais serão as variáveis controlada, manipulada e distúrbios? Qual o *setpoint* para a variável controlada? Justifique as escolhas.
6. Implemente a simulação da malha aberta no XCos/Scilab no domínio do tempo. Para aproximar a simulação da realidade, se desejar, acrescente ruído aleatório de baixa amplitude na variável escolhida para ser controlada e assuma que o sensor apresenta pequeno tempo morto na leitura ($td < 0{,}1\tau_p$), definindo valor para td.

   a. Apresente o diagrama do XCos no relatório.

   b. Mostre o comportamento dinâmico da variável a ser controlada, aplicando degraus nas variáveis distúrbio(s) e manipulável, e apresentando os gráficos obtidos.

7. Avalie o sistema em termos de linearidade, apresentando o procedimento efetuado. Comente.

8. Desenvolva o modelo dinâmico do processo em termos das variáveis de desvio: aplique o método de linearização por série de Taylor no sistema de EDO obtido no item 1 e coloque o modelo na forma canônica conhecida dos sistemas de primeira ordem ou de segunda ordem.

9. Determine as funções de transferência do sistema – *Gp(s), Gd(s), Gm(s) e Gf(s)*. Descreva o(s) procedimento(s) adotado(s). As funções de transferência *Gp(s)* e *Gd(s)* deverão ser determinadas por:

   a. aplicação de Laplace ao equacionamento, de acordo com o item anterior;

   b. aproximação de primeira ordem com tempo morto usando o simulador para gerar as curvas para identificação (ver tutorial "FOPDT com ruído").

10. Compare e comente as funções de transferência obtidas no item 9, discutindo as razões de possíveis discrepâncias entre elas.

11. Analise as respostas dinâmicas do item anterior aplicando algumas perturbações do tipo degrau positivas e negativas em malha aberta do processo.

12. Avalie a estabilidade do sistema em malha aberta (usando FOPDT ou o modelo linearizado), sabendo-se que aqui se devem observar as raízes do denominador da multiplicação das funções de transferência de cada ramo (manipulada e distúrbio) da malha aberta. Comente. Utilize aproximação de Padé para o tempo morto.

13. Represente graficamente o diagrama de blocos em malha fechada, indicando todas as variáveis envolvidas e todas as funções de transferência.

Segunda parte

Observação: os itens 14, 15 e 16 são uma preparação para a realização das simulações dos itens 17 e 18, para os quais devem ser apresentados, no relatório, os gráficos das variáveis controlada, com indicação de setpoint, *e manipulada, em cada teste realizado.*

14. A partir da simulação em malha aberta, feche a malha no Xcos/Scilab, implementando respectivamente controladores do tipo *feedback* P, PI e PID. *Apresente os respectivos diagramas do XCos no relatório.* Observe que, na prática, existe uma variação máxima permitida na sua variável manipulada (*MV*). Para considerar esse efeito, inclua em sua simulação o bloco *Saturation*, indicando os valores máximos e mínimos que a sua *MV* pode assumir.

15. Avalie a malha fechada em termos de estabilidade, determinando se há ganho crítico (K_{cr}) usando a análise do lugar das raízes.
16. Realize sintonias adequadas, descrevendo o procedimento e os valores encontrados dos parâmetros.
17. Faça um estudo comparativo das respostas em malha fechada, apontando o melhor controlador. Justifique a escolha com base em critérios de performance (estabilidade, *overshoot*, razão de decaimento, oscilações e saturação da ação de controle). Para tanto, aplicar pequeno degrau (até ±10% do valor original):

    a. no *setpoint* (problema supervisório);

    b. na carga ou distúrbio (problema regulatório);

    c. em ambos, *setpoint* e distúrbio, simultaneamente, como na vida real.

    Observação: apresente os gráficos das variáveis controlada, com indicação de setpoint, *e manipulada para cada controlador e para cada teste realizado (itens a, b, e c).*

18. Para verificar a robustez do melhor controlador encontrado, repita os subitens 17a, 17b e 17c, aplicando degrau de maior intensidade. Analise os resultados, indicando se o controlador manteria o desempenho, ou se precisaria de nova sintonia. Leve em consideração que este item está diretamente relacionado com a análise de linearidade do sistema (item 7).

    Observação: apresente os gráficos das variáveis controlada, com indicação de setpoint, *e manipulada para cada teste realizado (itens a, b, e c).*

SOLUÇÃO DO PROJETO

Observação: há sugestão de três pontos operacionais diferentes, e aqui apresentaremos a solução de apenas um deles (Tabela 11.2).

1. Apresente o equacionamento no domínio do tempo do processo estudado.

Resolução:

Vamos enumerar as hipóteses simplificadoras da modelagem:

- A reação é de primeira ordem, sendo assim $r_a = -kc_a$.
- Os reatores são isotérmicos e operam à mesma temperatura. Dessa forma, a constante da taxa, k, não varia ao longo do processo.
- A massa específica da mistura reacional é constante.
- O controle de nível é instantâneo, logo, o volume da mistura reacional de cada vaso é constante ($F_{in} = F_{out}$).

Considerando essas hipóteses mencionadas, as equações diferenciais que descrevem a dinâmica das concentrações podem ser obtidas pelo balanço de massa do reagente (componente A). Para o reator 1, o balanço de massa é dado por:

$$V\frac{dc_{a1}}{dt} = F_{in}c_{ao} - F_{in}c_{a1} - kVc_{a1} \qquad \text{(P4.1)}$$

Para o reator 2, teremos:

$$V\frac{dc_{a2}}{dt} = F_{in}c_{a1} - F_{in}c_{a2} - kVc_{a2} \qquad \text{(P4.2)}$$

Para o reator 3, teremos:

$$V\frac{dc_{a3}}{dt} = F_{in}c_{a2} - F_{in}c_{a3} - kVc_{a3} \qquad \text{(P4.3)}$$

2. Analise os graus de liberdade, GL (Equação 7.5), deste sistema.

   Se GL >= 1, é possível colocar controle por realimentação, ou seja, é possível fechar a malha.

Resolução:
As variáveis do sistema são as três concentrações de saída dos reatores (c_{a1}, c_{a2}, c_{a3}), a vazão de entrada do reator, F_{in}, e a concentração de entrada do reator, c_{ao}. Como apresentado no item 1, três equações diferenciais descrevem o sistema, portanto o número de graus de liberdade é igual a: GL $= 5 - 3 = 2$.

3. Represente graficamente, em forma de diagrama de blocos simplificado, o processo em malha aberta, explicitando as variáveis de entrada (independentes) e de saída (dependentes).

Resolução:
As variáveis de entrada são: concentração de entrada do primeiro reator (c_{ao}) e a vazão de entrada (F_{in}), enquanto as variáveis de estado são as concentrações de saída dos três reatores (c_{a1}, c_{a2}, c_{a3}), das quais somente a concentração do terceiro reator será controlada (saída). O diagrama de blocos em malha aberta está representado a seguir:

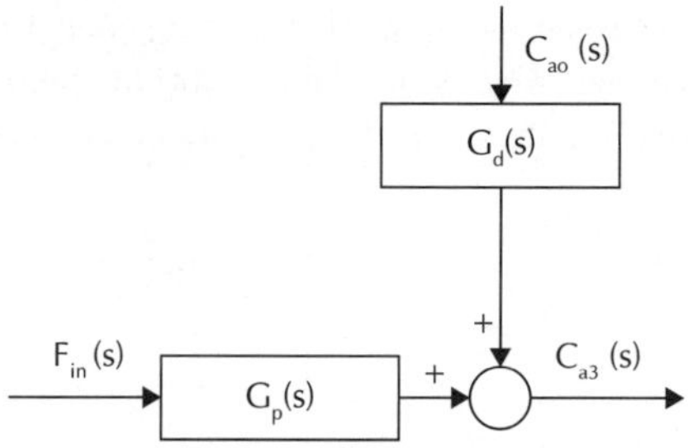

4. Encontre os valores das variáveis dependentes em regime permanente, assumindo valores estacionários de projeto para as independentes (manipuláveis e distúrbios).

Resolução:

Igualando o termo de acúmulo a zero nas três equações diferenciais obtidas no item 1 e rearranjando os termos de forma a isolar as concentrações de saída, temos:

$$c_{a1ss} = \left(\frac{F_{inss}}{F_{inss} + kV}\right) c_{aoss} = \left(\frac{10^{-3}}{10^{-3} + 3 \cdot 10^{-4} \cdot 1{,}5}\right) \cdot 0{,}6 = 0{,}4138 \frac{mol}{L} \quad \text{(P4.4)}$$

$$c_{a2ss} = \left(\frac{F_{inss}}{F_{inss} + kV}\right)^2 c_{aoss} = \left(\frac{10^{-3}}{10^{-3} + 3 \cdot 10^{-4} \cdot 1{,}5}\right)^2 \cdot 0{,}6 = 0{,}2854 \frac{mol}{L} \quad \text{(P4.5)}$$

$$c_{a3ss} = \left(\frac{F_{inss}}{F_{inss} + kV}\right)^3 c_{aoss} = \left(\frac{10^{-3}}{10^{-3} + 3 \cdot 10^{-4} \cdot 1{,}5}\right)^3 \cdot 0{,}6 = 0{,}1968 \frac{mol}{L} \quad \text{(P4.6)}$$

5. Defina o objetivo de controle. Quais serão as variáveis controlada, manipulada e distúrbios? Qual o *setpoint* para a variável controlada? Justifique as escolhas.

Resolução:

A variável controlada é a concentração de saída do terceiro reator, a variável manipulada é a vazão de entrada e o distúrbio é a concentração de reagente à entrada.

O objetivo de controle é rejeitar distúrbios na concentração de entrada rapidamente e com poucas oscilações a partir da manipulação da vazão de entrada. Além disso, o controlador deve ser capaz de seguir variações no *setpoint* da concentração de saída do terceiro reator, mantendo a estabilidade para as condições de operação. O *setpoint* inicial será o valor encontrado para o estado estacionário sugerido.

6. Implemente a simulação da malha aberta no XCos/Scilab no domínio do tempo (sugestão: usar um bloco *Expression* para cada EDO). Para aproximar a simulação da realidade, se desejar, acrescente ruído aleatório de baixa amplitude na variável escolhida para ser controlada e assuma que o sensor apresenta pequeno tempo morto na leitura ($td < 0{,}1\tau_p$), definindo valor para *td*.

7.

   a. Apresente o diagrama do XCos no relatório:

Resolução:

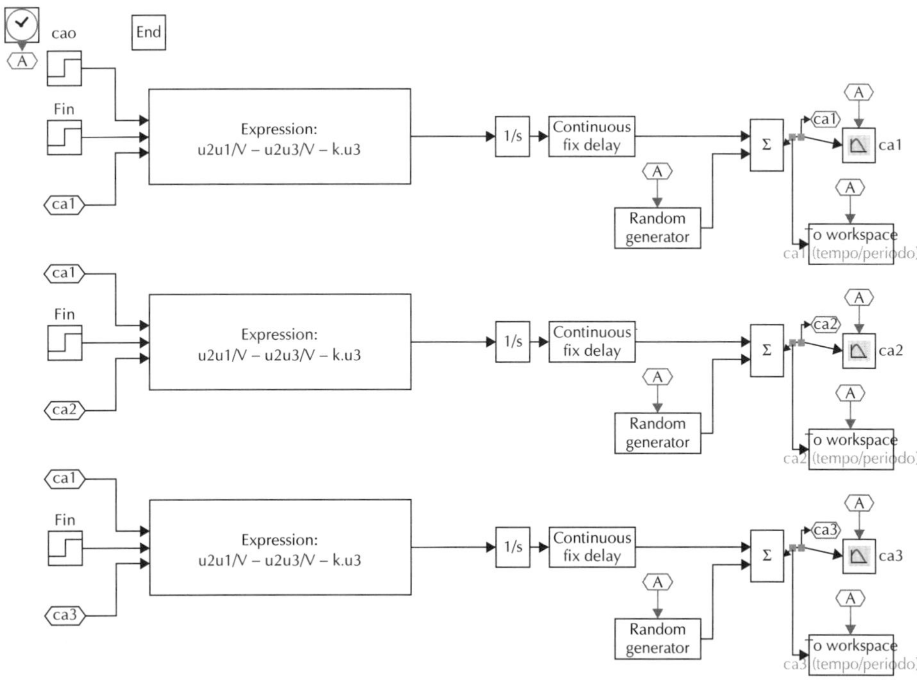

   b. Mostre o comportamento dinâmico da variável a ser controlada, aplicando degraus nas variáveis distúrbio(s) e manipulável, e apresentando os gráficos obtidos:

Resolução:

O comportamento dinâmico da concentração de saída do último reator frente a uma perturbação degrau na vazão de entrada de $1 \cdot 10^{-4} \frac{m^3}{s}$ $(F_{in} = 10 \cdot 10^{-4} \rightarrow 11 \cdot 10^{-4} \frac{m^3}{s})$ está mostrado a seguir:

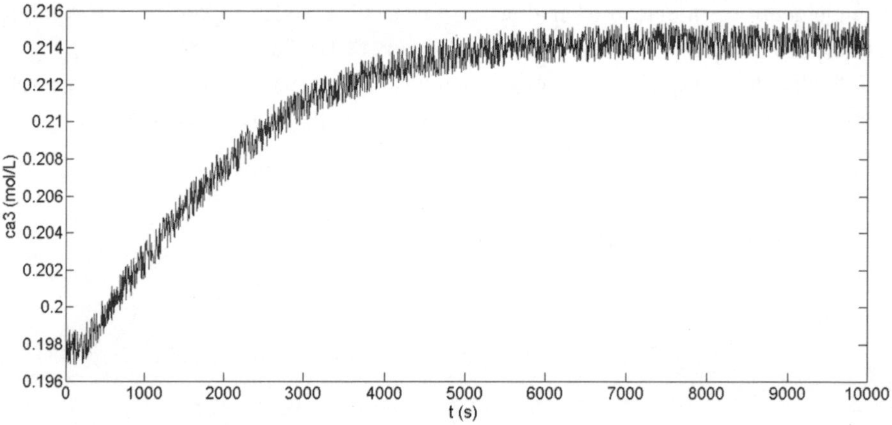

O comportamento dinâmico da concentração de saída do último reator frente a uma perturbação degrau na concen-

tração de entrada do composto A de $0{,}06\dfrac{mol}{L}$ $(c_{a0} = 0{,}60 \rightarrow 0{,}66\dfrac{mol}{L})$ está mostrado a seguir:

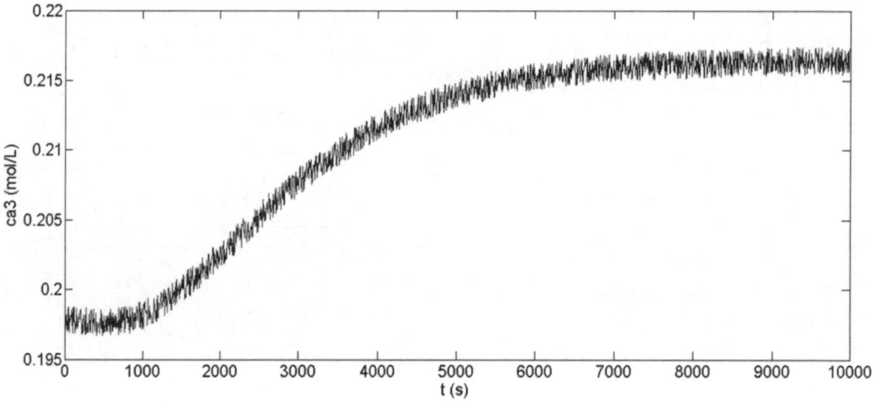

7. Avalie o sistema em termos de linearidade, apresentando o procedimento efetuado. Comente.

Resolução:

A presença de termos não lineares nas equações diferenciais, como produto entre variáveis ($F_{in} \cdot c_a$), é condição suficiente para comprovar que o sistema é não linear. Além disso, podemos comprovar a não linearidade experimentalmente ou por simulação, a partir de uma perturbação degrau de igual magnitude e sinal contrário na variável manipulada. Se a variável controlada não tiver um comportamento dinâmico espelhado, o sistema é não linear.

A figura a seguir mostra uma perturbação degrau na vazão de entrada de $-1 \cdot 10^{-4} \dfrac{m^3}{s}$. Podemos ver que, de fato, o pro -

cesso é não linear, uma vez que o comportamento de c_{a3} não é espelhado em relação ao do item 6, quando um degrau de $1 \cdot 10^{-4} \dfrac{m^3}{s}$ foi aplicado. No degrau positivo, o ganho do processo encontrado foi $K_p = 177 \dfrac{\frac{mol}{L}}{\frac{m^3}{s}}$, enquanto para o degrau negativo o ganho foi $K_p = 190 \dfrac{\frac{mol}{L}}{\frac{m^3}{s}}$.

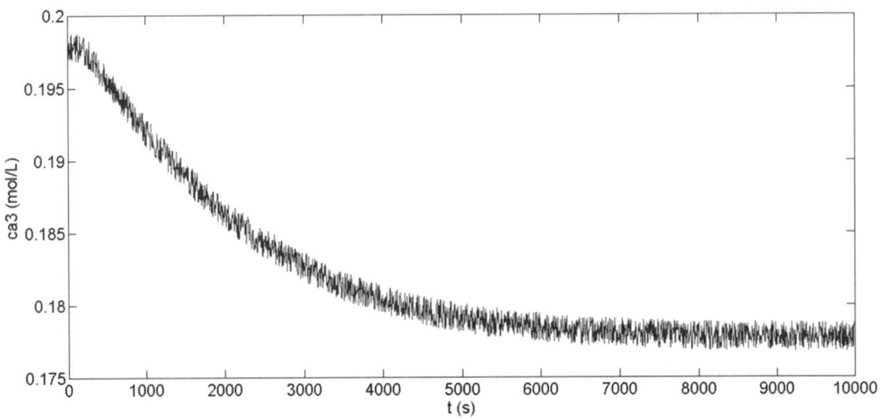

8. Desenvolva o modelo dinâmico do processo em termos das variáveis de desvio: aplique o método de linearização por série de Taylor no sistema de EDO obtido no item 1 e coloque o modelo na forma canônica conhecida dos sistemas de primeira ordem ou de segunda ordem.

Resolução:

Aplicando a linearização por série de Taylor e o conceito de variável-desvio na equação P4.1, temos:

$$V \frac{dc'_{a1}}{dt} = F_{inss} c'_{ao} + c_{aoss} F'_{in} - F_{inss} c'_{a1} - c_{a1ss} F'_{in} - kVc'_{a1} \qquad \text{(P4.7)}$$

Analogamente para os demais balanços de massa (equações P4.2 e P4.3), temos:

$$V \frac{dc'_{a2}}{dt} = F_{inss} c'_{a1} + c_{a1ss} F'_{in} - F_{inss} c'_{a2} - c_{a2ss} F'_{in} - kVc'_{a2} \qquad \text{(P4.8)}$$

$$V\frac{dc'_{a3}}{dt} = F_{inss}c'_{a2} + c_{a2ss}F'_{in} - F_{inss}c'_{a3} - c_{a3ss}F'_{in} - kVc'_{a3} \quad \text{(P4.9)}$$

9. Determine as funções de transferência do sistema – *Gp(s), Gd(s), Gm(s) e Gf(s)*. Descreva o(s) procedimento(s) adotado(s). As funções de transferência *Gp(s)* e *Gd(s)* deverão ser determinadas por:

   a. Aplicação de Laplace ao equacionamento, de acordo com o item anterior.

Resolução:

Antes de aplicar a transformada de Laplace nas equações diferenciais do item 8, podemos rearranjar os termos da seguinte forma:

$$\left(\frac{V}{F_{inss} + kV}\right)\frac{dc'_{a1}}{dt} + c'_{a1} = \left(\frac{F_{inss}}{F_{inss} + kV}\right)c'_{ao} + \left(\frac{c_{aoss} - c_{a1ss}}{F_{inss} + kV}\right)F'_{in} \quad \text{(P4.10)}$$

$$\left(\frac{V}{F_{inss} + kV}\right)\frac{dc'_{a2}}{dt} + c'_{a2} = \left(\frac{F_{inss}}{F_{inss} + kV}\right)c'_{a1} + \left(\frac{c_{a1ss} - c_{a2ss}}{F_{inss} + kV}\right)F'_{in} \quad \text{(P4.11)}$$

$$\left(\frac{V}{F_{inss} + kV}\right)\frac{dc'_{a3}}{dt} + c'_{a3} = \left(\frac{F_{inss}}{F_{inss} + kV}\right)c'_{a2} + \left(\frac{c_{a2ss} - c_{a3ss}}{F_{inss} + kV}\right)F'_{in} \quad \text{(P4.12)}$$

Fazendo $\tau = \frac{V}{F_{inss} + kV}$, $K_o = \frac{F_{inss}}{F_{inss} + kV}$, $K_1 = \frac{c_{aoss} - c_{a1ss}}{F_{inss} + kV}$, $K_2 = \frac{c_{a1ss} - c_{a2ss}}{F_{inss} + kV}$ e $K_3 = \frac{c_{a2ss} - c_{a3ss}}{F_{inss} + kV}$, podemos simplificar as equações acima, resultando:

$$\tau\frac{dc'_{a1}}{dt} + c'_{a1} = K_o c'_{ao} + K_1 F'_{in} \quad \text{(P4.13)}$$

$$\tau\frac{dc'_{a2}}{dt} + c'_{a2} = K_o c'_{a1} + K_2 F'_{in} \quad \text{(P4.14)}$$

$$\tau\frac{dc'_{a3}}{dt} + c'_{a3} = K_o c'_{a2} + K_3 F'_{in} \quad \text{(P4.15)}$$

Aplicando a transformada de Laplace nas equações P4.13 a P4.15, obtemos:

$$c_{a1}(s) = \frac{K_o}{\tau s + 1} c_{ao}(s) + \frac{K_1}{\tau s + 1} F_{in}(s) \quad \text{(P4.16)}$$

$$c_{a2}(s) = \frac{K_o}{\tau s + 1} c_{a1}(s) + \frac{K_2}{\tau s + 1} F_{in}(s) = \quad \text{(P4.17)}$$

$$= \frac{K_o^2}{(\tau s + 1)^2} c_{ao}(s) + \left(\frac{K_o K_1}{(\tau s + 1)^2} + \frac{K_2}{\tau s + 1} \right) F_{in}(s)$$

$$c_{a3}(s) = \frac{K_o}{\tau s + 1} c_{a2}(s) + \frac{K_3}{\tau s + 1} F_{in}(s) = \frac{K_o^3}{(\tau s + 1)^3} c_{ao}(s) + \quad \text{(P4.18)}$$

$$+ \left(\frac{K_o^2 K_1}{(\tau s + 1)^3} + \frac{K_o K_2}{(\tau s + 1)^2} + \frac{K_3}{\tau s + 1} \right) F_{in}(s)$$

Dessa forma, obtemos $G_p(s)$ e $G_d(s)$.

$$G_d(s) = \frac{c_{a3}(s)}{c_{ao}(s)} = \frac{K_o^3}{(\tau s + 1)^3} e^{-\theta s} = \frac{0{,}6897^3}{(1034s + 1)^3} e^{-200s} = \frac{0{,}3281}{(1034s + 1)^3} e^{-200s} \quad \text{(P4.19)}$$

$$G_p(s) = \frac{c_{a3}(s)}{F_{in}(s)} = \left(\frac{K_o^2 K_1}{(\tau s + 1)^3} + \frac{K_o K_2}{(\tau s + 1)^2} + \frac{K_3}{\tau s + 1} \right) e^{-\theta s} = \quad \text{(P4.20)}$$

$$= \left(\frac{0{,}6897^2 \cdot 128{,}4}{(1034s + 1)^3} + \frac{0{,}6897 \cdot 88{,}56}{(1034s + 1)^2} + \frac{61{,}08}{(1034s + 1)} \right) e^{-200s}$$

Observação: o tempo morto θ = 200 segundos é relativo ao atraso do sensor.

b. Aproximação de primeira ordem com tempo morto usando o simulador para gerar as curvas para identificação:

Resolução:

A identificação por função de transferência de primeira ordem com tempo morto (FOPDT) a partir dos gráficos de resposta a degrau do item 6 e 7 nos fornece a seguinte função de transferência:

$$G_p(s) = \frac{174,9}{1750,5s+1}e^{-264,5s} \quad \text{(P4.21)}$$

Usando a identificação por FOPDT, a função de transferência para o distúrbio é:

$$G_d(s) = \frac{0,3444}{3144,8s+1}e^{-475,2s} \quad \text{(P4.22)}$$

10. Compare e comente as funções de transferência obtidas no item 9, discutindo as razões de possíveis discrepâncias entre elas.

Resolução:

A comparação do comportamento dinâmico de c_{a3} sob uma perturbação do tipo degrau na vazão volumétrica de entrada de magnitude $1.10^{-4}\,\frac{m^3}{s}$ com os dois métodos de identificação – linearização (curva verde) e função de transferência de primeira ordem com tempo morto (curva vermelha) – é mostrada a seguir:

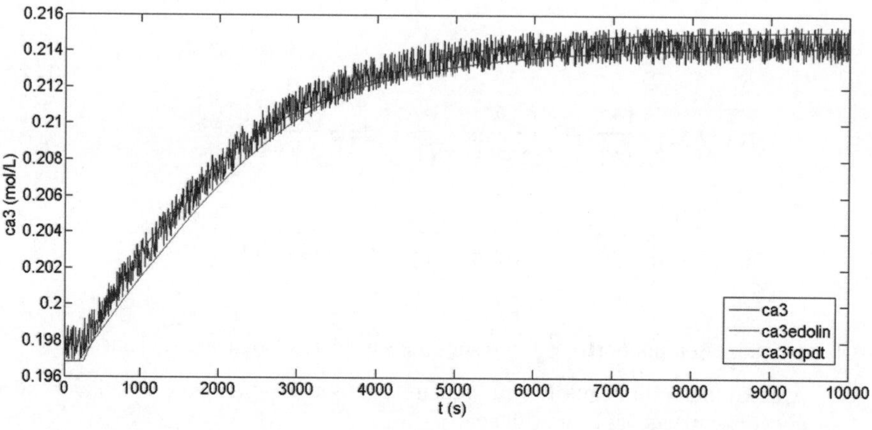

Podemos perceber que ambos os métodos aproximam satisfatoriamente o comportamento dinâmico predito pelas equações diferenciais não lineares (curva azul). Perceba que a função de transferência do processo linearizado é superamortecida e de 3ª ordem, portanto já era esperada uma diferença em relação à função de primeira ordem com tempo morto. Todavia, a diferença entre elas é pequena.

Por exemplo, enquanto o ganho de $G_p(s)$ linearizada é de $K_p = 180{,}24\dfrac{\frac{mol}{L}}{\frac{m^3}{s}}$, o ganho da FOPDT é de $K_p = 174{,}9\dfrac{\frac{mol}{L}}{\frac{m^3}{s}}$.

Para a função de transferência do distúrbio $G_d(s)$ a diferença também não é muito acentuada, conforme gráfico a seguir:

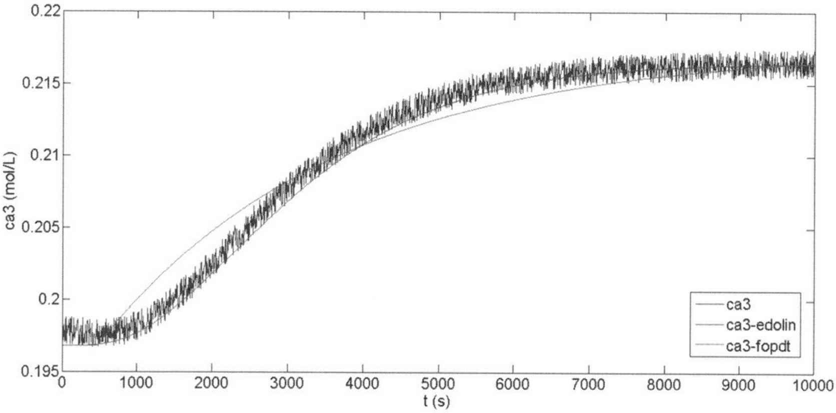

Entretanto, podemos notar que a função de transferência obtida pela linearização das equações diferenciais de balanço de massa do componente A (curva verde) descreve melhor o comportamento superamortecido do sistema, pois é uma função de transferência de terceira ordem com polos reais negativos.

11. Analise as respostas dinâmicas do item anterior aplicando algumas perturbações do tipo degrau positivas e negativas em malha aberta do processo.

Resolução:

Análise realizada ao longo da resposta do item 10.

12. Avalie a estabilidade do sistema em malha aberta (usando FOPDT ou o modelo linearizado), sabendo-se que aqui se devem observar as raízes do denominador da multiplicação das funções de transferência de cada ramo (manipulada e distúrbio) da malha aberta. Comente. Utilize aproximação de Padé para o tempo morto.

Resolução:

12. A análise dos polos das funções de transferência obtidas no item 9 mostra que o sistema é estável em malha aberta, uma vez que os polos têm parte real negativa. De fato, utilizando a aproximação de Padé de primeira ordem para a FOPDT, obtemos os polos: $p_1 = -5{,}71.10^{-4}$ (referente a $-\frac{1}{\tau_p}$) e $p_2 = -7{,}56.10^{-3}$ (referente à aproximação de Padé). Já a função de transferência do processo linearizado contém três polos em $-\frac{1}{\tau} = -9{,}67.10^{-4}$.

13. Represente graficamente o diagrama de blocos em malha fechada, indicando todas as variáveis envolvidas e todas as funções de transferência.

Resolução:

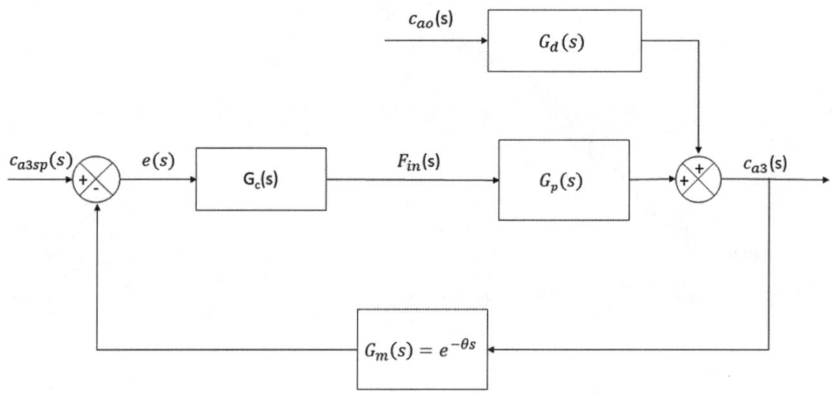

Segunda parte

Observação: os itens 14, 15 e 16 são uma preparação para a realização das simulações dos itens 17 e 18, para os quais devem ser apresentados, no relatório, os gráficos das variáveis controlada, com indicação de setpoint, *e manipulada, em cada teste realizado.*

14. A partir da simulação em malha aberta, feche a malha no Xcos/Scilab, implementando respectivamente controladores do tipo *feedback* P, PI e PID. *Apresente os respectivos diagramas do XCos no relatório.* Observe que, na prática, existe uma variação máxima permitida na sua variável manipulada (MV). Para considerar esse efeito, inclua em sua simulação o bloco *Saturation*, indicando os valores máximos e mínimos que a sua MV pode assumir.

O diagrama do XCos está apresentado na figura a seguir:

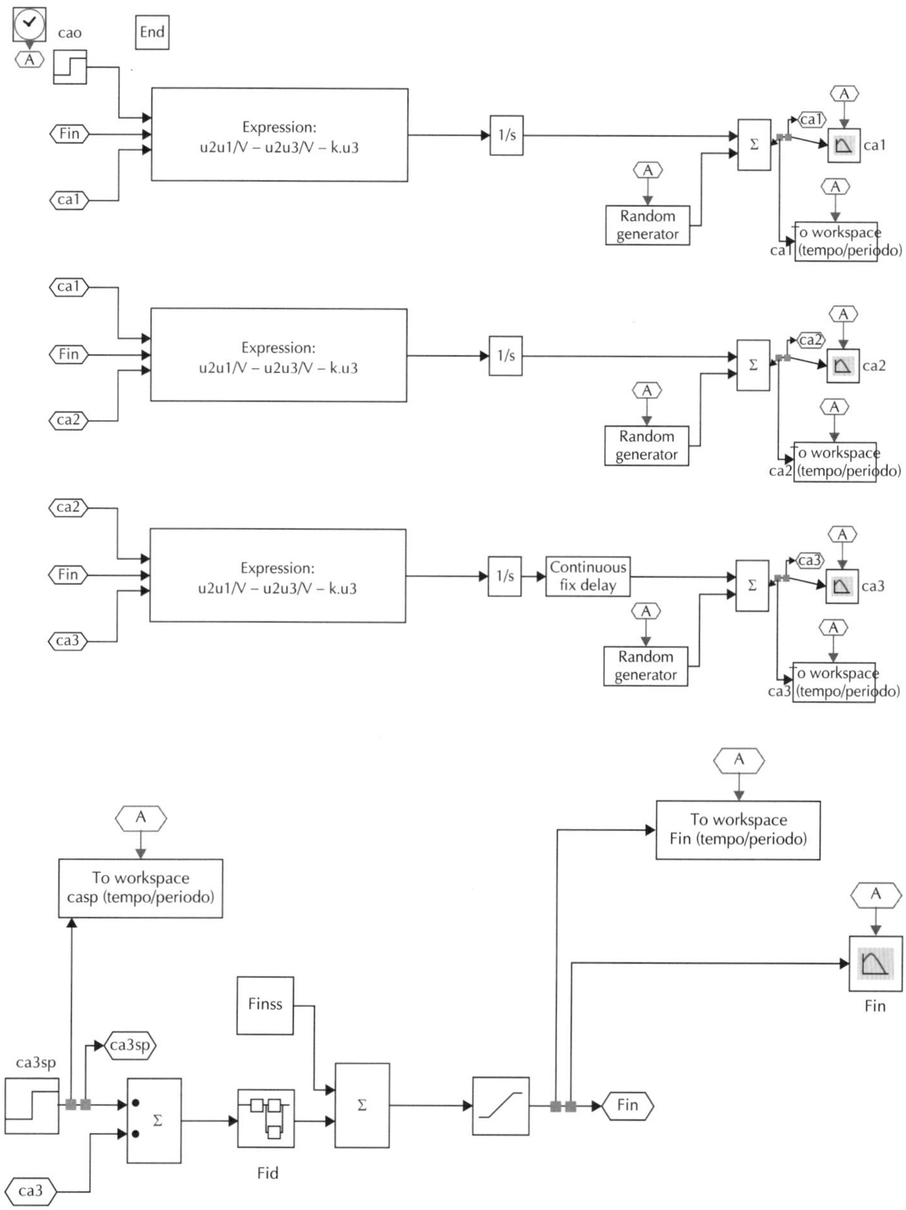

Observe que existe um bloco de saturação para limitar a atuação do controlador. Os limites de vazão desse bloco foram escolhidos como: $0 < F_{in} < 0{,}004\dfrac{m^3}{s}$.

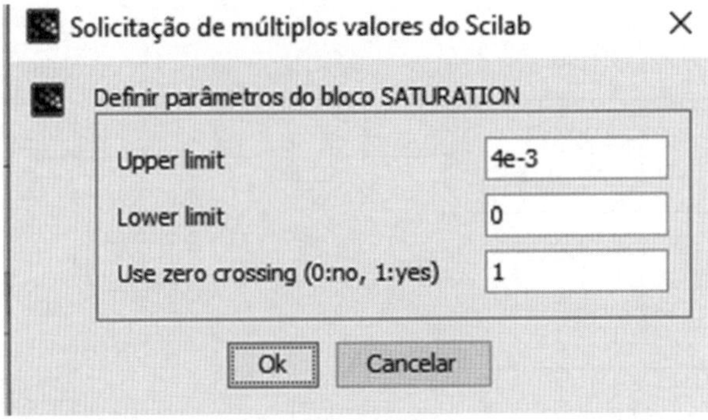

15. Avalie a malha fechada em termos de estabilidade, determinando se há ganho crítico (K_{cr}) usando a análise do lugar das raízes.

Como identificamos o processo por meio de uma função de primeira ordem com tempo morto e por meio da linearização por série de Taylor, devemos escolher qual das duas funções de transferência utilizaremos para avaliar o ganho crítico. Nesse caso, optaremos pela função de transferência obtida por linearização das EDOs.

Para uma aproximação de Padé de primeira ordem, temos que a análise de estabilidade pela análise do lugar das raízes nos fornece um ganho crítico $K_{cr} = 0{,}167 \frac{\frac{m^3}{s}}{\frac{mol}{L}}$ e um período crítico de $T_{cr} = \frac{2\pi}{9{,}87.10^{-3}} = 637s$.

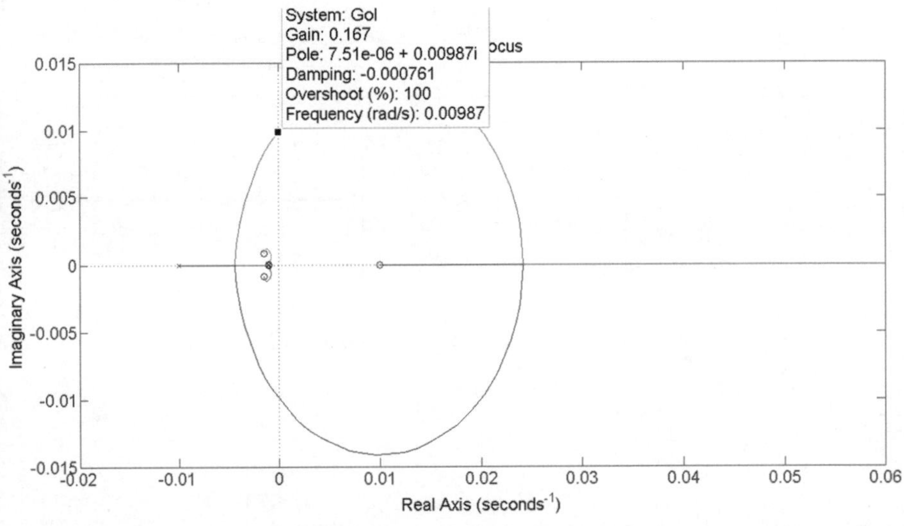

Utilizando uma aproximação de Padé de segunda ordem (figura a seguir), temos que o ganho crítico é $K_{cr} = 0{,}133 \frac{\frac{m^3}{s}}{\frac{mol}{L}}$ e $T_{cr} = \frac{2\pi}{7{,}83.10^{-3}} = 802s$, mostrando que a aproximação de primeira ordem não é tão precisa para grandes atrasos.

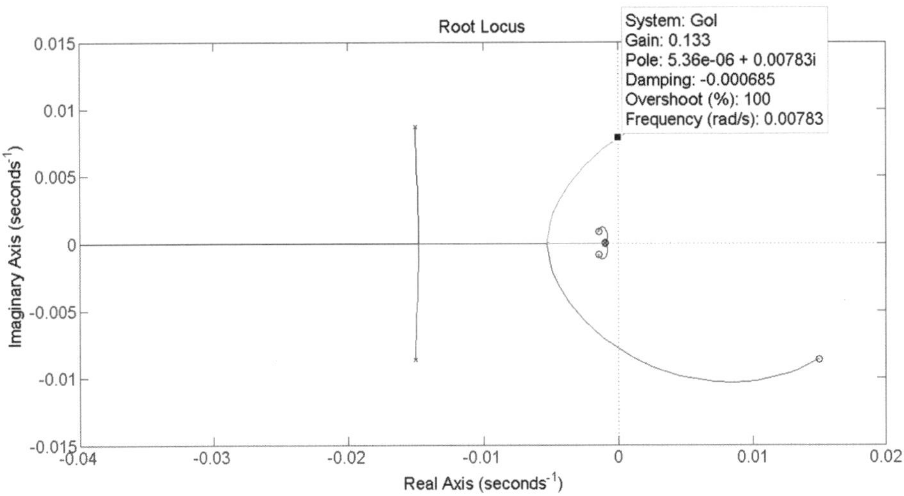

Para uma aproximação de Padé de 3ª ordem (figura a seguir), temos que o ganho crítico é de $K_{cr} = 0{,}133 \frac{\frac{m^3}{s}}{\frac{mol}{L}}$ e o período crítico é de $T_{cr} = \frac{2\pi}{7{,}85.10^{-3}} = 800\,s$.

Assim, a aproximação de Padé de segunda ordem é satisfatória e será utilizada como base para a sintonia do controlador.

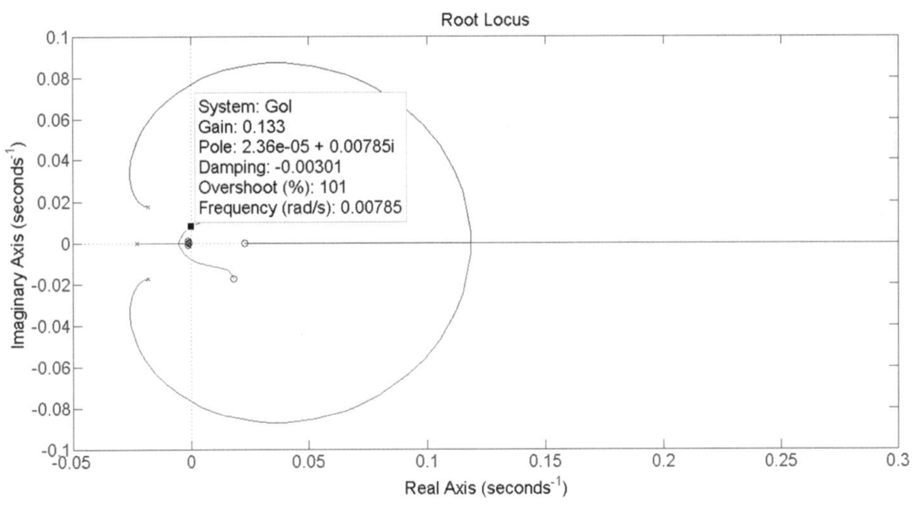

16. Realize sintonias adequadas, descrevendo o procedimento e os valores encontrados dos parâmetros.

    Utilizaremos o método de sintonia de Ziegler-Nichols em malha fechada (Tabela 8.2) para sintonizar um controlador PI e, a partir dele, realizar o ajuste fino a fim de melhorar a resposta em malha fechada.

Para os valores de ganho e período críticos obtidos no item 15, temos os seguintes valores de sintonia:

$$K_c = 0{,}0599 \frac{\frac{m^3}{s}}{\frac{mol}{L}}$$

$$\tau_I = 669\,s$$

17. Faça um estudo comparativo das respostas em malha fechada, apontando o melhor controlador. Justifique a escolha com base em critérios de performance (estabilidade, *overshoot*, razão de decaimento, oscilações e saturação da ação de controle). Para tanto, aplique pequeno degrau (até ±10% do valor original):

 a. No *setpoint* (problema supervisório).

Realizando uma perturbação degrau no *setpoint,* de magnitude $0{,}02\frac{mol}{L}$, isto é, variando $c_{a3sp} = 0{,}1968 \rightarrow 0{,}2168\frac{mol}{L}$, obtemos um comportamento dinâmico inaceitável, com um *overshoot* igual a 107% e um tempo de resposta de aproximadamente 5.000 segundos, além de muitas oscilações, conforme mostra a figura a seguir:

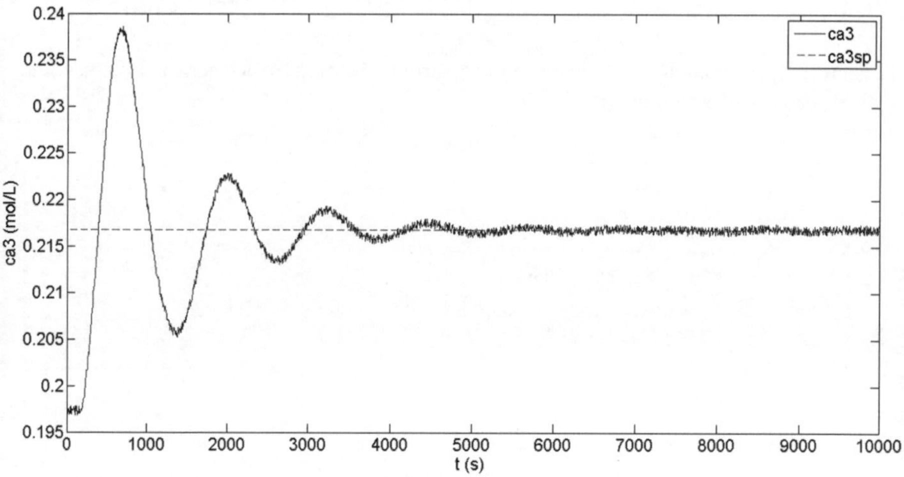

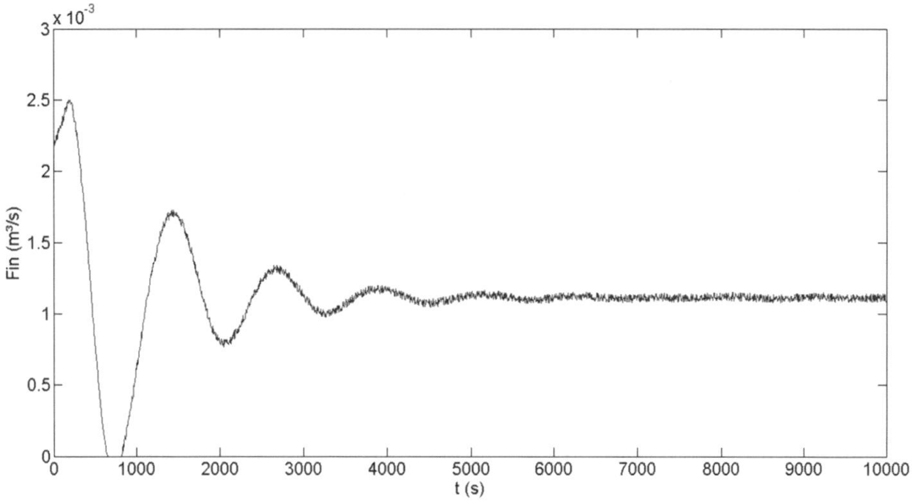

A fim de reduzir as oscilações e aumentar o tempo de resposta, podemos fazer um *detuning*, reduzindo a ação proporcional e a ação integral. Além disso, a utilização da ação derivativa com filtro ($G_c = K_c\left(1+\dfrac{1}{\tau_I s}+\dfrac{\tau_d s}{\alpha\tau_d s+1}\right)$) pode melhorar a resposta, pois o processo possui um atraso (*lag*) grande, já que é superamortecido de terceira ordem.

Dessa forma, escolhendo a sintonia do PID como $K_c = 0{,}035\dfrac{\frac{m^3}{s}}{\frac{mol}{L}}$, $\tau_I = 1000s$, $\tau_d = 150s$ e $\alpha = 0{,}15$ (do filtro derivativo), observamos a seguir uma resposta com tempo de estabilização de 3.000 segundos e overshoot de 14%:

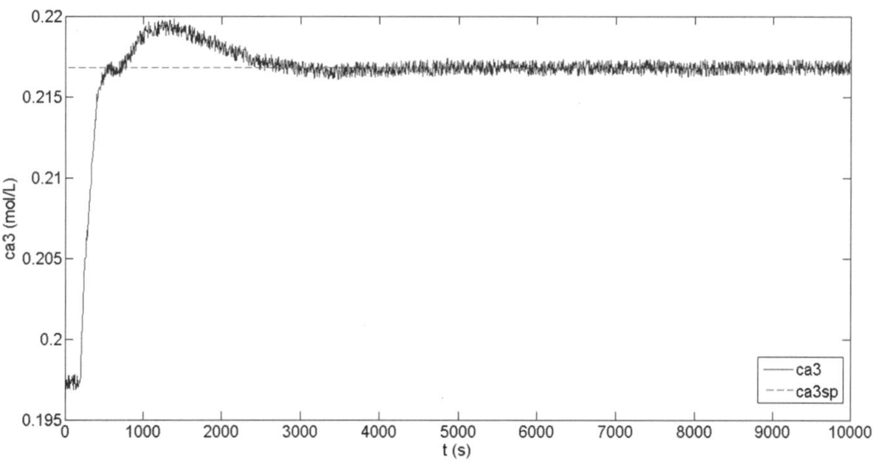

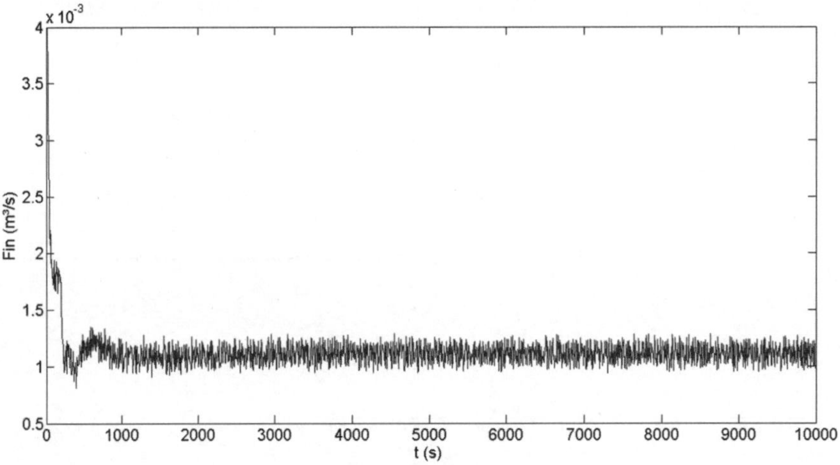

b. Na carga ou distúrbio (problema regulatório).

Fazendo uma perturbação de $-0{,}12\frac{mol}{L}$ no distúrbio ($c_{ao} = 0{,}60 \rightarrow 0{,}48\frac{mol}{L}$) e utilizando a sintonia do PID com filtro derivativo obtida por ajuste fino no item a, podemos observar, pela figura a seguir, que o controlador é capaz de suprimir, de forma relativamente rápida (500 segundos) e sem oscilações, o distúrbio na concentração de entrada.

c. Em ambos, *setpoint* e distúrbio, simultaneamente, como na vida real.

Aplicando simultaneamente uma perturbação degrau no *setpoint* e no distúrbio, conforme os itens a e b respectivamente, observamos que o controlador leva aproximadamente 4.500 segundos para suprimir o distúrbio e seguir a mudança de *setpoint* desejada. Logo, podemos concluir que, próximo do ponto operacional definido inicialmente, o controlador proposto é capaz de controlar satisfatoriamente o processo.

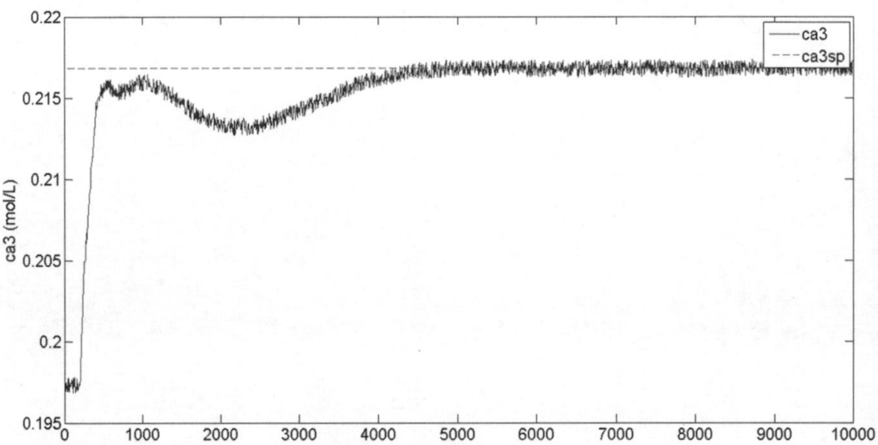

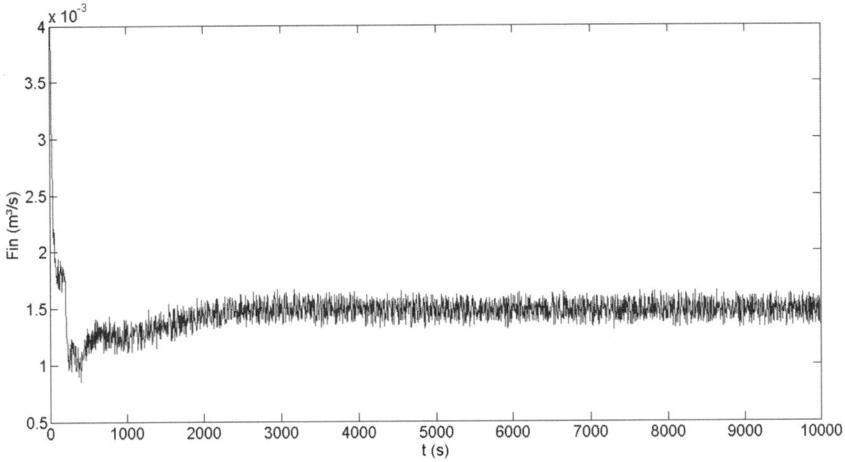

18. Para verificar a robustez do melhor controlador encontrado, repita os subitens 17a, 17b e 17c, aplicando degrau de maior intensidade. Analise os resultados, indicando se o controlador manteria o desempenho, ou se precisaria de nova sintonia. Leve em consideração que este item está diretamente relacionado com a análise de linearidade do sistema (item 7).

    a. Servo.

    Aplicando uma perturbação degrau no *setpoint* três vezes maior do que a proposta no item a da questão 17 ($c_{a3sp} = 0{,}1968 \rightarrow 0{,}2568 \frac{mol}{L}$), e utilizando a mesma sintonia obtida do ajuste fino de parâmetros do controlador, temos uma resposta com tempo de estabilização de 3.000 segundos e *overshoot* de aproximadamente 13%, provando que o controlador proposto é capaz de lidar com grandes variações no *setpoint*.

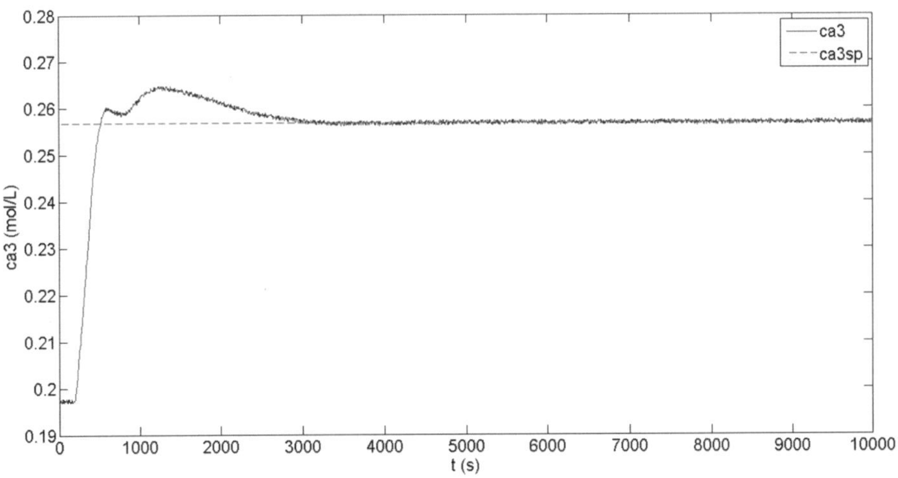

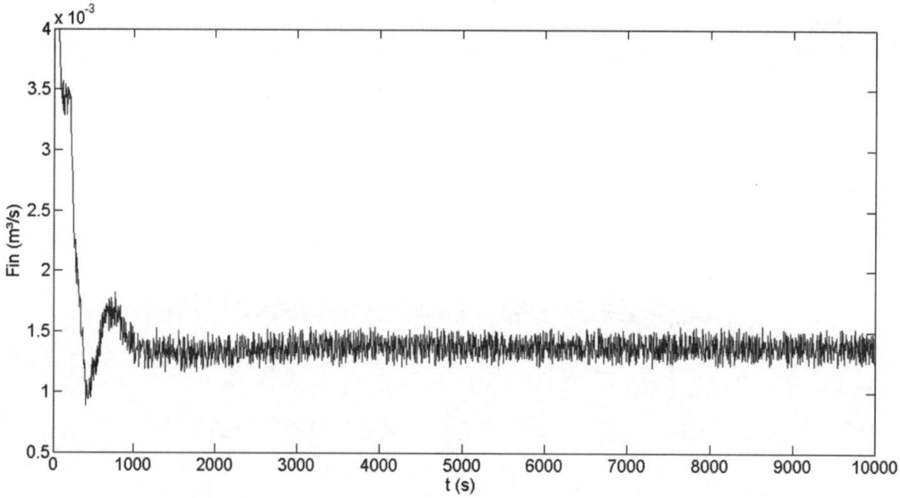

b. Regulatório.

Aplicando uma perturbação degrau na concentração de entrada duas vezes maior do que a proposta no item b ($c_{ao} = 0{,}6 \rightarrow 0{,}36\frac{mol}{L}$), podemos observar, pela figura abaixo, que o controlador é capaz de rejeitar o distúrbio em 6.000 segundos, levando apenas 1.000 segundos a mais em relação à perturbação do item b da questão 17.

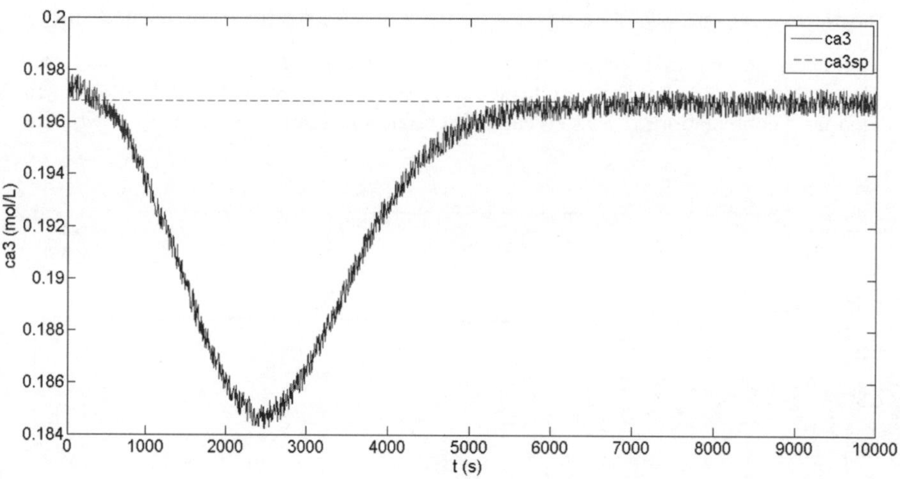

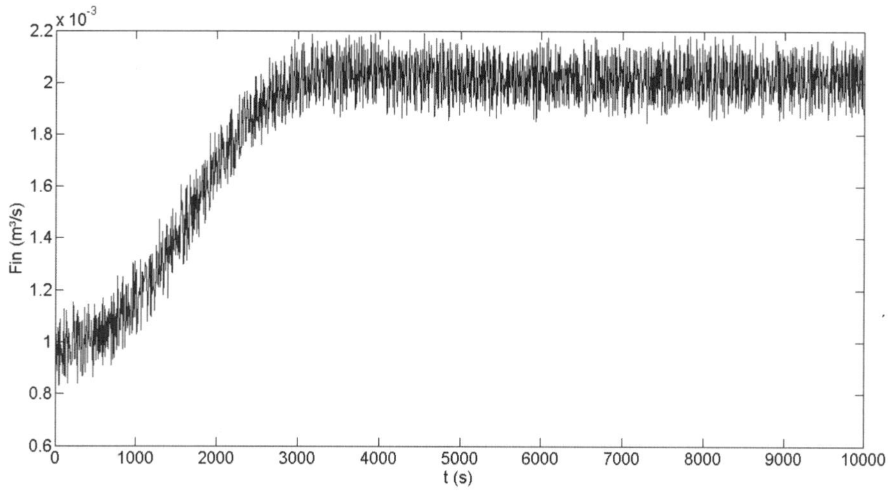

c. Servo + Regulatório.

Aplicando agora a perturbação dos itens a e b simultaneamente, temos que o tempo de estabilização aumenta para aproximadamente 8.500 segundos. Essa leve degradação no desempenho do controlador em relação ao item c da questão 17 já era esperada, uma vez que o processo é não linear e a perturbação tende a levar o processo para longe do ponto estacionário para o qual ele foi projetado.

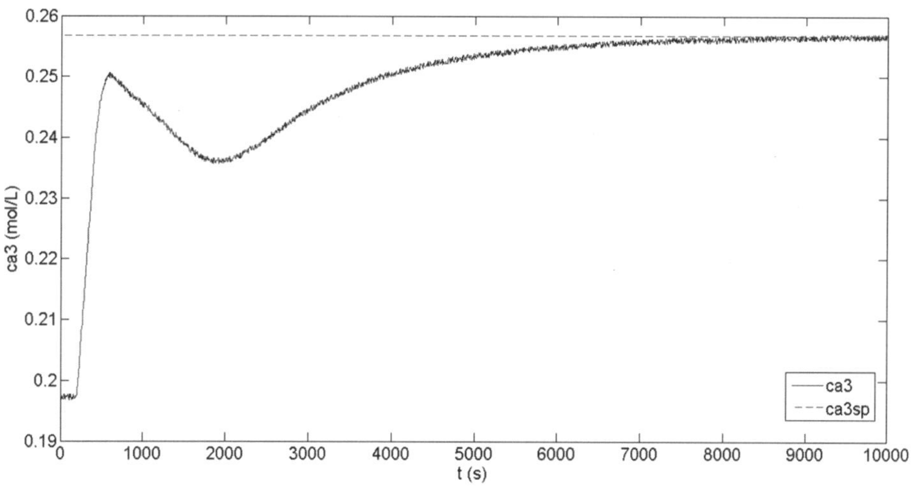

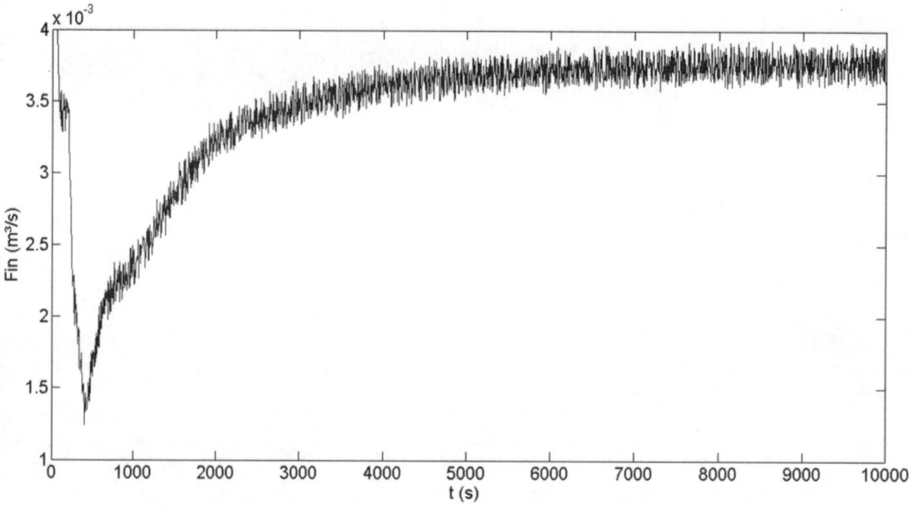

Em nenhum dos testes a degraus dos itens 17 e 18 ocorreu saturação no atuador. Todas as ações calculadas pelo controlador se mantiveram dentro dos limites estabelecidos.

Referências

COSTA, T. V. *et al.* Fault-tolerant control by means of moving horizon virtual actuators: Concepts and experimental investigation. *Control Engineering Practice*, v. 107, p. 104683, 2021. (doi.org/10.1016/j.conengprac.2020.104683)

FONSECA, R. R. *et al.* Experimental fuzzy/split-range control: novel strategy for biodiesel batch reactor temperature control. *Chemical Engineering Communications*, v. 203, n. 9, p. 1251-1259, 2016. (doi.org/10.1080/00986445.2016.1172484)

FRANCO, I. C. *et al.* Development of a predictive control based on Takagi-Sugeno model applied in a nonlinear system of industrial refrigeration. *Chemical Engineering Communications*, v. 204, p. 39-54, 2016. (doi.org/10.1080/00986445.2016.1230850)

OGUNNAIKE, B. A.; RAY, W. H. *Process dynamics, modeling, and control.* New York: Oxford University Press, 1994.

SAFADY, L. F. *et al.* Extremum-seeking control of a continuous neutralization reactor. *Computer Aided Chemical Engineering*, v. 44, p. 709-714, 2018. (doi.org/10.1016/B978-0-444-64241-7.50113-0)

SEBORG, D.; THOMAS, F. E.; DUNCAN, A. M. *Process dynamics and control.* New York: J. Wiley, 1989.

SENA, H. J.; SILVA, F. V. da; FILETI, A. M. F. ANN model adaptation algorithm based on extended Kalman filter applied to pH control using MPC. *Journal of Process Control*, v. 102, p. 15-23, 2021. (doi.org/10.1016/j.jprocont.2021.04.001)

SOUSA, B. S.; SILVA, F. V. da; FILETI, A. M. F. Level control of coupled tank system based on neural network techniques. *Chemical Product and Process Modeling*, v. 1, p. 20190086, 2019. (doi.org/10.1515/cppm-2019-0086)

SPIEGEL, M. R. *Manual de fórmulas e tabelas matemáticas.* São Paulo: McGraw Hill do Brasil, 1973. (Coleção Schaum)

STEPHANOPOULOS, G. *Chemical process control: an introduction to theory and practice.* New Jersey: Prentice-Hall International, 1984.

ANEXOS

Anexo 1: tabela de transformada de Laplace

Tabela com aplicação da transformada de Laplace a algumas funções usuais em controle de processos.

A transformada direta (L) é quando aplicada ao domínio do tempo f(t) e vai para domínio de Laplace F(s). É considerada transformada inversa (L^{-1}) quando sai do domínio de Laplace F(s) e volta ao domínio do tempo f(t).

Função	F(s)	f(t)
1	$\frac{A}{s}$	A
2	$\frac{1}{s^2}$	t
3	$\frac{1}{s^n}$	$\frac{t^{n-1}}{(n-1)!}$
4	$s^{-3/2}$	$2\sqrt{\frac{t}{\neq}}$
5	$\frac{1}{s+a}$	e^{-at}
6	$\frac{1}{s(\tau s+1)}$	$1-e^{-t/\tau}$

Função	F(s)	f(t)
7	$\frac{1}{(s+a)^2}$	te^{-at}
8	$\frac{1}{\tau s+1}$	
9	$\frac{1}{(\tau s+1)^2}$	$\frac{1}{\tau^2}e^{-t/\tau}$
10	$\frac{1}{s(\tau s+1)^2}$	$1-\left(1+\frac{t}{\tau}\right)e^{-\frac{t}{\tau}}$
11	$\frac{1}{(s+a)^n}(n=1,2,...)$	$\frac{1}{(n-1)!}t^{(n-1)}e^{-at}$
12	$\frac{1}{(\tau s+1)^n}(n=1,2,...)$	
13	$\frac{1}{(s+a)(s+b)}$	
14	$\frac{s}{(s+a)(s+b)}$	$\frac{1}{b-a}\left(be^{-bt}-ae^{-at}\right)$
15	$\frac{1}{s(s+a)(s+b)}$	$\frac{1}{ab}\left[1+\frac{1}{a-b}\left(be^{-at}-ae^{-bt}\right)\right]$.
16	$\frac{b}{s^2+b^2}$	
17	$\frac{b}{s^2-b^2}$	
18	$\frac{s}{s^2+b^2}$	$cos(bt)$
19	$\frac{s}{s^2-b^2}$	$cosh(bt)$
20	$\frac{b^2}{s(s^2+b^2)}$	$1-cos(bt)$
21	$\frac{b}{(s+a)^2+b^2}$	$e^{-at}sen(bt)$

Função	F(s)	f(t)
22	$\dfrac{s+a}{(s+a)^2+b^2}$	
23	$F(s+a)$	
24	$e^{-bs}F(s)$	$;com\, f(t) = para\, t < 0$
25	$\dfrac{F(s)}{s}$	$\int_0^t f(v)dv$ (integral)
26	$sF(s)-f(0)$	$f'(t)$ (derivada primeira)
27	$s^2F(s)-sf(0)-f'(0)$	$f''(t)$ (derivada segunda)

Anexo 2: resposta de um sistema em malha fechada

Considerando, no diagrama da Figura 6.1:

- Variável dependente: $\bar{y}(s)$
- Variáveis independentes: $\bar{d}(s)$ e $\bar{y}_{SP}(s)$
- Variável manipulada: *m(s)*

Vamos detalhar a matemática de cada elemento da malha por realimentação da Figura 6.1 para juntar posteriormente.

Processo em malha aberta: $\bar{y}(s) = Gp(s)\bar{m}(s) + Gd(s)\bar{d}(s)$ (1)

O erro é dado pela diferença entre o *setpoint* da variável controlada e a sua medição.

$$\bar{e}(s) = \bar{y}_{SP}(s) - \bar{y}_m(s) \quad (2)$$

Essa medição será a variável controlada multiplicada pela função de transferência do sensor.

Sensor: $\bar{y}_m(s) = Gm(s)\bar{y}(s)$ (3)

A manipulação, que sai do atuador e entra no tanque, depende da saída do controlador:

$$\bar{m}(s) = Gv(s)\bar{u}(s) \quad (4)$$

E a ação do controlador depende diretamente do erro associado:

$$\bar{u}(s) = Gc(s)\bar{e}(s) \tag{5}$$

Observando o diagrama de blocos que representa o sistema sob controle por realimentação (Figura 6.1), percebemos que a variável controlada *y(s)* será o resultado da soma entre o distúrbio multiplicado por sua respectiva função de transferência e o erro multiplicando as funções de transferência do controlador, do atuador e do processo.

$$\bar{y}(s) = Gc(s)Gv(s)Gp(s)\bar{e}(s) + Gd(s)\bar{d}(s) \tag{6}$$

Substituindo a equação do erro (2) na equação (6), temos:

$$\begin{aligned} \bar{y}(s) &= Gc(s)Gv(s)Gp(s) \\ &\left(\bar{y}_{SP}(s) - \bar{y}_m(s)\right) + Gd(s)\bar{d}(s) \end{aligned} \tag{7}$$

Agora, substituindo a medição dada pela equação (3) na equação (7):

$$\begin{aligned} \bar{y}(s) &= Gc(s)Gv(s)Gp(s) \\ &\left(\bar{y}_{SP}(s) - Gm(s)\bar{y}(s)\right) + Gd(s)\bar{d}(s) \end{aligned} \tag{8}$$

Reagrupando para isolar a variável dependente, temos:

$$\begin{aligned} \bar{y}(s) + Gc(s)Gv(s)Gp(s)Gm(s)\bar{y}(s) = \quad & \bar{y}(s)\left[1 + Gc(s)Gv(s)Gp(s)Gm(s)\right] = \\ = Gc(s)Gv(s)Gp(s)\bar{y}_{SP}(s) + Gd(s)\bar{d}(s) \; & = Gc(s)Gv(s)Gp(s)\bar{y}_{SP}(s) + Gd(s)\bar{d}(s) \end{aligned} \tag{9}$$

Desta forma, chegamos à resposta do sistema em malha fechada, em função das variáveis independentes *setpoint* e distúrbio, como na Equação (6.6), reapresentada a seguir:

$$\begin{aligned} y(s) = & \frac{G_c(s)\, G_v(s)\, G_p(s)}{1 + G_c(s)\, G_v(s)\, G_p(s)\, G_m(s)} y_{sp}(s) + \\ & + \frac{G_d(s)}{1 + G_c(s)\, G_v(s)\, G_p(s)\, G_m(s)} d(s) \end{aligned}$$

GRÁFICA PAYM
Tel. [11] 4392-3344
paym@graficapaym.com.br